中国区域环境保护丛书

上 海 环 境 保 护 丛 书

上海环境发展规划

《上海环境保护丛书》编委会　编著

中国环境出版社・北京

图书在版编目（CIP）数据

上海环境发展规划/《上海环境保护丛书》编委会编著. —北京：中国环境出版社，2014.8
（中国区域环境保护丛书. 上海环境保护丛书）
ISBN 978-7-5111-1868-4

Ⅰ. ①上… Ⅱ. ①上… Ⅲ. ①环境规划—上海市 Ⅳ. ①X321.251.01

中国版本图书馆 CIP 数据核字（2014）第 105149 号

出 版 人 王新程
责任编辑 周 煜
文字编辑 曹 玮
责任校对 尹 芳
封面设计 彭 杉

出版发行 中国环境出版社
（100062 北京市东城区广渠门内大街 16 号）
网 址：http://www.cesp.com.cn
电子邮箱：bjgl@cesp.com.cn
联系电话：010-67112765（编辑管理部）
010-67174097（区域图书出版中心）
发行热线：010-67125803，010-67113405（传真）
印 刷 北京中科印刷有限公司
经 销 各地新华书店
版 次 2014 年 11 月第 1 版
印 次 2014 年 11 月第 1 次印刷
开 本 787×960 1/16
印 张 26.5
字 数 355 千字
定 价 78.00 元

《中国区域环境保护丛书》

《中国区域环境保护丛书》

《上海环境保护丛书》

《上海环境发展规划》

编写人员

徐展国　邱黎敏　邵一平　吴　健　胡冬雯

王　敏　裴　蓓　艾丽丽　杜东园　李系蕴

总序

继承历史，不断创新，努力探索中国环保新道路

环境保护事业伴随着中国改革开放的进程已经走过了30多年的历史，这30多年来，几代环保人经过艰苦卓绝的探索、奋斗，使我国的环境保护事业从无到有，从小到大，从弱到强，从默默无闻到进入国家经济政治社会生活的主干线、主战场和大舞台，我们的环保人创造了属于自己的辉煌历史。

毛泽东说过，“看历史，就会看到前途”，“马克思主义者是善于学习历史的”。从过去的30多年，我们能切实感受到环境保护事业的发展壮大，更切实感受到环境保护事业的美好前景和未来；作为继往开来的环保人，我们同样感受着我们这一代环保人必须承担起的历史责任。我们必须继承前辈们的优良传统，继承他们积累的丰富经验，根据新的形势、新的任务、新的要求，在探索中国环保新道路的征程中奋力前行，全面开创环境保护的新局面。

可以说，中国环境保护的历史就是不断探索中国环保新道路的历史。20世纪70年代初，立足于工业化起步和局部地区环境污染有所显现的现实，我们开始探索避免走先污染后治理的环保道路。特别是改革开放30多年来，付出了艰辛的努力，在新道路的探索中，环保

事业不断发展，探索重点与时俱进，国家环保机构也实现了“三次跨越”。在1973年第一次全国环保会议上提出的“全面规划、合理布局、综合利用、化害为利、依靠群众、大家动手、保护环境、造福人民”的32字方针的基础上，20世纪80年代确立了环境保护的基本国策地位，明确了“预防为主、防治结合，谁污染谁治理，强化环境管理”的三大政策体系，制定了八项环境管理制度，向环境管理要效益。进入90年代后，提出由污染防治为主转向污染防治和生态保护并重；由末端治理转向源头和全过程控制，实行清洁生产，推动循环经济；由分散的点源治理转向区域流域环境综合整治和依靠产业结构调整；由浓度控制转向浓度控制与总量控制相结合，开始集中治理流域性区域性环境污染。步入“十一五”以来，我们按照历史性转变的要求，确立了全面推进、重点突破的工作思路，提出从国家宏观战略层面解决环境问题，从再生产全过程制定环境经济政策，让不堪重负的江河湖泊休养生息，努力促进环境与经济的高度融合，积极实践以保护环境优化经济增长的路子。这一系列重大决策部署和环保系统坚持不懈的努力，大大推进了探索环保新道路的历程，积累了丰富的经验。历任环保部门的老领导都是探索中国环保新道路的先行者，几代环保人都是探索中国环保新道路的实践者。

历史是宝贵的财富，继承历史才能创造未来。探索中国环保新道路必须继承几代环保人积累下来的宝贵财富。有了继承才有创新，因为每一个创新都是对过去实践经验的总结和升华。因此，学习和掌握环境保护的历史，既是我们工作的需要，也是我们作为环保人的责任。

《中国区域环境保护丛书》（以下简称《丛书》）的编纂出版为我们了解、学习环境保护的历史提供了独特的平台。《丛书》是2008年在我国实施改革开放30周年和我国环境保护工作开创35周年之际启动的一项重大环境文化建设工程，第一次从区域环境的角度，对我国环境保护的历史进行了全面系统的总结、归纳和梳理，充分展现了30多年来我国各省市自治区环境保护工作取得的卓越成就，展现了环境保护事业不断发展壮大的历史，展现了几代环保人不懈奋斗和追求的历程。

要继续探索中国环保新道路，继承是基础，创新是动力。当前，积极探索中国环保新道路，已经成为环保系统的普遍共识和自觉行动。我们要努力用新的理念深化对环境保护的认识，用新的视野把握环境保护事业发展的机遇，用新的实践推动环境保护取得更大的实际成效，用新的体制机制保障环境保护的持续推进，用新的思路谋划环境保护的未来。以环境保护优化经济发展，以环境友好促进社会和谐，以环境文化丰富精神文明，为经济社会全面协调可持续发展作出更大贡献。

环境保护新道路是一个海纳百川、崇尚实践、高度开放的系统工程，是一个不断丰富、不断发展、不断提高的过程，在探索的道路上需要所有环保人前赴后继、永不停息。当前，新的探索已经起步，前进的路途坎坷不平。越是身处逆境，越是形势复杂，越要无所畏惧，越要勇于创新。要以海洋一样博大的胸怀，给那些勇于探索、大胆实践的地方、单位、个人创造更加宽松的环境，提供施展才华的舞台，让他们轻装上阵、纵横驰骋。要继承30多年来探索环境保护新道路实践的伟大成果，借鉴人类社会一切保护环境的有益经验，站在新的历史起点上，大胆实践，不断创新，将中国环境保护新道路的探索推向一个新的阶段！

环境保护部部长

《中国区域环境保护丛书》总编委会主任

周生贤

二〇一一年六月

目录

第一章 绪 论

环境保护规划是环境保护领域的一项重要基础工作，也是城市推进环境保护工作的主要依据和指导性文件。改革开放以来，随着上海经济社会发展和环境保护工作的不断深入，环境保护规划的研究和实践工作进入快速发展阶段，呈现出一系列新的发展态势和特点，逐步形成了以五年规划为龙头的规划体系和以三年行动计划为抓手的实施机制，在环境保护工作中起到了全局性、战略性的指导作用，同时在城市建设与社会经济发展过程中，环境保护规划指导和参与宏观决策的作用也逐步显现。

随着经济社会发展和城市定位的演变，上海面临的环境形势和发展压力日趋严峻，环境保护规划将面临新的历史阶段，承担新的历史使命。环境保护规划将坚持以科学发展观为指导，把握历史、自然、客观、科学的发展规律，从宏观层面合理调配各方资源，聚焦环境保护的重点领域、重点区域，全面推进环境保护和生态建设工作，使之成为推进上海“四个中心”建设（国际经济中心、金融中心、航运中心、贸易中心）、体现“四个率先（率先转变发展方式，率先提高自主创新能力，率先推进改革开放，率先构建社会主义和谐社会）”的重要手段，成为推进城市生态文明建设提供核心保障。

第一节　环境保护规划的发展历程

上海环境保护规划起步较早，20 世纪 60 年代开始尝试，前期积累阶段是以点源治理与制度建设为主（80、90 年代）；21 世纪开始进入高速发展时期，区域联防联控、流域污染防治以及环保三年行动计划滚动实施将环保规划从理论推向实践指导；2009 年以来，环保规划逐步成为参与社会经济发展和宏观决策的综合性规划之一。

一、第一阶段（1966—1978 年）

1966 年，上海市工业“三废”管理所针对苏州河水质不断恶化的趋势，曾组织市规划设计院等单位立项开展“苏州河水分析和澄清技术”研究，着手制定“苏州河治理规划”，后因“文化大革命”而中止。该阶段规划工作的提出开辟了环境保护规划先行的理念，从规划体系上基本形成了问题为导向、规划为依据、技术为手段的框架，为今后环保规划工作的开展提供了前期思路。

二、第二阶段（1979—1998 年）

1979 年 3 月上海市环境保护局成立后，根据全市的总体规划和国家环境保护方针，结合上海日益突出的环境问题，重点组织制订《黄浦江污染综合防治规划》，逐步形成了综合性、区域性和专业性三种类型的环境保护规划，并逐步纳入上海市城市总体规划和各时期的国民经济和社会发展计划，使上海的环境建设逐步走上与社会、经济建设相协调发展的道路。

该阶段体现了上海市务实的工作精神，将重点问题、重点区域、重点领域作为环保规划指导的核心，结合“五年计划”工作体系，在规划中较为注重末端治理，重点解决核心环境问题与重大环境矛盾，如环境要素方面长期坚持以水环境和大气环境为重点，在规划中对污染源普查、环境质量评估、总量控制技术框架以及规划目标指标体系等进行了深入探索和积累。环保规划的技术体系日趋完善，在环境数值模拟、污染总量控制理论和环境经济政策等规划核心技术方面均走在全国前列，为环保规划成熟稳定发展提供了稳固的科技平台。

三、第三阶段（1999—2008 年）

2000 年开始，上海市环保规划体系基本成熟，在“五年规划”的基础上，开始编制实施“上海市环境保护与建设三年行动计划”，并逐步形成较为完善的协调推进、滚动实施的环境保护与环境建设工作新机制。重点工作方面，1998 年末开始推进苏州河综合整治工作，推出了一系列苏州河及周边河网水环境保护方面的规划，10 年内的三期治理工作均在专项规划计划的平台上进行实施。此外，污染较为突出的工业园区综合整治成为该阶段规划实施的重点，通过三轮环保三年行动计划的滚动实施，解决了吴淞、桃浦、吴泾等工业区的突出环境问题，逐步体现出环境保护提升发展能级、调整产业机构和布局的作用。

环保规划的操作性和对工程措施的指导性成为该阶段环保规划高速发展的核心。环保规划逐步从理论技术层面转化成实际工作的指导性文件，规划重点逐步从末端治理向全过程防治转变。该阶段规划技术手段进一步完善，规划目标指标体系进一步突出地方特点，不同类型规划的专业侧重点进一步明确。五年规划体系更加突出中长期的工作导向，三年行动计划体系更加突出工程任务导向，专项规划体系突出重点问题和技术导向。

四、第四阶段（2009 年之后）

规划的评估和考核逐步完善细化。在规划执行过程中进行规划的跟踪评估和中期评估。该机制在 2008 年之前主要用于对三年环保行动计划的跟踪推进工作，2009年开始对“十一五”规划进行评估和考核，促进环保五年规划的操作性和执行力更强。

2009年开始，上海市着手进行“十二五”环保规划的前期研究，分别设立包括传统环境要素——水、气、固废等在内的八大领域规划专题以及以总量控制、重金属污染、战略规划等新战略、新问题、新措施为核心的七个重点规划研究。所有研究成果作为全市“十二五”环保规划的重要依据和编制基础。在“上海市环境保护和生态建设第十二个五年规划”中，上海提出了以“建设生态文明”为引领，坚持以环境保护优化发展，围绕上海“创新、转型、发展”大局，按照“四个有利于”的要求，以污染减排和环保三年行动计划为抓手，以削减总量、提高质量、防范风险、优化发展为着力点，调动全社会力量，持续加强全过程污染预防与控制，加快建设资源节约型、环境友好型城市，促进绿色增长和低碳发展，促进人与自然和谐发展。

该阶段环保规划的编制工作更加科学系统，规划的影响范围进一步扩大，逐步从环保本身的规划转变为与社会经济发展以及土地利用等规划相结合的城市发展综合决策规划之一。

第二节　环境保护规划体系

一、“五年规划”体系

“五年规划”体系秉承了国家建设“五年计划”的系统，时间跨度上与社会经济发展等规划相衔接。规划核心是明确上海市在近期发展过程中遇到的环境问题并针对突出环境矛盾提出综合整治的方针和任务。规划体系中对目标指标有明确的说明，是目标导向的环保规划。此外，“五年规划”聚焦近期的前提是对中长期趋势和问题进行详尽的判断，因此在全市环保规划体系中是作为中长期指导性规划，起到总领和导向的作用，也成为其他环保规划的指引性文件。

上海市环保“五年规划”从实践中不断积累经验，规划理念上从末端治理逐步转变成全过程管控、全方位治理、全社会协作；规划重点逐步从工业污染防治扩展到为涉及产能调整、生活方式改变和生态环境保护；规划领域从单一的水环境、大气环境扩大到涉及各类型环境要素、涵盖典型环境问题和突出环境矛盾；规划实施机制从环保部门单独编制、条线执行转变成市、区两级政府以及各行政部门共同参与编制、明确责任主体、进行规划评估考核。

上海市环境保护“十五”规划的目标指标共计 10 类，包括地表水环境质量以及海水质量指标，二氧化硫、工业粉尘和烟尘削减目标以及空气质量达标率，声环境达标率，污水集中处理率，垃圾分类处理率，公共绿化面积、绿化率、森林覆盖率，自然保护区面积及所占比例等。指标体现了当时环保工作的重点和主要内容和领域。“十五”规划的重点领域是水环境和大气环境保护，治理重点是以工业污染防治和环境基础设施建设作为主要手段，核心任务主要侧重末端治理。

“十一五”规划目标指标体系进一步体现了以人为本的理念，突出了城乡统筹的概念，环境质量方面包括空气质量优良率、饮用水水质达标率，基础设施建设方面包括污水集中处理率、工业区污水集中处理率、垃圾处理率，环境管理方面包括工业排放达标率、机动车环保检测率、城市扬尘控制区和郊区烟尘控制区建设，总量减排方面包括了 COD 和二氧化硫的削减率，此外对环保投资占比提出了相应要求。规划指标体系逐渐形成了质量目标、总量指标和环境基础服务三个类别相互响应的体系，规划重点领域仍然是水和大气环境，而治理重点逐步从重末端、重工程逐渐向过程管理和长效机制建设方向转变，出现了一些管理类指标。另外，环保工作推进方式中逐步突出环境经济政策的作用。

“十二五”规划体系进一步体现了“五年规划”宏观战略导向的特点，指标数量进一步减少，只有与人民生活息息相关的水环境安全、水环境质量、大气环境质量以及相应的四项主要污染物减排目标。但是指标核心更加凸显，即突出污染物总量、环境容量和环境质量之间的密切关系，从而将环境保护的核心措施和最终效果进一步体现在城市规划和发展的中心工作中。"十二五"规划的格局已经发生了明显转变，从环保领域的专项规划转变为城市发展的综合规划之一，环保规划内容上更加突出环境对经济社会发展的促进作用和对转型需求的指导，明确提出了结构转型和布局调整的建议。规划重点更加贴近民生，将环境安全和环境矛盾的解决作为保障市民生活质量的主要手段。环保工作重点和方式也出现了明显变化，更加重点突出长效机制的建设和过程管理能力的提升，多元化的环境经济政策在环保工作中的地位进一步突出。

二、专项环保规划

上海在环保专项规划方面更加突出本地环境问题的特点，以水环境、大气环境作为重点，逐步覆盖各环境要素开展规划编制。专项规划的年限一般与"五年规划"相近，以五年为近期工作阶段，展望十年的趋势和问题并设立中长期目标，部分专项规划根据环境问题的不同设计时间有所不同，如以工业区综合整治为核心的专项规划则更接近行动计划的时间设计，以三年为一个规划阶段。此外，专项规划总体受"五年规划"的指导和影响，目标指标设计与五年规划一致，但是规划目的更加突出单一环境要素或主要环境问题的解决，因此专项规划的任务设计更加详实，突出专业性和操作性，更加接近三年行动计划的方案措施。

1. 水环境保护一直是规划研究的重中之重

上海市三面邻水，属于长江中下游平原和杭嘉湖平原，河网密布，水体纵横交错。由于工业化发展和人口的快速增加，水环境问题长期困扰上海，水环境保护规划也成为上海环保规划起步最早的工作。

上海在水环境保护规划方面从60年代开始进行尝试。80年代，随着城市的逐步扩张，上海市的饮用水水质及水源地安全问题逐步成为全市水环境的主要矛盾。上海市环保局成立了黄浦江研究室，并集中了上海及华东地区科研机构和高校，编制了黄浦江污染综合防治规划。该规划研究项目列入了国家“六五”重点攻关科研项目，包括了水质模型及水质规划研究、自来水上游引水工程可行性研究、淀山湖水环境容量和规划方案研究、黄浦江上游水环境容量及综合治理规划方案研究、上海市区支流污染现状评价及对黄浦江水质影响的分析、苏州河污染综合防治规划研究、上海市区污水治理战略方案研究 7 个课题。该规划以黄浦江水环境改善为目标，以中心城区和主要敏感水域为重点研究区域，以数值模拟等先进技术集成作为规划主要技术手段，对黄浦江水环境保护提出了可行性方案，也为上海市在水污染治理领域建立了良好的基础和技术积累。

“十五”期间，上海编制了《水环境污染治理规划》，以改善水质为中心，兼顾区域排水；以截流直排重点整治河道现有污染源为重点，完善地区排水收集系统；以提高现有污水治理设施利用率为突破口，合理布局截污治污设施。该规划根据上海市不同水利片区以及区域水动力特征进行分块规划。该规划基本确定了上海市辖区域地表水体主要污染治理的方向和路线。此外，2004 年上海对水环境功能区划进行了调整，该区划突破了部门界限，将水务部门的水功能与环保部门的环境功能进行了有机结合，并共同发布《上海市水（环境）功能区划》。

“十一五”期间，上海市在水环境专项规划方面将视角进一步拓宽，参与长三角、太湖流域、长江口及毗邻海域等众多区域规划的编制，规划空间的延伸标志着区域型环境问题逐渐成为关注的重点，也意味着流域联合防控逐步成为水环境治理的趋势和方向。结合长江口水源地建设及全市水源保护区划分，编制了《上海市集中式饮用水水源保护规划》，保障了“两江并举、多元互补”的新供水格局下的水质安全。

在上海市“十二五”环保规划编制前期，上海市环保局开展了水环境专题规划研究和编制，从环境问题的空间分布、环境质量的时间变化、环境治理手段的层次综合等方面针对上海地表水“低氧、高氮磷”的现状和富营养化发展趋势提出了控制规划和建议。结合国家太湖流域、长江流域专项规划的要求，为上海市水环境保护提供了重要的理论基础和规划依据。

2. 大气污染防控更加突出区域联动机制

大气环保规划的编制立足于大气污染的特征，依据区域内经济、产业、能源与环境的关系以及区域型污染的特点，有针对性地提出改善上海环境空气质量的策略和方向。规划编制中突出环境质量、污染物总量和环境建设三类指标，科学地体现了污染减排和质量改善之间的动态响应关系。

“十五”期间上海市以清洁能源替代、机动车污染控制、电厂烟气脱硫、重点工业区环境综合整治为重点，提出以能源结构调整为契机，继续全面实施规划布局、产业产品结构调整，深化“一控双达标”。

“十一五”期间，针对日趋严重的区域型、复合型大气污染问题，上海在做好自身工作的同时，积极参与长三角城市群的大气联防联控规划，突出大气污染治理的区域性特征，从监测、监管、联动等方面搭建大区域合作平台。

“十二五”期间，上海将大气污染治理规划的重点逐步尝试调整，将结构转型作为重点，突破性地提出煤炭总量控制、挥发性有机物总量控制等指标，力争从根本上遏制区域复合型污染。上海进一步明确了复合型、区域性污染的问题，把灰霾、酸雨和臭氧超标作为区域阶段性环境空气污染的核心问题和主要矛盾，并在国家总量控制二氧化硫和氮氧化物的基础上将挥发性有机污染物作为本地大气环境总量控制的目标之一进行规划，明确提出对能源、产业结构等敏感领域的控制目标和对策，尤其针对石化、钢铁的产业规模提出宏观调控的要求。在专项规划任务中不但突出固定源污染减排工作，还将机动车污染控制作为主要工作领域之一，从油品提标、机动车监管、黄标车淘汰等方面明确大型城市大气污染防治的工作重点。

3. 工业区污染综合整治着力体现布局优化调整

上海市在经济发展初期，由于城市范围局限，工业布局不尽合理、基础设施薄弱、企业生产和污染治理技术落后等多种原因，局部地区环境污染严重，既危害居民健康，也影响社会安定和城市形象。上海市历届市委、市政府高度重视这些地区的环境污染问题，在 20 世纪 80 年代启动了新华路、和田路和桃浦地区环境综合整治工作，2000 年以来又通过滚动实施环保三年行动计划，集中全市力量解决历史遗留的重污染区域环境问题。在上海市委、市政府的高度重视和人大、政协监督下，重点污染地区综合整治建立了规划指导、机制推进、政策保障的工作模式，确保各级政府、各部门、有关企业统一思想，形成合力，共同推进整治工作。

2000 年，结合第一轮环保三年行动计划，针对上海最大的冶金、化工、建材和有色金属老工业基地吴淞工业区长期存在的烟粉尘、二氧化硫大气污染以及河水常年黑臭问题，编制了吴淞工业区环境综合整治规划；该规划突出吴淞工业区主要环境问题和厂群矛盾，以基础设施建设为手段、以落后产能淘汰、重污染生产线关停为核心，从大气、水和固废等方面提出工业区整体污染防治的具体工程。规划执行期为 2000 年至 2005 年，任务目标根据各领域工作提出了阶段要求或年度实施目标，有效保证了规划的执行和实施进展。

2005 年，针对以化工为主导产业的老工业基地吴泾工业区的大气环境污染问题，编制了吴泾工业区环境综合整治规划；该规划从 2005 年执行至 2010 年结束，通过该规划的实施，逐步调整工业区产业，淘汰落后产能。针对区域大气污染的突出矛盾，逐年关闭主要污染源和生产线，并对区域污染物总量进行控制。此外，不断完善区域环境基础设施，逐步改善区域环境质量，并通过大力建设污染源在线监测和环境质量监测监控体系将规划治理工程与质量改善效果进行定量评估。

2009年，针对上海石化和金山工业园区（金山第二工业园区块）为主体的化工集中基地存在的结构性污染问题，编制了金山卫化工集中区域环境综合整治实施计划纲要；该规划的执行时间是2012年至2014年，规划工作重点是区域环境基础设施建设和监管体系的完善。规划针对突出环境问题提出了具体目标，如挥发性有机物和臭气污染控制，工业废水一类污染物达标排放等分类别的指标要求。该规划包含了每年的工程计划内容，对年度实施工作和资金、机构、政策保障均进行了详细说明。

2012年，针对危化企业众多、安全隐患突出、环境污染严重、基础设施匮乏、信访矛盾尖锐的南大地区，编制了南大地区综合整治实施方案。宝山南大地区综合整治更加突出改善民生的理念，从地区污染防治、污染控制逐步转向区域整体功能调整、生态修复和人居环境的改善。通过五年的综合整治和功能建设，基本形成功能综合、环境优美、人居和谐、整体发展的生态型城市综合功能区。具体要全力完成四大目标任务，包括提升地区生态功能、解决环境问题和改善民生、建成较为完善的基础设施和实现地区发展转型。

4. 其他环保领域紧密结合城市热点、难点问题

近年来，针对不断出现的环境新问题、新热点，专项环保规划的领域和对象也不断拓展。2010年，上海市政府公布了最新制定完成的《崇明生态岛建设纲要（2010—2020）》（以下简称《纲要》），紧紧围绕建设世界级生态岛的总体目标，明确了力争到2020年形成崇明现代化生态岛建设的初步框架，《纲要》聚焦形成了2020年崇明生态岛建设的评价指标体系，具有国际先进性和通用性。2011年，根据《中华人民共和国履行〈关于持久性有机污染物的斯德哥尔摩公约〉国家实施计划》（以

下简称《国家实施计划》）和国家相关法律、法规、标准政策，上海编制了持久性有机污染物“十二五”污染防治规划，明确了上海市持久性有机污染物污染防治的目标、任务、重点项目和政策措施。2012年，为切实抓好重金属污染防治，上海根据《关于加强重金属污染防治工作的指导意见》（国办发[2009]61号），组织编制了《上海市重金属污染综合防治“十二五”规划》；为切实加强固体废物污染防治工作，上海市环境保护局发布了《上海市固体废物污染防治“十二五”规划》，提出了打造“一流的设施体系、一流的管理水平”的目标，聚焦深化工业固体废物资源化利用、持续完善危险废物处理处置网络、全面加强危险废物无害化处置和环境监管等工作，切实保障城市安全。同时，随着环境保护工作的不断发展，为构建与之相适应的环境管理体系，进一步提升环境监管水平，相关专项规划日益受到重视。上海市环境保护局编制印发了《上海市环境监测“十二五”规划》和《上海市环境保护信息化“十二五”规划》，着力推进环境监测和环境信息化能力建设。

三、环保三年行动计划

2000年以来，上海市开始滚动实施环保三年行动计划，在国内首次以工作实施计划的形式将环保规划中的目标指标和重点工作进行了详细的分解落实，从而确保环保工作的执行力度和操作性。三年行动计划成立了由市长任主任、副市长任副主任、各委办局领导担任组员的环境保护和环境建设协调推进委员会，委员会成立联络会议制度并定期进行计划任务跟踪评估，该机制成为地方环境保护领导和管理体制的一个创举，也成为多部门协同推动环保工作的重要基础。行动计划将涉及环保工作的各系统各部门整合成为一个平台，有效推动了全市大环保的理念。三年行动计划根据五年规划中设定的目标和主要环境问题进行工程任务的细化，突出阶段工作重点，聚焦核心环境问题，成为五年规划的主要实施方案之一。经过五轮三年行动计划的编制，分阶段地解决快速城市化进程中的突出环境问题和城市环境管理中的薄弱环节，多手段综合推进环境管理体系不断优化，环境保护成为推动城市可持续发展的巨大动力。

第一轮环保三年行动计划（2000—2002 年）建立了“环保三年行动计划”的基本框架，提出了“标本兼治、重在治本”的工作原则，结合当时的环境状况和主要问题，重点解决河道黑臭、锅炉冒黑烟等面上的、感观上的环境污染问题。计划涉及水环境治理、大气环境治理、固体废物处置、绿化建设、重点工业区环境综合整治五大领域。

第二轮环保三年行动计划（2003—2005 年）确立了委员会推进机制，提出了“四个有利于”的指导思想和“三重三评”的工作原则。“四个有利于”，即有利于城市布局的优化，有利于产业结构的调整，有利于城市管理水平的提高，有利于市民生活质量的改善；“三重三评”，即重治本、重机制、重实效，社会评价、市民评判、数据评定。第二轮环保三年行动计划还提出上海要争做“两个模范”：一要做国内大城市生态建设的模范，二要做还历史旧账的模范。继续坚持“标本兼治、突出治本”的工作原则，重点是全面推进环境基础设施建设。工作领域在第一轮五个领域的基础上，增加了农业生态环境保护与治理领域，工作范围基本实现了全覆盖。

第三轮环保三年行动计划（2006—2008 年）提出了“还污染历史欠账”的工作主线和“三个并举”的工作原则，即：坚持污染治理与生态保护并举，更加突出源头预防；基础设施建设和体制机制完善并举，更加注重机制创新；中心城区与郊区并举，把郊区放在更加突出的位置。第三轮环保三年行动计划突出了“预防为主，标本兼治”的原则，除了继续强化环境基础设施建设外，着力推进重点领域污染治理和管理体制机制完善。计划延续六大重点领域的工作格局，增加了循环经济和清洁生产、农村环境保护、世博园区和崇明岛生态建设等内容。

第四轮环保三年行动计划（2009—2011 年）提出了“以人为本、治本为先、城乡一体、争创一流”的工作思路，把完成污染减排指标和世博环境保障作为中心任务，强调把环境保护作为转变经济发展方式的重要抓手和突破口。在完善和提升环境基础设施的能力和水平的基础上，进一步强调要优先解决群众关心的环境问题，加强污染源头控制，更加注重郊区污染整治和生态建设，推动管理体制机制创新。计划涉及七大领域，在原有基础上增设了循环经济和清洁生产专项，将固体废物综合利用与处置专项拓展为固体废物综合利用与处置和噪声污染控制专项。

第五轮环保三年行动计划（2012—2014 年）提出围绕“创新驱动、转型发展”这一主线，坚持生态文明引领和以环境保护优化发展理念，把环境保护作为推动发展方式转变的重要着力点的核心思想，将环保促转型作为阶段工作的目标。在“四个有利于”的基础上进一步提出“四个转变”理念，即发展理念从末端治理为主向源头预防、优化发展转变，控制方法从单项、常规控制向全面、协同控制转变，工作重点从完善基础设施向强化管理措施转变，区域重点从中心城区为主向城乡一体转变的要求。计划突出了进一步提升的工作重点，更加注重环境质量和环境安全，更加注重解决市民关心的环境问题，更加注重科技进步和结构优化，更加注重长效机制和创新管理。此外，针对复杂的区域型、复合型环境问题提出坚持“四个协同”，即多种污染物协同控制，提高污染防治成效；多种手段综合运用，提高环境管理水平；区域多方协作，实现污染联防联控；全社会共同参与，形成环保工作合力。

第二章　综合性规划

1979 年上海市环境保护局成立后，根据全市的总体规划和国家环境保护方针，结合上海各个发展阶段的突出环境问题，组织制定了《上海市环境保护“六五”计划和“七五”设想》，这是上海市的首个环境保护综合性规划。从此，环境保护规划作为环保工作的重要法律依据和主要指导文件，在上海市环境保护工作发展历程中起到了决定性的作用。上海市高度重视环保规划的编制与执行，逐步形成了综合性环境保护规划的框架体系，并纳入上海市城市总体规划和各时期的国民经济和社会发展计划，在城市与社会经济发展过程中逐步强化环保规划的指导和参与，使上海的环境建设逐步走上与社会、经济建设相协调发展的道路。

第一节　上海市环境保护“六五”、“七五”和“八五”计划

改革开放前，作为全国重要的工业基地，高强度、高负荷的工业开发给上海带来了巨大的环境压力，至 20 世纪 70 年代末，上海工业废水排放量占全市废水排放量的比重近 80%，工业污染成为了最突出的环境问题。环境保护主要是以工厂治理为主要形式进行了大规模的废水、废气、废渣单项污染源的点源治理，环境管理机构几经撤并，环境监督管理受到很大影响，环境问题渐趋严重。

自1978年起至90年代初，十一届三中全会之后，全国实行改革开放，上海城市总体定位也由原先经济功能单一的“生产型”工业基地逐步向经济中心转型。为解决日益凸现的环境问题，1979年底，上海市环境管理局正式成立，市政府有关部门、区县政府也相继建立环境管理机构，逐步形成了全市性环境管理体系。1982年，上海市环境保护局编制了《上海市环境保护“六五”计划和“七五”设想》，即第一个上海环境保护工作的五年规划。从此，通过“六五”“七五”“八五”三个五年环境保护规划的实施，上海的环境保护工作开始由消极治理向积极防治转化，污染防治由点源治理向区域治理推进，由单项治理向综合治理转化，环境法制体系和环境管理制度不断完善。

一、上海市环境保护“六五”计划和“七五”设想

1982年，上海市环境保护局编制了《上海市环境保护“六五”计划和“七五”设想》。确定“六五”期间上海市环境保护目标为：城市环境保护方面，做到市区平均降尘量低于30 t/（km^2·月）（1980年实际平均水平）；环境噪声保持或低于1982年水平；扰民工厂，重点是就地治理，并结合关停并转，使得扰民状况有较大改善；一些污染严重地区要得到控制。水源保护方面，要做到黄浦江水体中酚和重金属含量稳定地达到地面水卫生标准以下；黄浦江上游特别是淀山湖水质，保持良好状态；中下游有机污染，控制在1980年水平。郊县环境保护方面，要控制近郊污染发展，重点是蔬菜保护区和水资源保护，同时保护名胜古迹，恢复自然景观。

“六五”环境保护规划的执行情况：大气污染有所控制，市区降尘量由1981年的32.8 t/（km^2·月）下降到1985年的26.2 t/（km^2·月），全市市区建成“基本无黑烟区”；噪声污染有所改善，市区区域噪声由1981年的62.8 dB下降到1985年的60.6 dB，交通噪声由1982年的76.1 dB下降到1985年的75.3 dB；但水质污染没有得到完全控制，重

金属和有毒有害物质中铅、酚、汞下降，但镉、六价铬、氰化物、石油类有所上升。

二、上海市“七五”环境保护计划

1986年，上海市环境保护局根据全国第二次环境保护会议制定的方针和上海市的总体规划编制了“七五”环境保护计划。“七五”环境保护的目标是：在生产较大幅度增长的情况下，全市工业污染物排放量继续控制在1982年的水平上。废水中的汞、六价铬、镉、氰、酚等指标争取有所改善，局部地区环境质量有所提高，重视和改善城市垃圾、粪便的处理，增加绿化面积，降低城市和交通噪声，使生活环境质量得到较大提升。环境治理工作的重点是：将工业废水排放量控制在每万元产值150 t以下，改善饮用水质；治理大气污染，改变民用燃料结构，提高民用燃料气化率；开始治理苏州河和黄浦江的污染；通过发展新工业，改造老工业来减少环境污染。

为配合实施上海市“七五”环境保护计划，1986年，上海市经济委员会下发了《关于下达上海市工业环保“七五”计划的通知》，要求各工业部门实现工业生产与环境保护同步发展，实现和田地区、桃浦工业区及新华路地区等区域环境目标、开展上游水源保护地区、市区污水截流地区的污染治理，进一步缓解厂群矛盾，并防止工业污染向郊区扩散。

“七五”环境保护规划的执行情况：“七五”期间，在1990年国民生产总值比1985年增长57.9%的情况下，上海加强了污染治理和城市环境基础设施建设，强化了环境监督管理，27个工业区的绝大部分污染物排放量达到计划目标水平。市区降尘量由1985年的26.2 t/（km^2·月）下降到1990年的21.8 t/（km^2·月），郊县城镇建成“基本无黑烟区”，民用燃料气化率达到54.2%；上游水源保护区水质维持在2～3级水平；每万元工业产值的废水排放量计划为150 t，1990年实际为115.3 t；废水中重金属和有毒有害物质汞、镉、六价铬、氰、酚、砷、铅等全面下降；实施了黄浦江上游引水一期改成（临江取水），饮用水质有较大改善；苏州河合流污水治理一期工程启动；1990 年建成低噪声控制区 123 个，占全市街道的 86%。但由于机动车增加及管理原因，交通噪声有所上升。

三、上海市“八五”环境保护计划和十年规划设想

1990 年上海市环境保护局向上海市计委上报了《上海市“八五”环境保护计划和十年规划设想》（以下简称《设想》）。

《设想》提出：90 年代上海环境保护工作要继续贯彻中央和市委关于加强环境保护工作的一系列方针政策。建议 2000 年上海环境保护的总目标是：在经济再翻一番的前提下，通过开发和开放浦东、促进城市布局和产业结构的合理，城市基础设施的完善以及污染控制的强化，大力削减污染物排放量，使全市污染物排放量控制在 1990 年水平，水、大气、噪声等环境质量有明显改善，为上海社会、经济和环境协调发展，为城市生态环境走上良性循环打下基础，从而使城市环境质量与人民生活的小康水平相一致。

“八五”期间，环境保护工作的重点是浦东新区环境保护，饮用水水源的保护，城市环境综合整治定量考核。主要任务是：工业污染物排放量控制在 1990 年的水平；黄浦江、苏州河的水环境状况有明显改善；燃煤产生的烟尘基本解决，二氧化硫污染要有所改善；在低噪声控制区基础上，建设噪声达标区，中心城区主要交通干道噪声达到标准；污染严重的和田路、新华路、桃浦等地区的环境状况得到显著改善。

上海市经济委员会在“八五”工业环境保护规划和 2000 年设想中提出的工业系统环境保护目标是：在工业产值平均每年增长 5%的同时，1995 年工业污染物排放总量继续控制在 1982 年水平上。

“八五”环境保护规划的执行情况：上海市在国民生产总值年平均递增 13%的情况下，通过加强环境保护法制建设，强化环境监督管理，

调整城市布局和产业结构，加快城市基础设施建设，促进污染治理，环境保护工作取得较大成绩。黄浦江上游水源保护进一步取得进展，404家排污企业取得了排污许可证；苏州河合流污水一期工程建成通水，黄浦江上游引水二期工程启动；纺织、化工、医药等行业441家企业实行关、停、并、转、迁，拔除污染点570个；在巩固基本无黑烟区的基础上，全市建成烟尘控制区，降尘量由1990年的21.8 t/（km^2·月），降至1995年的14.3 t/（km^2·月）；1995年城市区域环境噪声白天60.1 dB，比1990年下降了6.8 dB；污染严重的新华路、和田路地区分别在1994年、1995年完成综合整治任务，摘除了“三废”严重污染地区的帽子，桃浦地区的综合整治进展顺利。

四、上海城市总体规划环境保护专题规划方案

1986年底，国务院批复同意《上海市城市总体规划》，把上海定为“我国最重要的工业基地之一，也是我国最大的港口和重要的经济、科技、贸易、金融、信息、文化中心”，成为指导上海城市与建设的重要依据。该规划将上海城市发展方向确定为：建设和改造中心城，重点开发浦东地区；充实和发展卫星城，有步骤地开展长江口南岸、杭州湾北岸两翼，有计划地建设郊区小城镇，使上海成为以中心城为主体，市郊城镇相对独立、中心城与市郊城镇有机联系群体组合的社会主义现代化城市。在总体规划的基础上，上海有计划有步骤地编制了分区规划、专业规划和详细规划。上海市环境保护规划作为一项专业规划，纳入城市总体规划，成为上海城市发展的一部分。

1986年上海市城乡规划环境保护委员会编制的《上海市城市总体规划方案的汇报提纲》中指出：要综合整治上海城市环境。到2000年，地面水环境质量要全面达到三级标准，局部地区河段达到二级标准。市区公共绿地人均面积达到3 m^2，市区绿化覆盖率达到20%。利用长江口、杭州湾大水体的稀释能力，规划将中心城的污水，经过一定处理后，通

过干管向大水体排放。对电力、冶金、水泥三大行业的工厂气体排放，规定要安装消烟除尘装置。新开发区要采取集中供热措施。

在1995年的《上海城市总体规划方案》修订中，提出了2010年的环境保护目标，并将上海环境功能区划作为其中的一项重要内容。

上海市水环境功能区划分为三类：一类区为一级水源保护区，黄浦江上游水源保护区和未来长江饮用水水源地；二类区为黄浦江上游准水源保护区及区、县、镇的饮用水水源保护区；三类区为工业、农业及一般景观用水（见表2-1）。

表2-1　水环境功能区划及质量目标一览表

阶段	功能区类		
	一类	二类	三类
	饮用水源保护区	准水源保护区	工业、农业及一般景观用水
2000年	Ⅱ类	Ⅲ类	Ⅳ类
2010年	Ⅰ～Ⅱ类	Ⅱ～Ⅲ类	Ⅲ～Ⅳ类

说明：执行国家地表水环境质量标准GB 3838—88。

大气功能区分为四类：一类区为自然保护区与风景旅游区；二类区为居住区、商业、交通混合区；三类区为工业开发区；四类区为局部污染严重的工业区（见表2-2）。

表2-2　大气环境功能区划及质量目标一览表

阶段	功能区类型			
	一类	二类	三类	四类
	自然保护区、风景旅游区	居住、商业农村地区	一般工业区	重工业区
2000年	一级	一级	二级	二、三级
2010年	一级	一级	一、二级	二级

说明：执行国家大气环境质量标准GB 3095—82。

声环境功能区分为五类：0类是疗养区、高级别墅区、高级宾馆区；一类地区是居住、文教机关为主的区域；二类地区是居住、商业、工业混杂区；三类地区是工业区；四类地区是交通干线沿线。

表2-3　2000—2010年上海声环境功能区计划达标率一览表　　单位：%

阶段	功能区类型				
	0类	一类	二类	三类	四类
2000年	100	70	70	80	70
2010年	100	90	90	100	90

说明：执行国家城市区域环境噪声标准GB 3096—93。

第二节　上海市环境保护"九五"计划和2010年远景目标

20世纪90年代，上海进入快速发展期，经济发展和人口增长给生态环境带来了巨大的压力，城市环境建设和管理亟须加强，城市生态环境亟须改善，环境问题已经成为制约上海社会经济健康发展的瓶颈问题。《上海市环境保护"九五"计划和2010年远景目标》确立并实施了以人为本和可持续发展战略，体现了"由末端治理转化为全过程控制，由区域治理向全市环境综合整治发展"的工作思路，明确提出了"到2000年，上海初步建成和国际大都市相适应的环境保护框架；到2010年，上海的环境保护工作要与国际接轨"的目标。

一、总体情况

1. 上海市环境保护"九五"计划的指导思想

坚持环境保护基本国策，实施可持续发展战略，提高全市人民的环境意识；依靠科技进步，实现"两个根本转变"，促进生产方式和消费方式的转变，发展经济，提高综合国力；坚持以人为本的宗旨，保护环境，发展生产力，提高人民的生活质量。

2. 上海“九五”期间的环境保护总目标

到 2000 年，初步建成和国际大都市相适应的环境保护框架。即在经济适度平稳增长的前提下，通过促进城市布局优化和产业结构调整，进一步完善城市基础设施以及污染治理设施，大力削减污染物排放，力争使本市环境污染和生态破坏基本得到控制，各环境功能区基本达到环境质量标准，总体环境质量有所改善，逐步向现代化大都市过渡。到 2010 年，上海的环境保护工作要与国际接轨。即通过进一步改革开放，浦东的腾飞和上海的振兴，环境与发展进一步在高层次上相协调，全面建成环境功能区，城市生态趋于良性循环，全市总体环境质量进入世界现代化大都市的水平。

3. 具体指标（部分）

①环境质量指标。TSP（年平均）控制在 0.20 mg/m^3，SO_2（年平均）控制在 0.05 mg/m^3，NO_x（年平均）控制在 0.05 mg/m^3，降尘控制在 12 t/（km^2 • 月），酸雨频度为 24%，酸雨平均 pH 值为 5.1；饮用水水源水质达标率达到 92.5%以上，饮用水水源保护区、准水源保护区、其他水域区的地面水 COD 值分别达到Ⅱ～Ⅲ、Ⅲ～Ⅳ、Ⅳ～Ⅴ类水质标准；区域环境噪声平均值（L_{eq}）昼间为 60 dB（A），环境噪声达标区覆盖率达到 70%，交通干线噪声平均值（L_{eq}）昼间为 70 dB（A）。

②主要污染物总量控制指标。完成国家下达的“九五”计划指标，如 SO_2 排放量控制在 50 万 t/a，烟尘排放量控制在 20 万 t/a，COD 排放量控制在 35 万 t/a 等。

③工业污染治理指标。工业废气、废水处理率分别达到 95%、90%，工业废气、废水排放达标率均达到 100%，工业固体废弃物综合利用率

达到 80%。

④环境建设指标。城市气化率达到 90%，城市烟尘控制区面积达到 430 km^2，汽车尾气达标率达到 90%，城市污水处理率达到 50%～60%，生活垃圾无害化处理率达到 85%，人均公共绿地面积达到 3～4 m^2。

4．“九五”期间，上海市环境保护的主要任务

①实现主要污染物排放总量控制，使本市的污染物排放量基本控制在“八五”期末的水平，为环境质量的进一步改善创造条件。

②通过产业置换、工业布局调整和工业污染防治实现三个战略性转变，把本市工业污染防治提高到一个新水平。

③大力开展饮用水水源保护，确保黄浦江和长江自来水水质稳定。

④开展苏州河环境综合整治，使苏州河景观和水质明显改善。

⑤使用清洁能源，改变能源结构，推进二氧化硫治理和机动车尾气控制，使大气环境质量进一步改善。

⑥依靠科技进步，大力发展环保产业和清洁生产，积极提倡绿色文明和绿色产品。

⑦加强乡镇工业污染控制，加快禽畜粪便综合利用和处理处置，推进和发展生态农业。

⑧加大环境宣传教育力度，提高各级领导和公众的环境意识，倡导绿色文明。

⑨加强环境法规建设，强化和完善“两级政府，两级管理”的环境管理体制，增强执法力度。

⑩增大环境保护和环境建设投资比例，力争环境保护与环境建设投资占全市 GDP 的 3%以上。

二、重点领域任务和措施

1．城市环境综合整治

结合上海市城市总体规划的调整和中心城市综合功能建设计划，加大污染防治、基础设施建设和环境管理的力度，使大气环境质量、居民区环境噪声和城市固体废物无害化处理程度得到明显改善，使本市城市环境综合整治总体水平与经济和社会发展相适应。

主要任务：建成黄浦江上游引水二期和长江引水二期工程，完成相应配套的水源保护工程项目，确保向城市居民提供符合要求的水源；建成白龙港第二污水排放系统一期工程，新增污水处理排放能力 170 万 t/d，使全市城市污水处理能力提高到 50%以上；加强城市固体废物无害化处理设施建设，城市生活垃圾无害化处理得到解决；结合旧城区的改造和中心城区居住人口的疏解，加快绿化建设，使人均绿地面积由 1.69 m^2 增加到 3 m^2 以上，明显改善城市居民生活环境；采取有效措施，防治汽车尾气污染，使城市大气环境质量有明显改善；完成桃浦、吴淞重污染区的综合整治工作，使该地区的环境状况得到根本改善。

2．水域环境保护

加强水污染防治，切实保护黄浦江水系水质。到 2000 年，黄浦江上游水源保护区及其汇水区，长江第二水源保护区以及自然保护区的水域水质达到国家Ⅱ类水标准；黄浦江上游准水源保护区和二级市的城镇饮用水水源保护区的水质达到国家Ⅲ类水标准。黄浦江下游以及其他水域的水质达到Ⅳ到Ⅴ类水标准，以保证全市市民的饮用水安全和工业、农业、渔业等用水需要。

主要任务：加强黄浦江上游及上游汇水区的区域工业污染防治，乡镇工业污染防治和农业、畜禽业污染防治工作；加强农村水网河道和黄浦江中、下游各支流的综合整治工作；加强水域的水文、水质监测；建设合流污水的科学排海的污水集中处理工程设施，以减少潮汐回流对水域水质的影响。

3．苏州河综合整治

苏州河环境综合整治的基本方针：目标高一点，要求严一点，力度大一点，步子快一点。实行分段治理，逐步推进；先指标，再治本；先治源，再挖泥；并将治理与开发相结合，建立财力保障机制。

苏州河环境综合整治的规划目标：近期（1996—2000 年）为苏州河水体主要功能复苏阶段；市区段及 6 条支流的水质达到Ⅴ类水标准，中、上游段达到Ⅳ类水标准；消除黑臭；完成长寿路桥以东段（约 5 km）两岸绿化景观建设。远期（2001—2010 年）为苏州河水体各项功能基本实现阶段；市区段及主要支流水质达到Ⅳ类水标准，上游段水质达到Ⅲ类水标准；基本建成为以旅游观光为主导的城市标志性河道。

近期主要措施：建立苏州河环境综合整治专门机构和目标责任制，实施分级负责，分段治理；组织苏州河环境综合整治的有关规划和可行性实施方案的研究和制定编制工作，落实整治工程项目及工程实施；建立苏州河水环境地理信息系统，实现苏州河水环境的科学系统管理；建立苏州河治理的财力保障机制，采取有力措施，多方位筹措资金，开拓集资多种渠道，并把治理项目纳入国家及地方的计划之中。

4．工业污染防治

通过产业结构调整和工业合理布局，加快技术更新和改造步伐，改变传统工业发展模式，在工业污染防治的指导思想上实现三个转变，大力推广清洁生产，努力提高工业污染控制和防治的能力，大幅度削减污染物排放量，重点防治占全市工业污染负荷 85%以上的 93 家重点污染源。到 2000 年，使全市主要工业污染物排放量低于 1995 年水平。

主要任务：重点发展清洁生产项目，在冶金、化学、医药、建材四个行业按照清洁生产的总体要求进行重大工艺改造和技术更新；推进主要污染源污染防治，将占全市工业污染负荷85%以上的93家重点污染源作为主要对象，实施工厂能源结构转换工程、集中联片供热工程、燃煤电厂脱硫工程、严重影响中心城区环境质量的企业搬迁工程、提高工业废水处理与回用工程等污染治理工程。

5. 乡镇环境保护和建设

按照各郊县城镇建设规划和农业区划，强化乡镇工业环境保护管理，控制乡镇工业和畜禽业的污染，提倡和推广畜禽粪便综合治理和返田利用，采取有效措施，保护农村水网河道的水质，严格控制高能耗、高物耗、污染严重的造纸、印染、电镀、化工等行业的重复发展，使乡镇居住区环境质量保持在较好的水平上。

重点保护领域是乡镇的水环境、居民密集区的大气环境和无公害蔬菜保护区。污染防治的重点是乡镇工业和畜禽养殖业。

主要任务：加强乡镇工业污染防治。修订《上海市乡镇工业环境保护管理办法》，逐步将高度分散的工业企业向相对集中发展，由分散治理向集中治理转变，严格控制小化工、小电镀和小造纸工业的发展，全面推行环境影响评价和“三同时”审批制度，逐步推行排污许可证制度；加强畜禽业污染防治，加强相关管理法规建设，积极推行生态式畜禽业的技术和经验，采取有力措施防止畜禽粪便污染乡镇水体环境；加快农村居民相对集中的新农村社区建设，发展居民生活废水集中处理；加强无毒、低毒农药新品种的开发和生产。

6. 自然保护区建设

根据城市环境特点和独特的河口自然资源，以候鸟和中华鲟保护为中心，加快自然保护区建设，在“九五”期间，使全市自然保护区面积达到 120 km^2，占全市国土面积的 1.9%。

推进自然保护区建设。崇明岛东滩鸟类自然保护区力争正式确认为国家级鸟类自然保护区，建立长江口中华鲟自然保护区，将北竿山鸟类自然保护区列入自然保护区建设计划并组织实施。

加强自然保护区法制和管理体制建设。制订《自然保护区管理条例》，进一步明确并逐步理顺自然保护区规划、建设、管理和监督的管理体制，增加自然保护区建设和管理投入。

7．环保产业发展

面向国内外两个市场，充分利用上海雄厚的工业基础和科技优势，大力培育和发展环保高新科技产业群和环保产业市场，使环保产业成为本市新的经济生长点之一和国内环保产业的重要基地。

优先发展领域和产品：大气污染治理、水污染净化及回用、固体废物无害化处理、噪声防治、环境监测仪器五个方面。

8．科技进步和环境科学研究

发挥科技优势，依靠科技进步，组织力量协调攻关，解决本市重大环境问题，提高本市环境科学的总体水平。

主要任务：积极组织科技攻关，改善本市大气环境质量和黄浦江水系水质；大力促进清洁生产和工业污染防治工作战略转变得科技战略发展研究；加强符合国情的最佳治理技术和实用技术的开发和研究；加强环境保护软科学研究，提高环境管理水平；积极扶植高新环保产业化的发展。

9．环境管理

主要任务：完善以《上海市环境保护条例》为核心的地方环境法规体系，“九五”期间完成各项地方法规和规章 20 项，地方环境标准 8 项；建设污染物排放总量控制运行机制，按照国家规定的 12 项污染物排放总量指标，编制总量控制的目标与实施方案，建立总量控制运行新机制；提升环境监测能力，加快组织开展重点污染源的废气、废水连续自动监测试点工作，增强整体环境质量的监测能力；加强信息系统和档案建设，建设上海市环境保护信息中心，逐步建立和完善环境基础信息库；加强环境宣传教育。

三、主要成效

“九五”期间，上海市国民生产总值平均年增长 12%，主要工业污染物排放总量得到控制，环境保护管理得到加强，环境污染和生态破坏的发展趋势得到有效遏制，环境质量开始有所改善，基本实现了“九五”环境保护目标。苏州河环境综合整治一期工程取得了较好成效，2000 年底实现了基本消除苏州河干流黑臭的目标。到 2000 年，全市污水处理厂达到 31 座，总设计处理能力为 98.9 万 m^3/d，污水处理率达到 49.4%。在全市能源消费量年均增长率达到 4.4%的情况下，通过产业结构、工业布局的调整和重点污染源治理，以及市区部分中小炉窑的清洁能源替代，全市的煤烟型大气污染得到控制，中心城区环境空气质量有了明显的改善，空气污染指数（API）结果表明，优于二级的天数比例逐年提高，2000 年空气质量优良率达到 80.8%。桃浦工业区环境综合整治完成阶段性任务，摘掉了重污染帽子。但总体上，“九五”环境治理取得的成果是基础性的，上海的环境问题仍相当突出，与经济快速发展的形势、市民对改善环境质量的要求和建设现代化国际大都市的战略目标还有相当的差距。

第三节　上海市“十五”环境保护计划

进入新世纪，上海在 1992 年起全市生产总值连续两位数增长的情况下，环境基础设施建设仍滞后于城市发展，环境污染尚未得到有效治理，城市环境管理有待进一步加强，环境质量与人民群众的期望、举办世博会的要求存在较大差距。“十五”期间，上海将环境保护纳入社会经济发展的总体框架内，以迎接 2010 年世博会为契机，以环境保护优化经济发展，不断转变经济增长方式和城市发展模式，促进经济、社会、环境的协调发展。2000 年启动了环保三年行动计划，2003 年，成立了全国第一个由市长挂帅、各委办局和区县政府为成员单位的环境保护和环境建设协调推进委员会，在全市形成了“责任明确、协调一致、有序高效、合力推进”的工作格局。

一、总体情况

为适应上海经济和城市建设迅速发展的形势，《上海市环境保护“十五”计划》的编制方法进行了改革，它由四个方面组成：

①编制和实施《上海市环境保护和建设三年行动计划》(见第四章)，它是环境保护“十五”计划的核心，其中，第一轮环保三年行动计划于 2000 年至 2002 年实施，第二轮环保三年行动计划于 2003 年至 2005 年实施。②《上海市水环境治理“十五”计划》(见第三章)。③《上海市大气环境治理“十五”计划》(见第三章)。④《上海市“十五”期间主要污染物排放总量控制计划》，根据国家环境保护“十五”计划下达的“十五”期间上海市主要污染物排放总量控制指标，上海市对二氧化硫、烟尘、工业粉尘、化学需氧量、氨氮、工业固体废弃物 6 种主要污染物实行排放总量控制计划管理，到 2005 年，全市 6 种主要污染物排放量总体上比“九五”末削减 10%，具体是：二氧化硫 40 万 t，削减 14%；烟尘 13.5 万 t，削减 4.4%；工业粉尘 2.5 万 t，削减 7.1%；化学需氧量 28.7 万 t，削减 9.9%；氨氮 3.34 万 t，削减 4.8%；工业固体废物 0.0 万 t，与 2000 年持平。

二、主要成效

经过五年的努力，在市委、市政府高度重视和坚强领导下，上海坚持以科学发展观为指导，按照“争做国内大城市，还环境污染历史欠账的模范和生态建设的模范”的要求，通过第一轮、第二轮环保三年行动计划的滚动实施，积极推动环境保护从传统污染治理向以环境优化发展的方向转变，使全市环境保护和生态建设再上新台阶，在全市国民经济持续保持两位数快速增长的同时，城市环境质量持续稳定改善，环境保护取得明显成效，向建设生态型城市的总体目标又迈出了坚实的一步。

1. 进一步创新了环保工作机制

市委、市政府坚持以科学发展观统领经济社会发展全局，把环境保护放在突出重要的战略位置。市政府成立了环境保护和环境建设协调推进委员会，建立了“沟通协调、检查督促、跟踪评估和信息反馈”的环境保护工作机制，形成了“责任明确、协调一致、有序高效、合力推进”的工作格局，完善了综合协调机制，综合运用法律、经济、技术和必要的行政手段解决环境问题，进一步形成了保护环境的合力。市人大、市政协加强检查监督，对深入推进环境保护工作起到了重要作用。市政府各委办局和区县政府本着对主管领域和所辖区域环境保护负责的精神，积极主动地推进环保工作。社会各方积极参与，有力推进了环境保护和环境建设工作。

2. 进一步完善了环境基础设施

建成了石洞口、竹园、白龙港等一批大型城市污水治理设施和郊区 14 座城镇污水处理厂及其 600 多公里收集管网，污水处理能力达到 471 万 m^3/d，全市城镇污水处理率达到 70.2%。建成了御桥和江桥垃圾焚烧厂、美商垃圾综合处理厂等生活垃圾资源化、无害化设施，建成了危险废物安全填埋场，全市生活垃圾无害化处理能力达到55%。建成了591 km^2“基本无燃煤区”，其中内环线以内建成“无燃煤区”，2个电厂3台燃煤机组实施烟气脱硫工程，吴淞工业区建成了集中供热网。

3．进一步降低了污染物排放强度

以推进污水厂及其管网建设和污染源截污纳管为突破，大力促进城镇污水和工业区污水治理；以“基本无燃煤区”建设、清洁能源替代、机动车和扬尘污染防治为重点，严格控制中心城污染负荷；以环境保护优化经济发展、促进产业结构调整为指导，集中力量推进吴淞、桃浦、吴泾工业区和苏州河环境综合整治。“十五”期间，全市污染物排放强度得到了大幅度降低，万元生产总值化学需氧量和二氧化硫排放量分别降低了50%和42%。

4．进一步强化了环境监管

着力从法律法规、环境标准、政策引导和监督执法等方面入手，强化污染预防，规范排污行为，提高准入标准，加大监管力度，深入推进环境保护和生态建设。修订了《上海市环境保护条例》，颁布了7部环境保护规章；制订了一批行业环境标准，发布了一系列技术规范与管理规定；出台了郊区污水收集管网建设补贴政策和污水处理收费制度；加大了污染源监管力度，对水环境重点监管企业实施了在线监控，对超标频率超过50%的重点监管企业责令其限期治理，重拳打击了污染严重的劣势企业。

5．进一步改善了环境质量

“十五”期间，本市环境质量得到明显改善。近三年的环境空气质量优良率连续保持在85%以上，2005年空气质量优良天数达到322天；全市水环境质量总体改善，黄浦江下游水质持续改善，上游水质基本保持稳定，苏州河水质稳中趋好，中心城河道基本消除黑臭；吴淞工业区主要环境质量指标达到了国内同类工业区的先进水平，桃浦工业区消除了恶臭污染；中心城绿化覆盖率达到37%，人均公共绿地达到11 m^2，成功地创建成国家园林城市。

虽然上海在“十五”期间的环境保护和建设持续取得了一定的成绩，但当前的环境状况与广大人民群众的期望以及2010年上海世博会的环境目标仍有较大的差距，与建设生态型城市、国际化大都市的要求仍有相当距离。全市污染物排放总量超过了环境承载能力，部分河流依然黑臭，主要空气质量指标明显劣于纽约、巴黎、首尔、新加坡等国际大都市，环境污染治理的历史欠账仍然较多，部分环境问题还比较突出。

第四节 上海市环境保护和生态建设“十一五”规划

“十一五”期间，是上海全面落实科学发展观，加快建设“四个中心”的关键时期；也是全面加强城市建设和管理，加快建设资源节约型、环境友好型城市，全力办好2010年上海世博会，努力构建社会主义和谐社会的重要阶段。市委、市政府把环境保护摆在更加突出重要的战略位置，全面落实科学发展观，构建社会主义和谐社会，为搞好环境保护提供了根本保证。上海发展进入新时期，居民消费结构逐步升级，经济增长方式转变和产业结构调整、城镇化进程加快，社会主义新农村建设大力推进，为解决结构性污染和环境污染历史欠账起到了基础性作用。科技进步日新月异，城市综合竞争力增强，社会主义市场经济体制逐步完善，管理体制机制改革深化，为环境保护提供了坚实后盾。与此同时，“十一五”时期也是上海全面发展的“矛盾凸现期”，人口、资源、环境等约束更加突出，环境与发展矛盾凸显。上海经济发展将要继续保持高增长态势，生产规模将不断扩大，人口规模继续增加，致使上海面临的环境压力将越来越大。

《上海市环境保护和生态建设“十一五”规划》紧紧围绕第六次全国环境保护大会提出的“三个转变”（从重经济增长轻环境保护转变为保护环境与经济增长并重，从环境保护滞后于经济的发展转变为环境发展和经济发展同步，从主要用行政办法保护环境转变为综合运用法律、经济、技术和必要的行政办法解决环境问题）的思想，提出要争做国内大城市还环境污染历史欠账的模范和生态建设的模范，解决经济发展与资源环境的矛盾，实现经济、社会、环境的协调发展，到2010年，基本建成生态型城市框架体系，以良好的环境质量迎接上海世博会的召开。

一、总体情况

《上海市环境保护和生态建设“十一五”规划》以邓小平理论和“三个代表”重要思想为指导，全面落实《国务院关于落实科学发展观加强环境保护的决定》和第六次全国环境保护大会精神。以科学发展观统领经济社会发展全局，努力构建社会主义和谐社会，大力推进可持续发展战略，加快建设资源节约型、环境友好型社会，率先实现“三个转变”。围绕增强城市国际竞争力这一发展主线，按照“有利于城市布局的优化，有利于产业结构的调整，有利于城市管理水平的提高，有利于市民生活质量的改善”的要求，持续改善本市环境质量，不断深化体制机制创新，稳步推进上海科学发展，争做国内大城市还环境污染历史欠账的模范和生态建设的模范，以滚动实施环保三年行动计划为抓手，进一步全面提高上海整体环境质量。

1. 基本原则

①多还旧账，不欠新账。全面推进环境基础设施建设，加大环境污染治理力度，城镇化建设和区域开发活动做到环境基础设施先行，努力解决历史遗留的环境问题；严格控制污染物排放总量，大幅度降低排放强度，削减排污总量，实现增产减污。

②以人为本，环境优先。转变城市发展模式，推动产业结构优化升级，转变经济增长方式，大力发展循环经济，转变污染治理思路，推进清洁生产和源头防治；坚持节约发展、安全发展、清洁发展，以环境资源的可持续利用支持社会经济的可持续发展。

③创新机制，强化监管。建立政府、企业、社会多元化投入和市场化运行机制，健全污染者付费、开发者保护、制造者回收、得益者补偿的环境经济体系，完善环保法规和标准体系，健全市场准入制度，强化政府监管职能，增强政府环境治理和管理能力。

④突出重点，确保实效。正视当前环境状况和未来环境形势，科学谋划，因地制宜，分步实施，滚动推进环保三年行动计划，分阶段解决重点区域、重大环境问题，以点带面，逐步推开，不断巩固、扩大环境保护和生态建设的成效。

2. 总体目标

到 2010 年，基本建成生态型城市框架体系，以良好的环境质量迎接上海世博会的召开。环境基础设施基本完善，形成全市环境保护总体格局，城市发展更和谐；环境污染得到有效治理，大幅度削减污染物排放总量，城市环境更安全；环境监管体系不断优化，环保监督执法能力得到提升，城市管理更科学；环境质量持续稳步改善，城市生态与人居环境健康舒适，城市生活更美好。

表 2-4 “十一五”环境保护主要指标

序号	指　标	单位	2010 年目标	属性
1	环境空气质量优良率	%	85 以上	预期性
2	饮用水水源地水质达标率	%	90 以上	预期性
3	城镇污水处理率	%	80 以上	约束性
4	工业区污水集中处理率	%	90 以上	约束性
5	生活垃圾无害化处理率	%	80 以上	约束性
6	环保重点监管工业企业污染物排放稳定达标率	%	95 以上	约束性
7	郊区建成“烟尘控制区”，中心城、新城建成“扬尘控制区”			预期性
8	化学需氧量排放总量控制	万 t	25.9	约束性
9	二氧化硫排放总量控制	万 t	38	约束性
10	万元生产总值用水量下降率	%	16	预期性
11	万元生产总值综合能耗下降率	%	20 左右	约束性
12	环保投入相当于全市生产总值比值	%	3	预期性

二、重点领域任务和措施

1．完善环境基础设施，保障经济社会持续发展

加强城镇污水处理厂及其配套管网建设与完善，推进生活垃圾无害化处置设施建设，重点开展工业区环境基础设施建设，合理规划布局环境治理设施，确保工程效益得到充分发挥，促进经济社会发展与环境保护相协调。到 2010 年，全市城镇污水处理率达到 80%以上，工业区污水集中处理率达到 90%以上，生活垃圾无害化处理率达到 80%以上，危险废物全面得到安全处置。

①城镇污水治理设施建设与完善。按照中心城与郊区并举，污水处理厂建设与管网建设并重的原则，大力推进城镇污水处理厂及其配套管网建设，推进截污地区雨污管网改造，提高污水处理能力和水平。“十

一五”期间，全市新增污水处理能力 210 万 m^3/d 左右。

中心城以提升污水收集处理能力和水平为重点，加快污水治理三期工程建设，加速雨污混接地区排水系统改造，完善空白区的污水收集系统建设，实现中心城污水收集管网全覆盖，对部分厂群矛盾突出的污水厂进行综合治理。郊区新城、新市镇以推进城镇污水处理厂及其配套管网建设为重点，按照本市“1966”城乡规划体系和新农村建设要求，实现污水治理设施覆盖 90%以上的郊区城镇，大幅度提高郊区污水处理率。加强农村地区污水治理力度，具备纳管条件的中心村产生的污水应纳入城镇污水处理系统，对分散的、边远的自然村落产生的污水因地制宜采用工艺流程简单、污水处理高效、投资运行费用低廉、操作管理简便实用、占地少的处理工艺技术与设施，不断提高农村污水收集能力和处理效率。

城镇污水处理厂建设，要按照“集中和分散”相结合的原则，优化布局、统一规划；要切实提高污水处理设施的运行效率，保证污水处理厂建成后实际处理量不低于建设规模的 70%，服务范围内污水收集管网覆盖率不低于 80%；新建污水处理厂应采取除磷、脱氮工艺，对现有污水处理厂应逐步实施除磷、脱氮技术改造；要切实重视污水处理厂的污泥处置，加强污泥处置设施建设；要与供水、用水、节水与污水回用统筹考虑。

②生活垃圾无害化处置设施建设。坚持以“减量化、资源化、无害化”为原则，按照城郊统筹的方针，构筑全市生活垃圾收集、运输、处置体系，通过分类收集和处置利用的两个普及，建设与完善生活垃圾无害化处置设施，全面提高全市生活垃圾无害化处理水平，加快实施生活垃圾资源化利用。到 2010 年，全市生活垃圾无害化处理率达到 80%以上。

高标准建设生活垃圾资源化和无害化处置设施，完善中心城生活垃圾转运、处置系统，对环保不达标的处置设施进行综合污染治理与生态修复，消除污染与安全隐患。组团规划建设郊区生活垃圾收集处置系统，对现行简易垃圾处置场进行综合治理与改造，因地制宜规范化建设无害化处理设施。加大农村地区生活垃圾收集系统建设力度，建立和完善郊区生活垃圾无害化处置设施相配套的收运系统。

生活垃圾无害化处置设施建设，要做到产出数量和收集处置能力的动态平衡；要避免造成二次污染，消除安全隐患；要建立处置有序、配置合理、技术可靠、环保达标的处置系统。

③工业固体废物收集处置系统建设。按照分类指导、妥善处置、安全有效的原则，加快工业固体废物综合利用设施建设，高标准建设固体废物处理处置设施，形成全市工业固体废物处理处置体系，确保危险废物得到全面安全处置。

继续完善危险废物、医疗废物集中收集与安全处置系统，建立健全危险废物收集、贮存、运输、处置的全过程环境监督管理体系。优化危险废物处置设施布局，形成全市危险废物集中处置产业布局。建设工业固体废物处置设施，重点解决无法综合利用的工业固体废物安全处置出路。应对生物技术与生命科学的发展，高度重视生物废弃物收集处置系统建设，确保城市环境安全。

④工业区环境基础设施建设。以产业结构调整、推进“三个集中”为根本举措，全面完善工业区环境基础设施建设，为郊区高起点、快速健康发展奠定环境基础。

着力推进工业区污水处理厂建设，建立和完善雨污分流制排水系统，实现工业区污水集中收集处理，消除污水直排现象。切实提高能源利用效率，对部分有条件的工业区实施集中供热。建立和完善工业区固体废物集中收集储运设施，纳入全市工业固体废物处置系统。

所有保留工业区做到“一区一案”，按计划完成开发地块污水管网建设和污水纳管工作，对未完成污水处理任务的工业区不得新建、扩建、改建产生污水的项目。新建工业项目按产业分类和污染物排放特性选址于环境基础设施完备的工业园区。

2. 控制环境污染排放，促进经济增长方式转变

严格实施污染物排放总量控制，实行排污许可制度；严格执行污染物排放标准，加大污染治理力度；积极采取有效措施，降低污染物排放水平，做到增产减污，削减排放总量。到 2010 年，全市环保重点监管工业企业污染物稳定达标排放，燃煤电厂完成烟气脱硫改造，中心城建成“基本无燃煤区”，郊区全部建成烟尘控制区，中心城、新城全面建成扬尘控制区；全市主要污染物排放总量实现控制目标。

（1）污染物排放总量控制。落实污染物排放总量控制任务，到“十一五”期末，全市水环境污染物化学需氧量排放总量控制在 25.9 万 t，大气污染物二氧化硫排放总量控制在 38 万 t。

制定行业、区域的污染物排放总量控制分配方案，明确污染削减责任，制定考核和调控办法，使污染排放总量控制成为推动行业、区域经济又好又快发展的重要手段。

按照条块结合、区域控制为主的原则，将污染物总量控制指标和削减任务分配到有关行业主管部门、各区县政府和中央在沪企业。相关行业主管部门、各区县政府和中央在沪企业对完成本行业、本地区总量控制任务负责，采取有效措施，确保完成污染物总量控制目标。

加强污染物排放总量动态管理，严格实施排污许可证制度，禁止无证和超总量排污。全市开展排污许可证发放工作，在核发过程中明确排污总量指标和分阶段削减要求，对违法建设项目不得发放排污许可证。新建、改建和扩建项目的污染物排放总量指标，从本行业和本地区的核定总量中调剂获取，没有获得总量指标的项目不予审批。

强化污染物排放总量跟踪监控，完善企业排污申报制度，加强污染物排放监测和监督检查。定期对全市、主要行业和各区县的污染物排放情况进行跟踪、统计和公布。

（2）水环境污染源治理。大力推进中心城、郊区城镇和工业区污染

源截污纳管，污水处理厂服务范围内污染源截污纳管率不低于80%。加强污水处理厂的监督与管理，对所有污水厂实施在线实时监控，严禁超标排放。

进一步加强对水环境污染源监管，完善水环境污染源在线监控网络。重点加大对环保重点监管企业的治理和改造力度，确保重点监管工业企业污染物稳定达标排放。结合地区污水管网建设情况，根据纳管条件分类制定并实施水环境污染源治理计划，对超标排放的工业企业实施限期治理，保证达标排放。

加大合流制泵站排水系统改造，削减雨天泵站放江污染负荷，努力降低城市面源污染影响。削减农业面源污染负荷，深化畜禽污染治理，严格控制水产养殖和航运船舶污染。

（3）大气环境污染源治理。全面实施燃煤电厂烟气脱硫工程，同步实施高效除尘，逐步开展低氮燃烧技术改造与试点示范，大幅度削减本市电厂污染物排放量。

控制削减高污染燃料，禁止高污染燃料在本市的流通和使用，严格控制燃料中的含硫量。提高能源利用效率和清洁能源比例，有条件的地区实施清洁能源替代。

积极推进大气环境重点监管企业在线监控，实施工业大气污染源全面达标排放工程。对大吨位锅炉开展烟气脱硫和高效除尘达标改造，对中小炉窑逐步实施清洁燃烧技术，对超标排放的企业实施限期治理，保证达标排放。

全面开展“烟尘控制区”和“基本无燃煤区”建设，深入推进各类炉窑和工业生产设施的烟尘控制工作，严格执法监管，基本杜绝烟囱冒黑烟现象。积极推广示范经验，在全市范围内全面开展扬尘污染控制工作。

加强工艺废气治理，对有毒有害气体排放实施监控。积极开展生物质能生产与应用示范。

（4）机动车尾气污染控制。加大机动车污染控制力度，按照国家机动车排放标准实施进程，逐步严化新车排放标准，促进车辆更新，有效遏制机动车污染排放增长态势。优先发展公共交通，大力开发和使用清洁燃料车辆。加快淘汰不符合环保要求的在用车辆，制定适合特大型城市特点的机动车能耗、排放和淘汰标准。

加强在用机动车污染监督管理，完善在用车检测制度，健全机动车污染检测网络，强化路检执法和停放地检查，加强在用机动车报废管理。公交和出租车扩大使用清洁燃料，制订车用清洁燃料发展计划。结合城市轨道交通的建设运营，及时调整地面交通公交网络，有效减少地面机动车流量。建立健全互相联动的长效执法机制，开展日常执法监察。

（5）固体废物减量化与资源化。以政府推进、行业自律为手段，制定并实施有关行业自律规范，积极推进和带动重点行业废物源头减量化工作。固体废物重点产生行业和企业应优先采用资源利用效率高、有利于产品废弃后回收利用的技术和工艺，从源头上减少固体废物的产生量。

加快推进固体废物资源化、产业化进程，提高固体废物综合利用水平。建立工业企业资源利用量、中间处理量、废物排放量的申报制度。加强废品回收行业管理，提高废纸、废玻璃、废旧金属等可再生利用资源的回收利用率，提高生活垃圾分类收集和资源化利用水平。探索废旧家电等电子产品安全处置和资源化利用的有效途径，建立废旧物品回收网络，制定企业报废产品召回制度。

推广使用再生产品，简化产品包装，推行包装减量化，率先在公共服务业限制一次性消费品的使用，限制难降解和难以回收利用材料的使用。

（6）危险废物污染防治。加强危险废物源头控制。强化对化学原料及化学制品制造业、黑色金属冶炼与压延加工业、交通运输设备制造业、石油加工及炼焦业和电子及通信设备制造业五大行业的监督管理，淘汰危险废物产生量较大的落后生产工艺和产品，全市危险废物产生总量控制在 2005 年水平；全面实施危险废物管理计划申报制度，实现市、区（县）两级动态管理，危险废物重点监管企业在 2008 年之前率先实施；加强新建和改、扩建项目管理，落实危险废物污染防治的技术政策。

提升现有危险废物经营许可企业水平。制定并落实危险废物经营许可企业的准入制度，调整和淘汰落后工艺、技术的处置利用设施和企业；加强对危险废物经营许可企业的执法检查，严格控制污染物排放，推进清洁生产审核，提高综合利用和处置企业的污染防治水平。

加强危险废物全过程监管。健全市、区（县）二级危险废物监督管理体系，对医疗废物、废铅酸电池、废机油等实施重点监管，加强对实验室废弃化学试剂、电子类危险废物等的监控；加强危险废物产生企业自行处理处置设施和转移联单制度的执法检查，加大对危险废物非法流失和非法处置的打击力度，强化危险废物跨省市转移的监管；建立危险废物产生、收集、运输、贮存、利用、处置全过程的动态监控平台，提高管理水平和执法效率。

（7）核安全和辐射环境监管。建立和完善核安全与辐射环境管理政策法规体系，提高监管能力。在全市范围内合理布局，建立辐射环境在线监测点，构建核与辐射安全监控网络。加强对放射源生产、使用、销售和进出口的安全许可管理和监督，完成辐射安全许可证的换发，建立并完善放射源信息管理系统。建设与城市发展相适应的放射性废物处置库、贮运系统和防盗系统，切实提高放射性废物收贮、处置能力，确保放射性废物得到安全处置。加强电磁辐射环境影响评价工作，努力控制和降低电磁辐射污染。加强队伍建设，完善应急预案，着力提高核与辐射安全的应急、监控和处置能力。

3. 深化环境综合整治，解决突出环境问题

优先保护饮用水水源地水质，确保城市供水安全；以截污治污为根本手段，继续深化全市河道整治，显著改善河道水质；依托功能布局和

产业结构调整，对重污染地区开展环境综合整治。到 2010 年，全市饮用水水源地水质达标率达到 90%以上，巩固和提高中心城河道整治成果，郊区河道水质显著改善，逐步恢复河流水域生态系统，吴泾工业区环境整治实现规划目标，苏州河环境综合整治任务基本完成，世博会场馆区域建成资源节约、环境友好的示范园区。

（1）水源地环境保护。加强水源地污染控制力度。坚持保护优先，实施饮用水水源地环境保护，优先开展环境基础设施建设，有效防止居民生活污染和旅游业环境污染。采取最严格的措施，促进工业污染治理，推进工业企业向保留工业区集中。高度重视水源地的有毒、有害污染物的控制，开展持久性有机污染物、环境激素、微量有机污染物监控。积极调整农业结构及其生产模式，继续加强农业污染控制和畜禽污染治理力度。继续加强水源涵养林建设和管理，建立河流水系的滨岸缓冲带，控制并削减面源污染。

积极引入水源地补偿机制。制定、实施郊区污水处理厂及其管网建设补贴政策，鼓励加快水源保护地区污水收集管网建设和污水纳管治理进程。制定产业引导扶持政策，通过税收政策和财政扶持，引导水源保护区产业结构和布局调整，加速淘汰高污染行业和劣势企业，鼓励清洁型生产。扶持和促进水源保护区内农业生产向生态农业发展，制定鼓励使用有机肥和生物农药、减少使用化肥农药的政策，吸引生态型农业建设项目优先落户水源保护区内。

提高水源地风险管理意识。构建水源地突发污染事故的有效防范体系，切实降低突发事故发生的概率。建设和完善水源保护区水路运输管理系统，有效防止船舶污染，全面禁止在水源保护区水路运输危险品。建立水源安全预警制度，定期发布饮用水源地水质监测信息。完善水源地突发污染事故应急预案，提高安全防范和应对能力，建设水污染事故应急处理物资储备中心，提高应急处理处置能力。进一步开辟长江供水水源，建立黄浦江和长江两江取水多水源供给的格局，确保城市供水安全。

（2）河道整治与生态修复。以截污治污为根本手段，继续深化全市河道整治。认真排摸直排河道污染源，完善截污纳管设施。综合应用生态治水的技术方法，以沟通水系、调活水体、修复与重建水生生态、建立长效管理机制为重点，从根本上改善全市河流水环境质量。

中心城河道治理，重点采取切实有效手段，逐步解决分流制地区雨污混接现象和合流制地区排水泵站雨天放江污染河道问题；实施综合调水，对河道水流进行科学调度，并对河道污染底泥进行疏浚。郊区河道治理，在截污治污的基础上，全面清理整顿河道岸边的违章搭建和垃圾杂物堆放，疏拓河道，调活水系，保障河道水流畅通；农耕地区河道两岸，因地制宜建设滨岸缓冲带，有效削减面源污染影响。相对封闭的河道水系和景观水域，重点开展水体就地强化处理，提高自净能力。

（3）噪声污染防治与餐饮业整治。加强噪声污染防治力度，通过区域环评、规划环评提早介入噪声污染防治的规划控制措施，对各类新建项目严格执行环境影响评价制度。细化环境噪声功能区划工作，扩大“环境噪声达标区”、“安静居住小区”的创建范围。加强噪声污染源的日常监管和治理，对重点区域、重点项目等实施专项监测、报告制度，对夜间施工作业实施严格审批制度。加大防噪降噪工程建设力度，重点实施市政道路交通噪声防治措施，通过规划拆建、设置缓冲带、安装防噪声设施、房屋功能转换等措施逐步解决城市交通噪声扰民现象。

依法加强餐饮业污染整治，加强执法检查力度，强化对油烟净化产品市场监控，加强对废弃食用油脂产生单位和回收定点单位的监督管理，切实解决餐饮业与居民的矛盾，减少污染扰民，保护人民健康。

（4）重点区域环境整治。集中力量，对污染严重、环境敏感地区开展环境综合整治工作，结合相关的规划内容，落实重点区域环境整治任务。

巩固和提高苏州河治理成效，进一步开展苏州河环境综合整治三期工程，基本完成苏州河综合整治任务，逐步将巩固和提高苏州河环境质量转入长效管理范畴。

全面开展吴泾等工业区环境整治，着力解决结构性污染问题，切实改善吴泾等地区环境质量。

加强世博会场馆地区环境整治，按照“生态世博”的理念，高水平、高质量、高效率推进世博会园区建设和周边地区环境整治。

4．加强生态环境保护，促进人与自然和谐

以生态功能区划为基础，依据生态敏感性、资源环境承载力、经济社会发展强度和潜力，确定优化开发、重点开发、限制开发和禁止开发的四类主体功能区的空间范围和功能定位。围绕生态型城市建设目标，全面提升城市生态服务功能，提高生态承载力，改善人居生态环境质量；积极推进社会主义新农村建设，加大农村地区环境保护力度，实施农村小康环保行动计划；加强自然保护区和重要生态功能保护区的建设与管理，保护生物多样性。到 2010 年，建成区绿化覆盖率达到 38%，人均公共绿地达到 13 m^2，全市森林覆盖率达到 12%以上。

（1）城市生态建设。维护城市生态安全。按照生态敏感程度和生态服务功能重要程度，划分不同等级的生态功能区，明确各区的主导生态功能，构建城市生态安全格局。确立本市重要生态功能保护区，建立健全管理体制和运行机制，控制不合理的资源环境开发活动。建立以城市生态安全为核心的监管机制，建立与完善全市生态安全监控和预警系统。

优化城市绿地/林地/湿地生态系统。针对全市绿地/林地/湿地系统，开展生态服务功能和价值评估，优化空间布局，提升生态服务功能。中心城以公共绿地、郊区以生态公益林和湿地公园为主，按照群落稳定、景观协调、生物多样的原则，构建全市绿地/林地/湿地系统。在改善城市景观作用的同时，更要充分发挥生态服务功能，构建水绿生态廊道、斑块系统。

提高生态意识和倡导生态文明。进一步提高政府工作信息公开程度，将公众参与纳入政府决策中；通过电视、电台、报纸、互联网等媒体，向市民开展环保知识宣传普及；在中小学教育课程中，开设环保专题课程；完善环保信息公开/反馈渠道和环境保护宣传教育体系。

（2）农村生态建设。全面实施“农村小康环保行动计划”。积极推进社会主义新农村建设，根据“生产发展、生活宽裕、乡风文明、村容整洁、管理民主”的基本要求，按照“规划布局合理、经济实力增强、人居环境良好、人文素质提高、民主法制加强”的思路，结合本市“1966”城乡规划体系格局，以“全国环境优美乡镇”、“生态村”为抓手，大力推进创建活动，以农村环境整治、农村生活垃圾和生活污水处理、村容村貌改善等村镇环境基础设施建设为重点，全面改善农村生产与生活环境质量。

畜禽养殖场达标治理和畜禽粪便综合利用。贯彻执行《上海市畜禽养殖管理办法》，根据郊区畜禽养殖规模和区位，合理布局，加大规模化、生态化、集约化、标准化畜禽养殖场建设力度；加强畜禽养殖场的执法监管，核发规模化畜禽养殖场排污许可证和动物防疫合格证；加强依法管理，促进畜禽养殖场污染达标治理，控制畜禽污染；进一步建立和完善畜禽粪便收集处置系统，开展以农村循环经济理论为指导、以生态种养结合为主要模式的畜禽粪便综合利用生态工程，推进畜禽粪便规范化还田，实行资源化综合利用。

农业面源污染治理。推广生态农业发展模式，推动化肥、农药品种结构和施用技术的改进，鼓励使用有机肥料和生物农药，减少化肥、农药施用量，优化农田土壤结构；大力推进农作物秸秆还田，提高综合利用水平，扩大农田秸秆禁烧区域；制定并实施农业面源污染控制最佳管理措施，有效降低农业面源污染负荷，改善农业生态环境。到2010年，全市氮化肥亩使用量比2005年减少15%，中高毒化学农药使用量减少10%。

土壤污染防治与农产品产地环境监管。重视土壤污染问题，开展土壤环境质量调查，建立土壤环境质量监测网络。对污染企业搬迁后的原址进行土壤污染风险评价和修复，建立土壤污染修复示范工程；加大农产品基地环境监管，严格监控环境质量，建立环境监测和质量评价体系。

（3）自然生态保护。自然保护区建设与管理。进一步提高已建自然保护区管理水平和建设质量，严格执行相关法律法规，加强自然保护区联合执法检查和日常管理，确保重点野生动植物物种能够得到有效保护。按照国家级自然保护区规范化建设要求，加大对崇明东滩和九段沙自然保护区的保护力度。

湿地资源保护。妥善处理好湿地资源保护与开发利用的关系，对长江口、杭州湾边滩湿地资源进行科学划分和分类动态管理，协调湿地资源开发行为。通过建立湿地公园、湿地湖泊等方式，对受损湿地生态系统进行功能补偿与修复。控制内陆湖泊湿地环境质量下降趋势，结合湖泊、河道的环境综合整治，改善湿地生境条件。

生物多样性保护。开展全市的生物多样性调查与评估，建立生物多样性综合信息库。加强外来物种监管，建立外来生物引种程序和审核制度，防范外来物种入侵，保护本地生物多样性。

海洋生态保护。加强海洋生态环境保护，提高外排污水处理水平，削减陆域污染物入海量，加强港口和船舶油类污染物的治理，建立近岸及海岸带生态环境质量监测网络和预警机制，建立海洋环境事故的应急系统，提高事故处理能力。

（4）崇明生态岛建设。围绕崇明生态岛总体规划目标和功能定位，研究建立符合国际生态建设潮流、接轨国际标准、得到国际社会认可的生态岛建设指标体系，科学评估生态岛建设进程。编制完善生态岛环境保护规划，全面落实环境污染源整治计划和生态建设任务，大力推进现代化生态岛区建设。

环境基础设施建设。按照集中处理与分散处理相结合的原则，新城、综合型新市镇和工业园区大力推进城镇污水处理厂建设，完善污水收集管网；休闲型新市镇、中心村和旅游景区则探索生态化污水处理设施，同时配套建设相应的污水收集管网。到 2010 年，三岛的城镇污水处理率达到 60%。辟建崇明三岛固体废物集中处置区域，建设集约化环保产业园，实现三岛固体废物的安全、有效、无害化处置。

生态林地系统建设。在三岛地区构建完善的生态林地体系，重点推进环岛防护林、道路防护林、工业区隔离带、水源涵养林和旅游区景观林的建设。

生态农业建设。积极倡导生态农业，将循环经济理念应用于农业生产系统，减少生产过程中的资源、能源的投入量和废弃物的排放量，形成资源共享、副产品互换的产业共生组合。

生态村建设。积极落实“农村小康环保行动计划”，以改善农村生产、生活环境，培育农村生态文明为目标，有重点、有步骤、有层次地推进生态村建设。

5. 推动循环经济发展，建设环境友好型城市

强化资源节约和环境友好的意识，按照建设国家循环经济试点城市的要求，有序推进本市循环经济发展，切实转变经济增长方式，实施产业结构战略调整，全面推行清洁生产，提高环境准入标准，提高资源利用效率。到 2010 年，全市万元 GDP 用水量和综合能耗较“十五”期末分别降低 16%和 20%左右。

（1）大力促进循环经济发展。认真贯彻《国务院关于加快发展循环经济的若干意见》，结合实际，从生产消耗、生活节能、废物利用、无害化处理和社会消费等环节入手，依靠科技进步，努力突破制约循环经济发展的技术瓶颈，优化循环经济的发展环境，提高资源利用效率，切实促进循环经济发展。

按照资源集约使用、产品互为共生、废物循环利用、污染集中处理

的模式，在巩固和完善本市循环经济试点基础上，制定工业园区循环经济发展指南，探索新型工业化道路。大力开展工业园区或工业企业的循环经济试点工作，建立循环经济示范产业园区。

（2）全面推行清洁生产和清洁能源。贯彻落实《清洁生产促进法》和《关于加快推行清洁生产意见的通知》、《关于落实〈清洁生产促进法〉的若干意见》，加强清洁生产实施的监督，巩固和推进本市清洁生产试点工作。大力推进工业企业清洁生产，对资源浪费、污染严重的企业依法开展清洁生产强制性审核。通过推行清洁生产，促进企业污染物稳定达标排放。

全力以赴增加天然气资源，建立天然气主干管网系统，逐步形成多气源供应格局。积极发展可再生能源和替代能源，重点发展风能和太阳能，加大生物质能的研发和产业化力度。

（3）强化环境准入和淘汰制度。建立比较完善的产业淘汰和环境准入、能效评估机制，强制执行国家制定的《淘汰落后生产能力、工艺和产品目录》，加快淘汰高能耗、高污染、低效益的工艺、技术、设备和产品，控制高能耗、低附加值项目的准入，严格实施建设项目能耗审核制度。

提高工业用水重复利用率，建立高耗水行业用水限额制度，实行计划用水管理，在电力、冶金、化工等重点行业企业推广废水循环利用，加速淘汰劣势污染企业，大幅度降低工业废水排放强度。

提高能源利用效率，做好钢铁、电力、石化、化工、建材等能耗高的行业和企业的节能工作，重点企业开展合同能源管理，确立节能降耗目标和措施；对汽车、空调、冰箱、风机、水泵等节能潜力大、使用面广的用能产品，严格实施能效标识制度；对铁合金、小钢铁、建材、化工等高能耗行业中的高污染、低效益企业，有步骤地实行关停或技术改造。

（4）积极发挥典型示范作用。根据建设资源节约型、环境友好型城市的要求，在全市积极开展绿色创建活动，积极发挥示范作用，并逐步深化和完善考核标准，建立严格的复核机制，大力倡导环境友好的生产、生活和消费方式，建设环境友好型城市。

按照国家环保总局的要求，继续推进国家生态区（县）、环保模范城区、环境优美乡镇的创建工作。结合上海特色，开展绿色居住小区、绿色街道、绿色商业区、生态村等生态社区创建活动。积极推进环境友好企业、环境友好工程的创建活动，引导和鼓励企业自愿采纳更严格的环保标准，自觉遵守各项环境法律法规，自觉承担企业的社会责任。

6. 强化环保能力建设，提高环境管理水平

（1）环境质量监测能力建设。进一步加强环境质量监测网络建设，适应环境形势的新变化，全面提高本市水环境、空气环境、噪声环境、核与辐射环境等监测预警的总体水平。着力提高本市环境质量监测及预报的频率和精准度，强化水源保护区等重点区域的特殊因子监测，增强对环境辐射水平的动态变化监测能力。

（2）环境污染源监控能力建设。加大对各种环境污染源的监控、执法力度，提高污染源现场监察和执法能力。以高科技和信息化手段强化对重点污染源的监控管理，以装备建设为基础提高对环境污染源的取证和执法能力。

（3）环境污染事故应急系统建设。建立健全环境污染事故应急处置机制，大幅度提高对重大、特大环境污染事故的应急处置能力。提高环境事故应急监测、指挥装备水平，加强核与辐射事故、危险废物污染事故应急监测和处置能力。利用信息化手段强化应急联动、提升应急处置辅助决策水平。

（4）环境检测实验室能力建设。加强实验室能力建设，适应环境管理新形势，满足国家新的环境质量标准和污染物排放标准等的监测要求。提高实验分析精度，掌握环境质量和污染状况的变化趋势。

（5）环境管理信息化建设。构建市区两级环保部门的业务网络，开发和完善监管、监测、监察等各类环境管理信息系统。利用现代信息技术与手段，全面提升污染源、环境质量监测数据等的综合分析和应用能力，提升环境管理和决策的水平。

（6）人才培养与队伍建设。实施人才战略，建设一支数量充足、结构合理、素质优良、适应环境保护发展的环保干部人才队伍。提高人才队伍素质和整体实力，重点培养和选拔一批优秀的党政领导干部、专业技术人才，注重领军人才的培养。加强队伍建设，建立科学化、制度化、规范化的人才资源开发机制、运作体系和保障措施，实现人才工作新的突破。

三、相应保障措施

1．制度创新，完善环保体制机制

（1）完善环境管理体制，建立环境监管新机制。健全环境监管体制，理顺职责分工。健全“政府监管、单位负责”的环境监管体制，加强对环境保护的监督检查。强化“条块结合，以块为主”的推进机制，逐步理顺部门职责分工，提升环境监管实效。

建设“三监”联动平台，加强监管力度。协同监测、监察、监管部门，完善环境污染源监管工作会商制度，坚持监测为执法服务、执法为管理服务的原则，及时沟通情况、发现问题、商议对策，以监测数据为基础、以现场监察为重点，以严格执法为手段努力构建“三监”联动平台，不断加大对污染源的监管力度。

完善强制淘汰制度，强化限期治理。根据国家和本市产业政策，制定和调整强制淘汰污染严重企业和落后的生产能力、工艺、设备与产品目录。对不能稳定达标或超总量的排污单位实施限期治理，治理期间采取限产、限排措施。对逾期未治理或者未达到治理要求的排污企业依法严肃查处。对污染物排放严重超标、长期不能稳定达标，或者严重超过总量控制要求，且不能在规定期限内完成限期治理任务的环保劣势企业，以及与区域功能定位严重不符合，污染排放严重影响周边居民正常生活的单位，责令停业和关闭。

（2）建立考核评估机制，实行环境保护政绩考核。建立环保目标责任制度。坚持和完善各级政府环境保护目标责任制度，强化党政领导干部环保绩效考核。按照环境质量行政领导负责制的要求，各级党政一把手对辖区内环境保护工作负总责，建立环境保护问责制。加强环保目标责任制的落实和检查，对环境保护主要任务和指标实行年度目标考核，并把区（县）交界断面水质作为考核的主要内容之一。加强基层环保工作，中心城推进网格化管理，郊区完善乡镇、街道环境管理责任体系。

建立环保绩效信息发布制度。把节能降耗、污染物排放纳入经济社会发展的统计、评价考核体系。每年公布全市、各区县和主要行业的单位产值能源消耗和污染物排放情况。评优创先活动实行环境保护“一票否决”，充分体现环境保护作为基本国策应具有的地位和作用。

（3）完善环保投入机制，建立环境税费政策。加大政府的财政投入力度。将环境保护纳入各级政府财政支出的重要内容并逐年增加，环保投入相当于全市生产总值比值保持在 3%。加大政府在环境基础设施、农村环保、水源地保护和环境监管能力等公益事业方面的投入。促进各项环保重大建设项目纳入当地政府、部门和企业的项目计划。强化对环境保护专项资金使用的监督管理，加强资金使用绩效和项目后续管理，提高财政性环保资金的投资效益。

推进污染治理市场化。开拓资金渠道，引导社会资金和国外资金投入环境保护和建设，完善政府、企业、社会多元化的环境投融资机制。进一步完善“污染者付费”机制，体现治污责任，降低治污成本，全面实施城镇污水、生活垃圾处理处置收费制度，逐步加大排污收费力度。全面推进污染治理项目招投标制度，通过政府购买服务和企业委托污染治理等方式，加快推进污染治理设施建设和运行管理的市场化进程，推行污染治理设施的企业化运营，鼓励排污单位委托专业化公司承担污染治理和设施运行。

制定和完善有利于环境保护的财政税费政策。制定和实施有利于环保的价格、税收、信贷、贸易、土地和政府采购等政策。对循环经济、清洁生产、环境友好、资源综合利用、废物回收、清洁能源、脱硫电厂等企业、工艺、设备和产品给予财政扶持等政策优惠。健全水源保护区和其他生态敏感区域的财政补贴和转移支付机制，探索环境容量有偿使用、排污权交易以及征收生态环境补偿费，完善生态补偿政策，尽快建立生态补偿机制。

2．法规建设，加强执法监管和污染预防

（1）加强地方法规建设。加强环境法制建设，加快地方环境保护立法，健全环境法规体系，有效解决“违法成本低、守法成本高”的问题，形成以《上海市环境保护条例》为核心，相关法规、规章相配套的地方环保法规框架。重点加强饮用水水源保护，制定《上海市饮用水水源保护条例》。制定上海市污染物排放总量和排污许可证管理的相关办法，明确总量目标、总量统计制度、污染行业总量控制规定和工艺能耗限定、总量分配机制等内容，全面实施排污总量控制。做好机动车污染防治、医疗废物污染防治、辐射污染防治、工业区环境管理等领域的立法准备工作。积极推进促进循环经济、自然生态保护、化学品环境管理、生物安全管理、环境损害赔偿责任等立法项目的研究工作。制定《上海环境保护行政执法操作规范》，规范行政执法行为。

（2）完善环境标准和技术规范体系。加强技术法规类环境标准建设，使环境质量标准成为环境管理战略目标的核心，使污染物排放标准成为环境监督执法的有力手段。加强技术支持性环境标准建设，推进环境管理工作的科学化、规范化。大力推进绿色环保产品类环境标准建设，促

进环保产业发展。

进一步完善上海重点工业行业节能、节水标准，推进清洁生产和循环经济。研究制定一批在执法过程中急需的地方性环境保护标准，加强技术规范、规程研究制定工作。制定钢铁、化工等行业污染物排放标准，制定饮用水水源保护区划分、水环境综合整治、河道生态修复、生态化污水处理、燃煤电厂烟气脱硫副产物综合利用、生态村创建、农业生产最佳实用技术和农业非点源污染控制等技术规范与技术标准。开展城市生态系统监测指标体系和标准方法研究，推进土壤、地下水监测指标体系和标准方法的研究。

（3）严格执行环保法律法规。坚持依法行政，加强环境执法力度。按照国家和本市统一部署，组织专项执法行动，加大企业环境监督力度，杜绝污染环境、破坏生态的违法行为。坚决淘汰落后生产工艺和设备，依法关闭污染严重的企业。对违反国家和本市产业政策的污染项目，对不执行环境影响评价、违反“三同时”、不正常运转治理设施、偷排和超标排放污染物、不遵守排污许可证规定、污染饮用水水源等环境违法行为，予以重点打击。

突出污染预防，加强建设项目环境管理。积极探索政策环评，大力推进规划环评，努力从决策的源头控制环境污染，对未依法开展规划环评的规划，规划审批部门不予审批规划。严格履行建设项目环境影响评价管理程序，从产业结构、能源消耗、总量控制、污染治理、达标排放等方面严格审批项目环评文件。对没有实现污水集中处理的保留工业区暂停新建、扩建和改建项目的环评审批。对重大环境工程项目，要实行环境评估和后评估制度，确保提高工程的生态环境效益。加强对建设项目环保设施“三同时”现场检查和监督管理力度，探索环境监理制度，确保建设项目得到全过程的有效监管。严格履行建设项目环保设施竣工验收管理程序，切实把好建设项目竣工验收关。

控制污染排放，严格实施污染物总量控制制度。将总量控制指标逐级分解并落实到排污单位，并将削减污染物的责任落实到各区政府和行业主管部门。总量超过控制目标的区域或行业，应限期削减污染物排放量，并严格控制增加污染的新建项目。

加强排放管理，完善排污申报和许可制度。对污染源排污情况实行动态管理，进一步推行排污申报和排污许可证制度，禁止无证或超总量排污。严格控制各类污染源，完成对重点污染源的发证工作，继续削减排污总量，促进工业结构调整。对不符合国家和地方产业政策、产业结构不合理、污染严重的部分行业的企业，从严发放排污许可证。

（4）强化环境监管能力。加强执法监管，规范执法行为。提高环境监测、环境监察装备水平，强化环境执法手段，加强环境监管能力。切实贯彻行政许可法，推进环境司法，对难以落实到位、拒不履行环境行政处罚决定的行为，申请法院强制执行。加强与相关部门的协调和合作，横向联动，推动环境保护执法工作。

完善应急体系，提升应急能力。严格执行突发环境事件应急预案，建立防范体系与预警机制，提高突发环境事件应急处置水平。加强应急监测和处理设施装备，建立突发环境污染事故应急技术中心，全面提高突发环境事故的应对能力。建立世博会期间突发环境事故的应急处理机制。对崇明生态岛、世博会、黄浦江上游水源地等重点敏感地区强化环境监管，有计划、分阶段对各类开发建设活动进行全过程监测与评价。

3. 科技引领，强化环境管理支撑能力

（1）开展环境科技创新研究，强化环保科研。将重大环保科研项目优先列入上海科技计划，将水污染防治、大气污染防治、固体废物污染防治、生态保护等重点领域的科技支撑能力需求列为优先发展领域，加强环境与健康以及生态安全、资源循环利用、饮水安全等领域的研究，加快高新技术在环保领域的应用。积极开展技术示范和成果推广，提高自主创新能力。加强关键领域的基础研究和科技攻关，提高污染防治和

生态保护的技术水平。凝聚全市环保科技人员，形成一支环保科技专家人才队伍。

积极发展环保产业。重点发展具有自主知识产权的重要环保技术装备和基础装备，在立足自主研发的基础上，通过引进、消化、吸收，努力掌握环保核心技术和关键技术，提高本市环保产品的国际竞争力。大力推动以节能降耗为重点的设备更新和技术改造，加快对高耗能、高耗水、高耗材的工艺、设备和产品的替代。

（2）构建环境决策支持系统。构建上海环境管理和决策技术支撑体系。开展环境安全及管理支撑体系研究，以科技进步促进环境管理能力与效率的提高，建立环境安全评估方法体系，综合预测经济、能源和环境污染，重点确定水污染、大气污染和固体废物污染的控制目标、排放量和削减量。

建立环境突发性污染事故应急技术支持体系。加强对环境突发性污染事故的处理能力，建立先进的环境突发事件应急响应系统和救援队伍。开展临港新城滴水湖、青草沙原水水库富营养化和黄浦江上游水源地突发污染事件预防、预警和预报研究，建立重要水源地（黄浦江、长江口）水环境安全预警预报系统，努力做到事前防范、事中应急、事后监测，保障环境安全。

4. 公众参与，提高全社会环境保护意识

（1）提高全社会生态文明意识。普及环境宣传教育，提高全民环境意识。加强对各级领导干部的环境教育和培训力度，增强广大人民群众的环境意识和法制观念。加强消费引导，促进消费者自觉履行保护环境的义务。积极推进“环保模范城区”、“生态型城区”、“环境优美乡镇”、“生态村”等创建活动，发挥典型示范作用，推动生态型城市、社会主义新农村建设，创建环境友好型城市。

加大环境保护宣传力度，通过各级宣传部门和新闻媒体单位，大力

宣传环保方针政策和法律法规，开展全民环保科普活动，全方位多层次推广适应资源节约型、环境友好型城市要求的生产生活方式。

（2）加大环境信息公开化的力度。完善信息公开制度，加大环境信息公开化的力度。定期公布环境保护工作进展、环境质量状况、污染物排放等情况。在继续做好年度环境公报和每天公布城市空气质量的基础上，每月发布黄浦江、苏州河、长江口重要水体的水质状况。鼓励企业实施年度环境公告制度，开展上市公司环境绩效评估和环境信息公告，促进公众、政府部门和企业间的信息互动。

（3）促进公众参与环保事务。积极鼓励和促进公众参与影响环境的重大项目决策的机制。在实施重大项目之前，听取专家、企业管理人员、环保人士和公众的意见，对涉及公众环境权益的发展规划和建设项目，通过听证会、论证会或社会公示等形式听取公众意见。完善环境举报制度，健全社会中介组织，大力提倡公众参与。

认真处理群众来信、来访，及时处理污染事故和纠纷，维护公民的环境权益。疏通环保投诉渠道，引导公众参与环境保护，在全社会形成良好的保护环境氛围。充分发挥舆论导向和监督作用，定期公布环保违法企业名单，公开曝光污染环境、破坏生态的违法行为。

5. 环境合作，促进环境技术交流与发展

（1）加强国际合作与交流。顺应经济全球化和环境问题国际化的新形势，全方位开展国际环境合作与交流，增强城市国际竞争力。树立国际大都市形象，积极参加国际环境公约和相关项目合作，履行与发展水平相适应的国际义务。借鉴国际环境保护和生态建设的有益经验和做法，加强环境科技交流，积极引进和消化吸收国外先进技术和城市管理经验。拓宽外资利用渠道，通过产业导向和优惠政策，引进外资推动本市环境保护。

（2）促进长三角区域环境合作。加强统筹协作，搭建区域环境合作

平台。建立区域环境合作长效机制，推动长江三角洲城市群共同防治区域性环境污染，协调解决区域环境纠纷，促进区域环境整体改善，实现区域环境与社会经济全面、协调、可持续发展。

统一环境要求，建立区域市场准入机制。协调省市边界生态功能区划，建立区域统一执行的环境目标、法规和标准体系。同时，在满足国家环境与产业发展总体要求下，建立长三角区域统一的市场准入机制。

建立共享机制，实现环境信息通报共享。按照公平、互利、共享的原则，建立长三角区域环境保护信息资源共享平台，建立跨区域省市界面环境质量简报制度，对省市交界的环境质量情况与变化趋势进行及时跟踪、评估、通报、督促和检查。

联合监督执法，解决区域跨界污染问题。建立长三角区域环境监测网络，对区域环境敏感目标以及省市跨界水质断面进行联合监测。建立联合环境执法队伍，针对跨界环境污染等环境纠纷事件，实现联合办公、协作调查、共同执法。

四、主要成效

“十一五”期间，上海通过滚动实施第三、第四轮环保三年行动计划，“十一五”污染减排目标超额完成，世博环境保障成效显著，2010年主要环境指标创十年最优，环境基础设施体系基本完善，部分重污染地区的环境整治效果明显，多手段综合推进的环境管理体系不断优化，为世博会的召开营造了良好的生态环境。

1. 全社会合力推进环保的工作体系进一步完善

环境保护逐步成为国民经济和社会发展的重要内容之一。全市环境保护综合协调推进机制日趋完善并已成为常态长效机制。每年环保投入额占同期生产总值的3%以上，“十一五”累计达2 067亿元。长三角区域环境合作走出可喜一步，企业和市民关心和参与环保的热情越来越高。

2．污染减排提前达到“十一五”削减目标

2010 年底，全市化学需氧量和二氧化硫排放总量分别为 21.98 万 t 和 35.81 万 t，比 2005 年分别削减了 27.7%和 30.2%，超额完成了“十一五”减排目标，实现了与经济增长的脱钩。

3．环境基础设施体系基本完善

基本建成长江口青草沙水源地工程。污水处理能力从“十五”末的 471 万 m^3/d 提高到 684 万 m^3/d，城镇污水处理率从 70.2%提高到 81.9%，污水处理厂、网覆盖每个镇和原保留工业区，污水处理厂污泥处理工程进入全面推进阶段。全市累计共 1 412.4 万 kW 燃煤机组安装了烟气脱硫设施，共关停 178.4 万 kW 燃煤电厂小机组。生活垃圾无害化处理率达到 84.9%，探索启动了垃圾处理厂渗滤液处置工作，工业固体废物综合利用率达到 99%，危险废物、医疗废物基本得到安全处置。

4．世博环境保障成效显著

基本完成吴泾工业区综合整治，启动金山卫、宝山南大及奉贤塘外等重点地区结构调整和环境整治，完成了 2 873 项污染企业结构调整。以苏州河整治带动中心城区和郊区河道治理，整治河道 2 万多条段共计 1.8 万多公里。累计共完成 6 000 多台燃煤锅炉清洁能源替代。提前实施了新车国Ⅳ机动车排放标准，高污染车辆限行范围从内环线扩大到中环线，4 万多辆出租车和 9 千多辆公交车更新为国Ⅲ以上标准。完成了 349 个村庄综合改造。扬尘污染控制、道路噪声屏障建设等均取得了积极进展。

5．生态建设和自然保护得到持续推进

新建绿地 6 600 hm^2，绿化覆盖率从 37%提高到 38.15%，人均公共

绿地面积从 11.01 m^2 提高到 13 m^2。新增林地面积 18 万亩，森林覆盖率提高到 12.58%。加强了自然保护区的建设和保护，全市受保护区域 938 km^2。崇明生态岛明确了目标定位和指标体系，水环境基础设施建设等取得进展。海洋渔业生态修复得到加强，海洋渔业增殖放流力度逐步加大。

6. 低碳发展和循环经济试点取得新进展

“低碳世博”系统推出并付诸实践，虹桥商务区等低碳试点正在推进落实。可再生能源得到较大幅度发展，全市风电、光伏电和生物质发电装机容量分别达到 200MW、20MW 和 45MW。初步建立了电子废物收集、交投、处置利用网络系统，发动机再制造等形成一定规模，固体废物基地和静脉产业建设进入规划和起步阶段。工业、农业、社区等低碳、循环经济、清洁生产试点逐步展开。

7. 环境管理得到进一步强化

修订了《上海市环境保护条例》，出台了《上海市饮用水水源保护条例》，制定了 6 项地方环境标准。落实了节能减排、循环经济、农村环境整治、生态补偿等近 20 项环境经济政策，金融、信贷、保险等政策工具正在成为推进环保工作的重要手段。建成 266 套重点大气污染源和 172 套重点水污染源在线监测系统，环境监测、执法、应急和信息化能力建设加快推进。

8. 环境质量总体稳中趋好

大气环境质量稳步改善，全市环境空气质量优良率连续 8 年保持在 85%以上，2010 年达到 92.1%，空气中二氧化硫、二氧化氮和可吸入颗粒物等主要污染物浓度比 2005 年分别下降 52%、18%和 10%。水环境质量呈现趋好态势，主要水体水环境质量基本保持稳定，全市重度污染断面的比例呈逐年下降趋势。

与此同时，环境保护工作仍面临较大挑战。一是人口经济发展中资源消耗和污染排放对环保工作构成较大压力。与国内外先进城市相比，上海人口和经济快速增长、能源结构以煤为主、产业结构偏重导致资源消耗和污染排放处于高位，而工程性减排的空间已比较有限。工业企业数量多、布局分散导致部分区域工业污染矛盾突出并存在一定风险隐患。如果不转变当前的产业和能源消费结构，资源与环境的约束仍将比较突出。二是复合型、区域型环境污染和城乡环境差异问题逐渐凸显。特别是灰霾、酸雨、臭氧和水体富营养化等区域性环境问题受外部和本地双重污染影响，改善的难度比较大。城乡环境差异仍比较突出，人口向郊区转移、外来人口聚集、环境基础设施不足等因素导致城郊结合部环境压力进一步增大，农村环境管理跟不上生产、生活方式的变化导致农村环境污染凸显。三是环境基础设施、风险防范能力和环境管理水平有待进一步提升。饮用水安全供水体系、污水收集输送和处理系统、固体废物收集处置能力及处置结构、郊区工业区环境基础设施等有待进一步完善，环保法规标准和政策体系、辐射和危废安全管理体系有待进一步健全，环境监测、监管、信息化等管理能力和水平有待进一步提高。

第五节 上海市环境保护和生态建设“十二五”规划

“十二五”时期是上海加快推进“四个率先”、加快建设“四个中心”和社会主义现代化国际大都市的关键时期，既是重要的战略机遇期，也是关键的转型发展期，环境保护工作机遇和挑战并存。从国家层面看，党中央国务院进一步把环境保护放在更加突出的战略位置，深入推进节能减排，“十二五”时期主要污染物减排约束性指标从 2 项增加到 4 项；从上海情况看，市委市政府明确把节约资源和保护环境作为推进转型发展的着力点，提出了到 2020 年基本建成经济繁荣、社会和谐、环境优美的社会主义现代化国际大都市的目标。这为上海环境保护工作提供了新的历史机遇。同时，上海国际大都市的城市地位和发展转型的现实需求以及世博后市民对环境质量改善的更高期望，对环境保护工作提出了更高的要求。

《上海市环境保护和生态建设“十二五”规划》（以下简称《规划》）深入贯彻落实科学发展观，围绕上海“创新驱动、转型发展”大局，以“污染减排、环境整治、风险防范、优化发展”为四个着力点，重点推进“六个转变”，明确提出到2015年，上海的环保工作要继续走在全国前列，初步形成资源节约型、环境友好型城市框架体系。

一、总体情况

《上海市环境保护和生态建设“十二五”规划》以邓小平理论和“三个代表”重要思想为指导，深入贯彻落实科学发展观，以“提高生态文明水平”为引领，围绕上海“创新驱动、转型发展”大局，按照“四个有利于”的要求，以污染减排和环保三年行动计划为抓手，深化主要污染物总量控制，改善环境质量，防范环境风险，优化经济发展，加快建设资源节约型、环境友好型城市，大力推进“六个转变”，积极探索符合上海城市特点的环保新道路，促进绿色增长和低碳发展，促进人与自然和谐发展。重点推进“六个转变”。一是战略上从末端治理向源头预防、优化发展转变；二是战术上从单项、常规控制向全面、协同控制转变；三是工作重点上从重基础设施建设向管建并举、长效管理转变；四是区域重点上从以中心城区为主向城乡一体、区域联动转变；五是推进手段上从以行政手段为主向综合运用经济、法律、技术和必要的行政手段转变；六是组织方式上从政府推动为主向全社会共同参与转变。

1. 基本原则

（1）立足治本，狠抓源头。坚持环境优化经济发展，预防为主，防治结合，强化污染源头控制，深化污染总量减排，大力发展绿色经济和循环经济，推动产业结构优化升级和发展方式转变，促进生产生活从高消耗、高排放向绿色发展和低碳宜居转变。

（2）以人为本，关注民生。以提高人民群众生活质量、保障身体健康为出发点，着力保障饮用水安全，解决空气中 $PM_{2.5}$ 污染、环境风险和郊区“脏、乱、差”等老百姓最关心、最直接、最现实的污染矛盾和环境问题，切实维护和保障人民群众公共环境利益。

（3）城乡一体，管建并举。坚持中心城区和郊区并举，统筹工业化、城市化进程中环境与发展的关系，聚焦郊区面临的突出环境问题，加快推进农村并同步推进郊区新城的环境基础设施建设，中心城区进一步巩固长效环境管理机制，形成城乡环境保护一体化新局面。

（4）整体推进，重点突破。坚持传统污染问题和新型环境问题协同防治，坚持本市和流域、区域环境保护联防联控，坚持陆海统筹、江海兼顾，坚持“软”“硬”并举，整体推进本市环境保护与生态建设，依法严管，重在实效，着力解决制约上海发展转型的突出环境问题，进一步提升城市环境质量。

（5）共同参与，共建共享。坚持政府主导，部门联动，全社会共同参与，整合全社会的资源和力量，形成环保工作合力，强化企业和市民的环保社会责任，倡导环境友好的生产、生活和消费方式，鼓励公众参与环保实践，共建生态文明社会，共享环境保护成果。

2. 总体目标

到 2015 年，环保工作继续走在全国前列，初步形成资源节约型环境友好型城市框架体系。建立起与国际化大都市相适应的环境综合决策体系、环境基础设施体系和环境执法监管体系，使城市环境安全得到有效保障、城市环境质量得到有效改善、城市可持续发展能力得到有效提升。到 2020 年，城市生态环境基本实现清洁、安全、健康，基本建成资源节约型环境友好型城市。走出一条符合特大型城市特点的绿色发展道路，基本形成与上海国际经济、金融、贸易、航运中心相匹配的城市环境保护体系，使城市环境更加优美、宜居，促进经济社会与人口资源环境协调发展。

3．具体目标

（1）主要污染物排放总量进一步削减。完成国家下达的化学需氧量、氨氮、二氧化硫、氮氧化物等四项污染物减排的约束性指标；协同控制与上海环境质量密切相关的总磷、挥发性有机物和细颗粒物（$PM_{2.5}$）；“监测、统计、考核”三大体系建设达到全国先进水平。

（2）环境质量进一步改善。中心城区环境巩固并进一步提升，重点地区环境污染矛盾得到缓解，郊区和农村环境逐步改善。主要环境质量指标进一步提高，空气质量优良率保持在90%左右，地表水环境功能区达标率达到80%以上，复合型污染恶化的趋势得到初步遏制，森林覆盖率达到15%。

（3）环境风险防范能力进一步增强。饮用水安全得到基本保障，集中式饮用水水源地水质达标率达到90%以上；污水、固体废物收集处置能力和水平达到国内先进水平，城镇污水处理率达到85%以上，污水处理厂污泥处理率达到85%以上，人均生活垃圾处理量减少率达到20%以上，生活垃圾无害化处理率达到95%以上；形成比较完善的风险源控制体系、辐射和危险废物监管体系和突发污染事故应急体系。

（4）优化发展的水平进一步提高。高载能高污染行业减污并控制规模，郊区工业按规划加快集中和调整，加快产业结构和布局优化。主要污染物排放强度明显下降，单位生产总值化学需氧量和二氧化硫排放强度分别下降35%以上。

表 2-5　“十二五”环境保护主要指标

序号	指　标	单位	“十一五”目标	2015 年目标	属　性
1	环境空气质量优良率[①]	%	85 以上	90 左右	预期性
2	集中式饮用水水源地水质达标率	%	90 以上	90 以上	预期性
3	地表水环境功能区达标率[②]	%	—	80 以上	预期性
4	化学需氧量排放总量削减率	%	15	10.0	约束性
5	氨氮排放总量削减率	%	—	12.9	约束性
6	二氧化硫排放总量削减率	%	26	13.7	约束性
7	氮氧化物总量削减率	%	—	17.5	约束性

注：①此指标将根据环境保护部调整后的环境空气质量指数（AQI）予以调整。
②指国控断面水质，并扣除上游来水影响。

4. 特点

（1）污染减排的深度和广度进一步拓展。“十二五”期间，根据国家要求和本市环境污染特征，《规划》提出将继续深入推进污染减排，深化总量控制制度，切实把它作为环境质量改善和发展方式转变的重要抓手和突破口。一是减排指标中增设了地方特征性污染因子。在国家下达的化学需氧量、氨氮、二氧化硫、氮氧化物 4 项指标的基础上，提出了控制总磷、挥发性有机物的目标与任务，以缓解全市水体富营养化风险较高和灰霾、酸雨和臭氧等区域性大气污染逐渐加重的问题。二是在强调工程减排的同时，进一步加强管理减排。总结“十一五”的管理经验，在污染治理设施逐步到位后，今后五年将进一步强调“管建并举”，加强减排设施运行维护和管理，加大执法监管力度，确保减排设施持续发挥减排效益。三是进一步突出结构减排。“十二五”工程减排潜力有限，作为推进发展方式转变的突破口，减排的重点应逐步向结构减排转移。继续发挥总量控制的“倒逼传导机制”作用，通过创新减排政策和机制，加快推动“两高一资”劣势产业的淘汰，鼓励发展先进制造业和现代服务业，促进结构调整和发展方式的改变。

（2）着力缓解市民关心的污染问题和矛盾。环境问题也是民生问题。《规划》聚焦影响市民健康、社会和谐的相关环境热点问题，提出了重点区域、重点领域的各项环境治理和整治任务。中心城区环境质量巩固并进一步提升，大力开展雨、污泵站改造，继续加强河道整治、施工扬尘和机动车污染控制；重点地区环境污染矛盾逐步得到缓解，提出了金山卫、宝山南大、高桥石化等地区环境综合整治的任务；郊区和农村环境逐步改善，提出了完善农村环境基础设施，大力推进农村村庄改造等任务。

（3）突出了环境风险预防与控制。《规划》着力加强重点区域、重点行业、重点环节、重点污染物的风险监管，构建全方位、全过程的环境风险防范体系。重点区域上，着重加大对饮用水源地、黄浦江沿岸和居民集中区等重点区域企业的监管力度；重点行业上，着力排查钢铁、化工、石化等重点行业的环境风险隐患；重点环节上，强化对辐射源和危险废物收运、转运和处置等环节的监督管理，并重视历史遗留问题的解决；重点污染物上，重点强化核与辐射、危险废物、持久性有机污染物、危险化学品等风险控制。此外，“十二五”期间，将着力逐步构建以“主动预防、快速响应、科学应急、长效管理”为核心的环境应急管理体系。

（4）继续强调以环境保护优化发展。《规划》坚持以环境保护优化发展的理念，提出了推动上海产业结构调整的环保任务与措施。工业结构调整方面，一是通过严格环境准入制度，以质量、总量控制为导向，淘汰、准入、标杆环境标准同时驱动，推进重点区域和高排放行业的结构调整；二是继续坚持“工业向园区集中”战略，促进工业区块以外的企业逐步实施转型调整；三是推动低碳和循环经济发展，从各个层面促进生产、生活和消费方式的转变。农业结构调整方面，重点突出种植业结构布局调整，推进农业面源污染防治、农作物秸秆综合利用等示范工程；提出推进畜禽散养户向规模化经营模式转变，加强规模化、标准化畜禽场建设，推动种养结合农业生产模式的发展。

（5）着力完善世博后环境保护长效管理机制。《规划》吸收了“十一五”期间环保体制机制建设和世博期间环境管理的成功经验，进一步强调突出环境保护长效管理体系的建设。《规划》将延续并进一步完善环保协调推进机制、污染减排目标责任制、“超量减排”激励政策、“以奖促治”农村环境整治、区域限批、生态补偿等机制和政策，提出了加强长三角区域联防联控、完善排污许可证制度、提高氮氧化物排污费、制定燃煤锅炉清洁能源替代补贴政策等重点政策保障任务。同时，还提出了强化环境法制和标准建设、完善源头预防机制、加强环保基础能力建设等保障措施。

二、重点领域任务和措施

1. 水环境保护

以确保饮用水安全和改善水质为目标，着力推进水污染物总量控制，全面推进水环境治理与保护。总量控制指标在化学需氧量基础上增加氨氮，并兼顾总氮、总磷污染排放控制。

（1）全力保障饮用水安全。完善水源地规划布局。充分发挥青草沙水源地功能，着力解决黄浦江上游水源地开放性问题，基本形成“两江并举、多源互补”的饮用水水源格局。完成青草沙水源工程配套设施、陈行水库原水连通管、东风西沙水库及配套设施、黄浦江上游奉闵支线等工程建设；启动黄浦江上游原水取水口连通工程建设，完成黄浦江上游水源地规划研究工作。

加快推进中小水源地归并和供水集约化。加快推进中小水源地归并，2012 年底前完成除崇明岛外所有中、小水源地归并工作，2015 年前关闭全市中、小水源地。新建、改扩建金山一水厂等 17 座水厂，同步关闭约 60 座乡镇水厂，新增供水能力 158 万 m^3/d；黄浦江水源水厂全面实施深度处理工艺改造，长江水源水厂完善水质达标工艺，改造中心城区供水管网约 350 km，郊区主干网约 800 km。

强化水源保护区环境监管。落实国家有关规定和《上海市饮用水水源保护条例》相关要求，完成水源保护区划分、警示标志设立和围栏建设，并落实各项污染源关停、整治措施。加强对饮用水水源地内运输船舶等流动风险源和周边风险企业的监管；建立长江口、黄浦江上游水源地水环境安全预警监控系统。完善多部门联动的饮用水水源污染事故应急预案和跨界水污染事故处置应急联防联动机制，提高应急响应的技术能力和水平。

（2）进一步完善水环境基础设施。继续提高污水收集、处理能力。推进白龙港二期、青浦徐泾、奉贤西部、金山朱泾等污水处理厂的新建、扩建，并提高设计处理水平，污水处理能力新增 110 万 m^3/d。进一步提升污水处理厂排放标准。完成白龙港南线东段输水干线工程，新建一、二级污水收集管网 1 180 km，基本实现城镇建成区污水管网全覆盖。加强截污纳管，提高污水处理厂运行负荷率。基本完成全市建成区直排污染源截污纳管和雨水泵站污水截流改造，全市城镇污水处理率达到 85%以上，同时推进再生水回用。

继续推进污水处理厂污泥处理。建设竹园污泥处理工程、石洞口污泥焚烧完善工程和奉贤、松江、金山、青浦、嘉定等区县的污泥处理工程，全市污泥处理率达到 85%以上，基本实现全市污泥的有效处理和安全处置。

着力推进城市径流污染控制。逐步对分流制系统泵站进行旱流截污，对混接地区进行雨污混接改造；提高合流制系统泵站截流倍数，优化调蓄池运行，大力削减市政泵站污染负荷。完成中心城区初期雨水治理规划，推进初期雨水截流调蓄设施的示范工程。

（3）继续加强河道整治与生态修复。继续开展重点河道综合整治。以蕴藻浜、淀浦河为重点带动两岸环境综合整治。推进“十、百、千、万”河道整治工程，重点加强界河综合整治。加强河道保洁和设施维护，建立中小河道轮疏机制；完善水资源调度方案，提高水资源调控能力。

继续推进太湖流域和重点湖库水环境综合治理。推进青西三镇的污染防治和生态修复计划，确保完成上海地区太湖流域水环境综合整治任务。深入研究淀山湖、滴水湖等主要湖库的富营养化问题，防治湖库富营养化。

2. 大气环境保护

以污染减排为主线，突出多污染物协同控制和区域污染联防联控，全面推进大气污染治理。总量控制指标在二氧化硫基础上增加氮氧化物、挥发性有机物，并加强细颗粒物（$PM_{2.5}$）和二氧化碳的协同控制，着力缓解臭氧、灰霾和酸雨等复合型污染问题。

（1）加快推进能源结构调整。严格控制煤炭总量。煤炭消费基本实现“零增长”，消费量控制在 5 800 万 t 以内，在一次能源中的比重下降到 40%左右。

大力推广使用清洁能源。继续加快建设天然气主干管网，完善天然气输配管网系统，实现全市管道气的天然气化。大幅提高天然气比重，积极发展非化石能源（包括新能源和外来水电、核电等）。

（2）强化重点行业大气污染控制。实施电力、钢铁行业综合减排。按计划关停小火电机组，电厂提高脱硫设施运行效率，全面完成钢铁行业烧结机烟气脱硫建设。在全市电厂燃煤机组全面推进低氮燃烧技术改造的基础上，实施烟气脱硝。提高燃煤电厂除尘效率，35 万 kW 及以下燃煤火电机组全面实施高效除尘改造，推进 60 万 kW 及以上机组高效除尘改造试点，全面达到国家和地方排放标准，颗粒物排放量力争削减 20%～30%。

实施石化、化工、钢铁行业挥发性有机物排放总量控制。实施敞开有机废水处理装置加盖及废气处理；控制储罐、运输环节的呼吸损耗；减少非计划开停车，实现放空废气的回收处理；推进连接件泄漏检测维修计划（LDAR）。

（3）积极推进面上大气污染防治。大力推进中小锅炉及工业炉窑的大气污染防治。根据总量控制目标，推进中小燃煤（重油）锅炉的清洁能源替代工作。大于每小时 20 蒸吨的燃煤（重油）工业锅炉及炉窑必须进行烟气脱硫和高效除尘改造或清洁能源替代。进一步调整扩大基本无燃煤区区划范围，基本无燃煤区内的燃煤（重油）工业锅炉结合天然气管网建设，基本完成清洁能源替代。

重点推进挥发性有机物无组织排放控制。研究制定喷涂作业清洁生产指南和印刷、金属表面涂装、服装干洗等行业挥发性有机物（VOCs）控制技术规范；推广使用含量低于 20%的低溶剂环保涂料。开展石油化工、制药、钢铁、涂装和印刷等重点行业的 VOCs 治理示范。研究提出低挥发性溶剂目录；逐步建立 VOCs 监测评估体系。

加大扬尘污染与秸秆焚烧控制力度。扩大扬尘污染控制区创建范围，建成区全面建成“扬尘污染控制区”，加强建设施工规范化管理，加大道路保洁冲洗力度，开展混凝土搅拌站整治，进一步提升扬尘污染控制水平。强化政策引导，推进秸秆综合利用，加强秸秆禁烧工作，逐步消除农田秸秆燃烧造成的污染。

加强油烟气污染控制。依法严格审批新建餐饮业项目，加强对已建餐饮项目的监管，加大整改和治理力度，缓解污染矛盾。

（4）继续加强流动源污染控制。坚持公交优先战略，进一步发展轨道交通和地面公交网络，提高公共交通出行比率。新车择时提前实施国Ⅴ排放标准。建成营运车辆简易工况法检测网络，在用车检测覆盖率达到 80%以上。力争淘汰 20 万辆黄标车（达不到国Ⅰ排放标准的汽油车和达不到国Ⅲ排放标准的柴油车）；扩大黄标车限行范围，外环线以内的中心城区禁止摩托车通行。2015 年，城市公共汽车基本达到国Ⅲ及以上排放标准，出租车全部达到国Ⅳ及以上排放标准。稳定采用清洁环保能源的现有无轨电车规模。鼓励技术成熟、安全可靠、经济性好、节能环保的清洁能源公交车开展试点营运。试点建设绿色港口示范项目，开展对进港船舶、港口运输机械等非道路流动源的大气污染防治工作。

（5）强化区域大气污染联防联控。进一步完善长三角区域环境空气质量管理工作机制，共同制定区域大气污染联防联控规划。建立区域环境空气质量监测网络，完善区域空气质量预测预报和会商机制。研究建立动态更新的区域大气污染物排放清单，共同开展区域臭氧、灰霾、酸雨的污染机理及防控对策研究。提高准入门槛，统筹协调区域产业发展规划环境影响评价，严格控制高污染行业产能。完善联动机制，继续加强黄标车淘汰等机动车污染控制措施，加大区域内重点行业和重点企业的污染治理力度，着力削减二氧化硫、氮氧化物、颗粒物等大气污染物。

3. 固体废物综合利用与处置

以强化管理、完善设施、优化处置利用结构和布局、提高处置标准为重点，提升“减量化、资源化、无害化”水平。

（1）全力推进生活垃圾的分类收集和高效处置。促进生活垃圾分类收集、源头减量和资源化利用。建立覆盖生产、流通、消费全过程的社会化的生活垃圾源头减量工作机制，最大限度地从源头避免和减少生活垃圾产生。坚持生活垃圾“大分流、小分类”的源头分类基本模式，建立健全生活垃圾专项分流处理系统，逐步建立日常生活垃圾投放、收运、处理的全过程分类系统。到 2015 年，争取人均生活垃圾处理量控制在 0.8 kg/d 左右，比 2010 年减少 20%以上。积极引导绿色消费和适度消费，限制一次性物品使用，鼓励推进新建住宅全装修或适度装修，倡导节俭餐饮、净菜上市、绿色包装等。进一步提升生活垃圾资源化水平，推进物资回收、再生和利用的规范化管理。

健全生活垃圾集装化运输系统。推进生活垃圾集装化运输系统建设，“十二五”期间，全市水陆转送老港综合基地的生活垃圾全部实现集装化运输；各区域配套建设多功能的集装箱压缩中转运输系统。同时，严格控制转运过程中的“二次污染”。

完善生活垃圾无害化处理处置体系。着力推进老港固体废物综合利用基地和浦东、金山、奉贤、嘉定、松江、闵行、崇明（长兴）等生活垃圾无害化处置设施建设，完善农村生活垃圾收运处置系统，全市生活垃圾无害化处理率达到95%以上。完善生活垃圾处理价格形成机制及环境补偿机制。同时，提高渗滤液、臭气治理水平和填埋气、焚烧余热利用水平，妥善处理飞灰等固体废物，严格控制“二次污染”。

加强停用填埋场地生态修复和设施周边的污染防治。全面关闭区、镇级生活垃圾简易填埋场；加快老港一二三期填埋场及区、镇级简易堆场等处置设施的环境综合治理和生态修复工程；对已投入运营、在建、规划建设的大型生活垃圾处置设施周边，实施规划控制，严格控制人流聚集性项目开发，并结合实际情况建设防污隔离林带，改善垃圾处置设施周边的环境。

（2）进一步提高危险废物处理处置水平。加强危险废物产生源的规范化管理。完善危险废物监管重点源清单，推行危险废物规范化管理考核机制。建立危险废物管理台账制度，逐步完善符合市区两级监管模式的备案管理和转移联单制度。加强新建项目的危险废物环境管理，鼓励危险废物源头减量，加强对企业自行处理处置设施的监督性监测和监管。积极探索危险废物区域化收集管理试点，研究流通领域危险废物的管理模式。

加快危险废物收集转运体系建设。强化危险废物收集、贮存的规范化管理。加强对危险废物运输的管理，形成全市危险废物专业运输体系，出台危险废物运输车辆地方性规范，危险废物收集转运实现全程信息化监控。

优化危险废物的处置结构和布局。按照“专业化、规模化、提标准、进园区”的原则，继续推进危险废物社会化处理处置企业向市级工业基地、工业区集聚，重点发展崇明岛“三废合一”综合处理环保静脉产业、嘉定危险废物集约化综合处理基地、化工园区集约化危险废物利用与物化处理静脉产业链和市级工业区电子废物处理处置静脉产业链。医疗废物集中处置率达到100%，危险废物无害化处置率达到100%。

提升危险废物处理处置的产业规模和技术水平。重点调整和提升焚烧处置、物化处理、废矿物油处理及重金属和废溶剂回收处理水平，推进废弃容器的回收处理和电子废物拆解分选后产生的阴极射线管（CRT）、树脂粉等废物的无害化处理能力建设。

加强危险废物处理处置企业的环境监管。对危险废物经营许可证单位，全面推进清洁生产审核和ISO 14000环境质量管理体系认证，完善监管机制，全面实施在线监测，完成危险废物利用、处理处置重点作业场所远程视频监控体系建设。

（3）继续推进工业固体废物资源化利用和无害化处置。通过严格环境准入、清洁生产审核、发展循环经济、创建生态工业园等措施，推进工业固体废物源头减量，淘汰落后产能，单位工业增加值固体废物产生量小于0.35 t/万元。扩大工业固体废物利用与处理量，引导工业固体废物处理处置和利用规模化经营，加快老港工业固体废物集中填埋处置设施建设，工业固体废物综合利用率达到95%以上。拓展工业固体废物综合利用与无害化处置途径，开展工业固体废物环境综合整治，重点整治宝山地区钢渣堆场和闵行地区炉渣堆场。

4．工业污染防治

以重点地区、重点行业为突破，加快推进结构调整、产业升级、布局优化和环境整治，切实推进结构减排，缓解地区性环境矛盾，优化经济发展。

（1）加快推进产业布局与结构调整。推进产业结构调整和布局优化。坚决贯彻落实国家关于产业结构和布局调整的政策，提高环境准入门槛，推进技术进步和结构调整，优化工业企业布局。现有工业企业逐步向 104 个工业区块转移，工业区块外原则上不得新建、扩建工业项目（都市型工业项目除外）。198 km^2 复垦区域逐步关停并转，195 km^2 转型区域加快结构调整。进一步明确 104 个工业区块产业定位，高标准引进新项目，提高产业集聚度。严格把握工业区和 195 km^2 转型区域的周边控制规划，使地区经济社会环境和谐发展。

加大重污染行业或企业淘汰力度。大力推进 104 个工业区块外企业的调整工作，聚焦外环线以内、郊区新城、大型居住区、虹桥商务区及其拓展区、饮用水水源保护区、崇明生态岛（本岛）六个区域，逐步调整淘汰化工石化、医药制造、橡胶塑料制品、纺织印染、金属表面处理、金属冶炼及压延、非金属矿物制品、皮革鞣制、金属铸锻加工九类行业以及重点风险企业，特别是涉及重金属和大气污染的行业及企业。电镀、热处理、锻造、铸造四大加工工艺的总量压缩一半。

（2）重点推进高载能重化工行业污染减排。控制钢铁、石化等行业的生产规模，推进重点企业的结构调整和生产工艺升级改造，加强污染治理和清洁生产，控制污染物排放总量。宝钢地区烧结、焦化、炼铁和高桥地区炼油产业不得突破现有生产规模；全面推进钢铁行业的烟粉尘无组织排放控制、二氧化硫和氮氧化物减排以及石化行业的氮氧化物、挥发性有机物减排；推进宝钢、上海石化等重点企业全面达到清洁生产一级水平。

（3）推进重点地区环境综合整治。完成金山卫化工集中区环境综合整治，以产业产品结构优化调整、工业用地归并调整为重点，推进区域环境改善和可持续发展。全面开展宝山南大地区环境综合整治，以产业结构整体调整为突破口，调整规划布局，推进区域功能的转变和环境的改善。积极推进青东农场环境综合整治，全面推进区域内污水、固体废物、危废等环境基础设施完善工程，加强企业废气治理和农业面源污染控制，使区域内环境质量基本达到功能区标准。落实杭州湾北岸石化化工集中区区域环评要求，推进该区域布局优化。推进高桥石化地区结构调整和战略转移，缓解污染矛盾。进一步推进吴淞工业区结构调整。

（4）提升工业区环境基础设施和环境管理水平。着力推进工业区环境基础设施建设。加快推进企业污水纳管，鼓励有条件的工业区开展集中供热，建立工业区固体废物集中收集体系，重点推进以化工、冶金、电子信息等为主导产业的工业区建设环境质量监测体系，推进绿化隔离带建设，部分高风险工业区建设围场河。建立工业区环境管理体系，理顺职责分工。开展 104 个工业区块的区域环评或跟踪评价，积极鼓励各工业区开展循环经济和清洁生产工作，创建生态工业园区。

（5）强化污染源监管和清洁生产。深入推进重点企业清洁生产审核。将有色金属冶炼、化学原料及化学制品制造业等五个重金属污染防治防控行业以及石化、化工、制药等重污染行业作为清洁生产审核的重点行业。对太湖流域、水源保护区以及其他敏感区域等重点区域的“双有双超”企业和主要污染物减排企业开展强制性清洁生产审核。强化对重点企业清洁生产的评估和验收，进一步加大对评估验收工作的资金支持力度。

深化排污许可证制度和监督检查制度。在污染源普查基础上，建立重点污染源新增因子排放档案。针对不同行业制定污染物排放总量控制方案，加强工业企业污染排放管理。完善特征污染物评价标准，加强对特征污染因子的达标排放监管。继续建设和完善重点污染源在线监控系统，推进区县环保重点监管企业安装在线监控设备。提高现场环境监察和执法装备水平。

5. 农业与农村环境保护

围绕郊区新城和新农村建设，结合农村宅基地置换和人口向城镇集中，推进农村配套环境基础设施建设和环境综合整治。推进农业生产集约化和循环农业，减少污染排放，促进农业可持续发展。

（1）强化养殖业污染治理。推进畜禽粪尿资源化循环利用。按照国家减排要求，在全市一批规模化畜禽养殖标准场建成粪尿生态还田工程，在20个规模化畜禽养殖场建成沼气综合利用示范工程，进一步推动循环农业发展。加强畜禽散养户管理，推进畜禽散养户向养殖小区、合作社等规模化经营模式转变，以村为单位建立畜禽散养户治理示范项目。

治理水产养殖污染。建设标准化水产养殖场5万亩，探索研究人工湿地等水体净化工程，改善水域生态环境；进一步加强在黄浦江上游、淀山湖等主要养殖水体的渔业资源增殖放流工作。

（2）加强种植业面源污染防治。推进种植业面源污染结构减排。从提高耕地质量和农田环境质量、加强农产品安全监管、修复生态链和促进资源循环利用出发，从源头、过程和末端三方面控制化肥农药污染，切实减轻农业面源污染。建设高水平粮田 18 万亩，高水平设施菜田 5 万亩，加强高产优质品种和高产栽培技术的示范和推广，推广测土配方施肥平衡施肥技术和病虫害绿色防控技术。每年推广绿肥作物种植 40 万亩，有机肥 20 万 t，专用配方肥 4 万 t。以生态系统构建和生态沟渠建设为重点，建立 5 个农田污染物生态拦截示范工程，覆盖面积达到 4 500 亩。

建设秸秆等农业废弃物综合利用示范工程。在继续推进农作物秸秆机械还田的基础上，建立和完善秸秆收集体制，在商品有机肥加工、食用菌培养基料和饲料、新型建材、再生资源和再生能源等领域积极推进秸秆综合利用，建设 10 个秸秆收集及综合利用示范工程，年收集处理秸秆 16 万 t，全市农田秸秆资源化综合利用率达到 95%。

（3）加强农村环境综合整治。开展农村环境综合整治，完成 20 万户农户的村庄改造，全市农业地区农村村庄改造率达到 40%。加强农村生活污水治理，完成 20 万户分散农户的生活污水收集处理。完善农村生活垃圾“户投放、村收集、镇运输、区处理”的收运处理系统。加强农村分散中小企业治理与监管，关停整治工业园区外分散小企业。进一步深化生态建设示范区工作，继续开展生态乡镇和生态村创建活动。

6. 生态环境建设

按照“提高生态文明水平”的总体要求，积极落实《上海市基本生态网络规划》，全面推进生态保护与建设工作。加快推进崇明三岛的生态保护和环境基础设施建设，优化城市生态格局，加强自然保护区管理和滩涂湿地保护与修复，逐步修复近海生态环境，促进人与自然和谐相处。

（1）推进绿地林地建设和城市生态格局优化。优化市域生态空间结构。结合基础设施建设、新城建设、旧区改造和新农村建设，推进大型公共绿地、楔形绿地以及新城、小城镇和大型居住区绿地建设，基本建成外环绿带工程，启动郊环绿带、中心城区林荫大道等建设工程，加大老公园改造力度。到2015年，新建绿地5 000 hm^2，建成区绿化覆盖率达到38.5%。着力发展立体绿化，以新建公共建筑屋顶绿化为重点，建设150 hm^2立体绿化，并加快研究制定相关政策法规。

有重点地推进林业建设工程。建设沿海防护林、水源涵养林、通道防护林、防污染隔离林、生态片林等林地15万亩。结合社会主义新农村建设工作，发展“四旁”林（村旁林、水旁林、路旁林、宅旁林）和农田林网，实施四旁绿化500万株。森林覆盖率达到15%。

全面提高绿化林业管理水平。加强资源监测，实施生态定位监测评价；逐步建立和完善绿化林业有害生物预警防控体系、智能化林火监测预警体系和陆生野生动物疫源疫病监测体系；提高绿地林地养护质量，加强行业管理，落实绿化林业长效管理机制。

（2）加强自然生态保护。优化已建自然保护区的建设与管理。重点推进崇明东滩鸟类自然保护区的基础设施建设，强化九段沙湿地、中华鲟、大小金山岛等自然保护区的保护工作。

拓展生物多样性基础生态空间。初步形成国际重要湿地、国家重要湿地、自然保护区以及具有特殊科学研究价值的栖息地网络。引进和推广多种技术措施，促进野生种群及数量恢复和生境重建。配合青草沙水源地建设与保护，加强长兴岛和横沙岛的湿地保护。控制外来物种入侵，继续推进东滩互花米草生态控制与鸟类栖息地优化工程。

建立健全滩涂湿地管理体系。建立滩涂湿地跟踪监测制度，定期开展湿地生态评估。建立对滩涂湿地开发利用及用途变更的审批管理程序，并实施环境影响评价制度。对在长江口、杭州湾各片滩涂促淤圈围时受损的湿地生态系统进行补偿，保护野生鱼类洄游通道和繁殖场所，开展人工增殖放流措施。实施淀山湖湿地保护、恢复和重建一期工程。自然湿地保有率维持在30%以上。

加强生态环境评估。开展全市生态环境调查评估工作，评估生态系统健康状况，并提出缓解对策。启动生态观测试点，开展区域生态系统多样性研究。

（3）继续推进崇明生态岛建设。严格实施《崇明生态岛建设纲要》，逐步完善崇明岛环境基础设施，进一步改善环境质量、加强生态建设，稳步建设世界级生态岛。

加强环境综合治理。实施崇明岛上骨干河道整治工程，加快完善污水收集管网体系，进一步完善“两片、四厂”的污水集中处理格局，积极推进农村生活污水处理工程建设，强化扬尘污染控制，加快生活垃圾和危险废物处理处置设施建设，推进城桥镇噪声重点控制区建设。

加快推进产业结构优化调整。制定和实施产业发展导向和布局指南，确定限制类、淘汰类产业类别，推进产业结构调整。建设生态工业园区示范点，开展重点企业清洁生产审核，发展以生态旅游为龙头的现代服务业，创建现代服务业集聚区和一批农业旅游精品观光点。

加强生态保护与建设。推进城镇公共绿地和生态公益林、涵养林等林地建设。建设崇明岛生态系统监测体系。编制生态岛湿地资源调查与监测规划，开展湿地资源调查、评价和监测工作，构建湿地资源信息数据库。严格实施环境影响评价制度，实行湿地开发生态影响和环境效益的预评估。建立崇明岛水鸟补充栖息地和季节性栖息地。

（4）加强海洋生态环境保护。贯彻落实环境保护部、国家海洋局关于建立完善海洋环境保护沟通合作工作机制和框架协议的要求，实施本市近岸海域污染防治“十二五”规划和健康海洋上海“十二五”行动计划，开展陆源入海污染控制、海上污染控制、港口污染控制、外来物种入侵潜在风险控制，开展水生物增殖放流、海岸生态修复、海底碳汇示范牧场建设和侵蚀海岸修复，保护海洋生态系统。到 2015 年，海洋功能区水质呈逐渐好转趋势，海洋环境灾害得到有效监控，近海海域生态环境逐步修复。

7．环境热点难点问题

（1）持续加强辐射污染防治

①完善辐射管理体制和机制。理顺部门间、市区（县）间的职责分工，逐步构建完善的辐射污染防治和监管体系。完善放射源移动探伤与辐照行业的全过程监管机制。开展移动放射源探伤单位准入门槛、辐照源合理布局和总量控制等方面的研究。

②强化辐射监管与应急能力建设。提升信息化管理水平，建立核技术利用单位信息库，建立统一的辐射环境在线监测网，建设辐射安全许可证网上办理渠道。强化执法监管和应急机动监测能力建设，满足应对两处发生辐射事故的监测与处置要求。

③加强电磁污染预防。开展“十二五”电网发展规划环境影响评价研究，引导新建的输变电设施合理布局；对现有大型广播发射设施进行电磁环境质量调查，并按有关规定划定影响范围，向有关部门或地方政府提出合理建议。开展现有无线通信基站环境影响评估研究。

（2）进一步加强噪声污染防治

①完善噪声污染防治政策法规。制定《上海市社会生活噪声污染防

治若干规定》。强化城市噪声监控体系建设。结合城市发展和行政区划调整，修订、完善“上海市环境噪声标准适用区划”。

②着力加强交通噪声污染防治。新建、改扩建交通建设项目严格执行环境影响评价制度；对噪声污染严重、群众投诉多的铁路、轨道交通和主要道路沿线区域，加大噪声治理力度。着重开展交通噪声控制实用技术及其评估指标的开发与推广。

③稳步推进工业噪声污染防治。严格新项目审批和执法监管，强化工业噪声污染源头控制。督促企业严格落实声环境功能区划要求，控制噪声污染。做好新工业区和已撤销工业区的建设时序规划，防止“新厂老邻居、老厂新邻居”噪声污染问题的产生。

④努力减少建筑施工噪声污染。加强对建筑施工噪声的指导和监管，规范文明施工。推进建筑施工的噪声实时监控系统，加强对建筑施工噪声的执法，完善执法手段。

⑤积极提高噪声污染防治技术研发能力。推进噪声环境科学研究实验室建设。增强工业、交通、建筑施工、社会生活噪声污染防治技术能力。

此外，继续推进安静居住小区和环境噪声达标区创建，试点开展噪声地图绘制工作，指导环境噪声达标区长效管理工作。

（3）逐步开展土壤污染综合防治

①研究制定土壤环境保护法律法规、政策措施和技术规范。开展土壤环境质量和特征污染物排放限制地方标准、污染场地治理与修复技术规范研究，逐步推进土壤污染防治地方立法，研究土壤污染防治政策措施和土壤修复资金等筹措机制。

②加强重点区域、重点行业的土壤环境保护和污染防治。对人口密集的城镇区域、基本农田保护区域、水源保护区域、自然保护区等实行土壤环境优先保护，对加油站、燃煤电力、化工、农业等重点行业实施最严格环境监管要求。

③加强土壤环境保护监管能力建设。开展土壤环境监测体系建设、基本农田土壤环境监测预警体系建设，提升污染场地修复设施设备和土壤污染应急处置装备，建立和完善土壤污染事故应急预案。

④实施污染土壤治理修复示范。对受污染的农田土壤、搬迁企业污染场地等进行治理修复，道路两旁一定范围受污染土壤转性种绿化，积累技术经验后予以示范推广。

（4）启动实施温室气体排放控制

①推进温室气体和传统污染物协同减排。通过产业结构调整、能源结构优化、能源利用效率提升、增加碳汇能力等多种手段，进一步深化节能减排工作，启动实施燃煤总量控制和重点行业用能总量控制等措施，确保完成二氧化碳排放强度指标。

②逐步提升本市温室气体监测监管能力。编制并定期更新上海市温室气体清单，建立重点单位温室气体排放账户，推进重点企业温室气体排放申报试点工作，建立并逐步完善全市碳排放监测、评估和考核三大体系。

③推进低碳发展试点和跟踪评估。充分发挥“低碳世博”后续效应，鼓励不同区域、行业和企业的低碳发展试点，在重点区域、重点行业和重点企业开展碳足迹评估试点，对新建工业项目开展低碳评估，设立准入门槛，鼓励企业开展低碳体系、低碳产品的认证试点等工作。

（5）加强重金属污染防治。进一步开展重金属产生和排放的测算调查，完善全市重金属排放清单。加强污染源监管，确保稳定达标排放。加大污染源综合防治力度，大力推进重金属资源化利用，制定重点行业重金属综合防治技术规范和支持政策，所有重金属企业每两年完成一轮清洁生产审核。

（6）逐步开展持久性有机污染物和有毒有害污染物排放控制

①开展新兴、微量有毒有害污染物及其健康早期效应研究。提高环境中持久性有机污染物（POPs）分析监测水平，建设 POPs 环境分析实

验室；开展有毒有害污染物排放清单、通量、来源研究，建设全市POPs信息管理系统；针对地区特点，开展区域POPs等有毒有害污染物风险评价与管理研究。

②试点并推进POPs污染控制。建立二噁英污染控制试点工程，探索二噁英控制的技术途径，总结有效经验并逐步推广。实施已识别POPs废物的环境无害化处置。

③加强POPs控制标准研究及技术研发。积极开展国内外POPs污染防治标准及对策研究，制定地方相关标准。制定重点行业二噁英削减和控制技术政策，推广最佳可行污染防治工艺和技术。

（7）加强环境激素预防控制。继续深入开展环境激素本底调查，对城镇污水处理厂、畜禽养殖场等重要的环境激素点源开展污染源调查、环境本底调查和生物本底调查。针对上海市主要水源地开展环境激素的监测评价研究，建立水源地环境激素评价管理体系。

三、相应保障措施

1. 巩固环保体制机制，强化环保责任制度

进一步完善以环保协调推进委员会为核心的环保体制和环保三年行动计划工作机制；加强基层环保工作，完善中心城区网格化管理机制以及郊区乡镇、街道环境管理责任体系；强化环境保护行政首长负责制和污染减排责任制，健全污染减排指标分解和跟踪考核机制；推进企业环保诚信体系建设。

2. 加强环境法治建设，强化环境执法监督

进一步加快环保立法步伐，重点解决关系本市发展的环境保护重点难点问题和餐饮业、固体废物、噪声污染防治等市民关心的热点问题，着力推行重点污染企业排污许可证制度，研究推动结构调整的淘汰、准

入、标杆标准；加大环境执法力度，通过区域和行业限批、限期治理和联合执法等手段，严厉打击各类违法行为，加快淘汰污染严重的落后生产工艺和企业。

3．加大政府财政投入，完善环境经济体系

完善环境保护投入机制和多元化投融资机制，全市环保投入占全市生产总值比值保持在 3%左右；推行有利于环境保护的经济政策，延续或制订超量减排、燃煤锅炉清洁能源替代、污水纳管、污泥处理、挥发性有机物减排、工业结构和布局调整、循环经济等补贴或激励政策；加快资源环境价格改革，提高氮氧化物等主要污染物排污费，推行机动车检测/维护（I/M）收费；深化排污许可证制度，探索排污权有偿使用和转让机制；完善生态补偿制度，健全水源保护和其他敏感生态区域保护的财政补贴和转移支付机制；积极探索利用环境税、绿色信贷、绿色证券和绿色保险等经济手段。

4．强化环保科研引领，推动环保产业发展

重点加强低碳发展、资源节约型和环境友好型城市建设、区域性灰霾治理、崇明生态岛建设等项目研究，积极开展农村污染防治、总量减排、清洁能源和新能源推广等关键技术攻关，开发 $PM_{2.5}$ 日报预报技术和灰霾预报系统，筹建环境保护部城市土壤污染防治工程技术中心和复合型大气污染研究重点实验室；加大政府对环保企业政策支持和引导力度，促进信息、通信等新技术应用，积极推动环保先进装备及产品制造、环保服务业等产业发展，引导资本向环保企业集聚。

5．着力推进规划环评，强化污染源头防治

进一步完善环境影响评价制度，继续加强规划和建设项目环境影响评价，开展政策环境影响评价试点，从规划和政策的源头把环保要求落

实到经济社会发展全局中；严格实施环境准入、“批项目，核总量”等制度，加快推进工业区环境保护规范化建设和管理，进一步推进工业向工业园区集中；大力推进循环经济和清洁生产，从源头上预防和减少污染产生。

6．加强监管能力建设，提升环境管理水平

按照国家和本市环境监管能力标准化建设的要求，继续加强市和区县环保基础能力建设；进一步完善环境质量监测体系，构建先进的地表水、环境空气质量预警监测体系，加强细颗粒物（$PM_{2.5}$）、辐射、土壤、噪声、地下水、持久性有机污染物、无组织排放、环境应急等监测能力，健全 $PM_{2.5}$ 监测网络，按国家要求率先开展 $PM_{2.5}$ 和 O_3 监测并适时发布，完善工业区环境监测体系，初步建立生态环境质量监测网络。进一步强化污染源监管，完善环保重点监管企业污染物在线监控系统，加强对市政泵站的水质监控，建立市区（县）联动的机动车、加油站系统监测网络。强化风险预防和应急管理能力建设，逐步完善市、区（县）、重点风险企业三级预案体系，建设市级环境应急中心和应急决策指挥系统，进一步规范应急响应、应急处置、信息报送等制度。加强信息化辅助决策能力，建设统一集成的环境监测信息化体系，建立污染源动态信息数据库，推进危险废物全程信息化管理建设，构建市、区县两级联动的环境管理信息共享平台。

7．加大环保宣传力度，提高公众环保意识

加强环境新闻宣传，提高舆论引导、监督能力；积极推进公众环境宣传教育，继续开展绿色创建活动，开展节能减排、绿色出行等环保实践活动，倡导市民逐步形成绿色的生活和消费方式；注重信息公开，定期公布环境保护工作进展、环境质量状况、污染物排放等情况；强化公众环境监督管理和重大决策、建设项目的公众参与。

8．加强国际合作交流，促进区域环境协作

全方位开展国际环境合作与交流，积极参加国际环境公约和相关项目合作，加强环境科技交流，拓宽外资利用渠道；推进长三角区域环境保护合作，加强重点流域和区域生态环境共防、共治和共保，在提高区域环境准入和污染物排放标准、创新区域环境经济政策、推进太湖流域水环境综合治理、加强区域大气污染控制、健全区域环境监管与应急联动机制、完善区域环境信息共享与发布制度等方面紧密合作，共同打造人与自然和谐的绿色长三角。

第三章　专项环境规划

专项环保规划是针对环境保护的重点领域和薄弱环节以及关系环境保护全局的重大问题而编制的规划，是环境保护综合性规划的若干主要方面、重点领域的展开、深化和具体化。因此，专项规划环保必须符合环保综合性规划的总体要求，并与综合性规划相衔接。上海的专项环保规划启动较早、门类较多，最初聚焦关键问题，重在还历史旧账，启动了水、大气等传统领域的专项环保规划；随着环保工作不断向纵深推进，针对固废、生态保护、重金属、POPs 等重点污染物编制的专项环保规划应运而生；为满足环境监管能力提升的需求，环保信息化、环境监测等专项规划也纳入编制计划。期间，针对桃浦、吴淞、吴泾、金山、南大等污染突出的重点区域，还编制实施了重点区域环境综合整治专项规划。

第一节　水环境保护规划

上海的水环境专项环保规划始于黄浦江、苏州河等骨干河流治理。1982 年，由国家科委、国家经委、国家计委以及城乡建设环境保护部批准同意将《黄浦江污染综合治理规划方案研究》列为国家“六五”重点科技攻关项目。治理规划在制定黄浦江水质目标时，充分考虑了黄浦江各江段对水体功能的要求，污染现状、自净能力及上海经济发展和财政能力，使水质改善与经济发展紧密结合，实事求是地从解决主要环境问题入手，全面规划，分期实施，分江段突出主要功能，制定了不同的水质目标。1987 年，投资 4.77 亿元的黄浦江上游引水一期工程建成投产，将自来水取水口由黄浦江下游江段上移至临江江段，供水能力 230 万 t，市区 400 万居民受益。1988 年 8 月，苏州河环境综合整治规划中的合流污水治理一期工程奠基，以治水为中心、全面规划、远近结合、突出重点、分步实施的苏州河治理工程正式启动，走上了循序治理的良性发展轨道。此后，上海的水环境专项规划不断拓展，“十五”期间形成了“以改善水质为中心，兼顾区域排水；以截流直排重点整治河道现有污染源为重点，完善地区排水收集系统；以提高现有污水治理设施利用率为突破口，合理布局截污治污设施”的规划思路。

一、水环境污染防治“十五”规划

1．指导思想和基本原则

（1）指导思想。以改善水质为中心，兼顾区域排水；以截流直排重点整治河道现有污染源为重点，完善地区排水收集系统；以提高现有污水治理设施利用率为突破口，合理布局截污治污设施。

（2）基本原则。苏州河以南中心城及周围地区、浦东新区、杭州湾沿岸地区以完善地区收集系统为主；苏州河以北中心城及周围地区以研究合适的污水出路和完善地区收集系统、建设空白地区收集系统为主；黄浦江上游地区以完善地区收集系统、建设地区二级污水处理厂为主；长江三岛地区以建设收集系统和污水处理厂为主。

2．主要任务

（1）污水量预测。根据 1995－2000 年用水量拟合计算，2005 年自来水总量为 20.31 亿 m^3，折合每天 556.4 万 m^3，比 2000 年的 542.2 万 m^3

增加约 2.6%。由此推算 2005 年的污水增长率约为 2.6%。根据 2000 年污染源普查结果，全市污水总量为 504 万 m^3/d（不包括自备水源中用于冷却水部分），由此推算 2005 年的污水量约为 517 万 m^3/d，2010 年的污水量约为 530 万 m^3/d，2020 年的污水量约为 558 万 m^3/d。

（2）污水排放标准。尾水排入长江口、杭州湾的新建污水处理厂，应满足国家综合排放标准，并进行除磷处理；尾水排入内陆河道的新建污水处理厂，应满足上海市污水综合排放标准，并进行脱氮（氨氮）处理；直排河道的污染源应满足上海市污水综合排放标准；纳管处理的污染源应进行预处理，排放的污水指标应分别满足纳管标准和上海市污水综合排放标准。

（3）排水系统。合流制与分流制并存，新建地区发展分流制排水系统；完善污水收集系统，总管、干管、支管系统同步配套建设；合流制地区以截流直排整治河道现有污染源为重点，分流制地区进行雨污分流改造试点和雨水泵站旱流污水截污；工业区产生的工业废水和生活污水原则上应自建污水处理厂，就地处理，就地排放。

（4）苏州河以北中心城及周围地区。苏州河以北中心城及周围地区从水环境综合治理角度又可分为三个二级治理区域：虹口港水系和杨树浦港水系地区；苏州河北片市区及宝山区（仅陆上部分）；嘉定区。

①虹口港水系和杨树浦港水系地区。该地区污染治理可进一步细分为三块：北部合流污水一期服务范围以北、蕴藻浜以南地区 21 km^2 基本上为排水系统空白区；中部 41 km^2 为合流污水一期工程服务范围；东南部 38 km^2 中，3.3 km^2 为曲阳污水处理厂服务范围，21.7 km^2 为虹口港、杨树浦港地区旱流污水截流工程服务范围，其余约 13 污水尚无出路。

北部排水系统空白区：该区域 2010 年地区污水量为 14.34 万 m^3/d，考虑 10%的地下水，2010 年地区规划污水量为 16 万 m^3/d。治理规划方案为：加快该地区的张华浜、临汾花园、长江西路、江杨、民主、松南西块、松南东块、张庙 8 个排水系统的建设，在江杨南路上由北向南埋设截流管，将 8 个排水系统约 12 万 m^3/d 的污水纳入合流污水一期总管。工程实施后，将大大改善西泗塘、虬江、走马塘等整治河道的水质状况。

中部合流污水一期工程服务范围：该区域内 15.88 万 m^3/d 的污水直排或通过市政泵站排入水体。治理规划方案为：排入河道的污染源主要分布在江湾排水系统地区，使沙泾港和小吉浦等河道受到严重污染。要完善地区收集系统，将污染源纳入市政管网；建设江湾雨水泵站旱天污水截流设施，尽快建设新江湾城（约 10 km^2）、大武川和民星等排水系统，将污水纳入合流污水一期工程。工程实施后可改善沙泾港和小吉浦等河道的水质状况。曲阳污水处理厂设计规模为 7.5 万 m^3/d，目前处理污水量为 5.12 万 m^3/d，尚有一定的富余量。要研究解决服务范围内雨污水管道混接现象的措施，增加污水截流量。扩大曲阳污水厂的服务范围，接纳同济大学（走马塘—赤峰路—系统边界）的生活污水。工程实施后，可改善走马塘等河道的水质。沿虬江两侧防汛通道，结合防汛墙改造埋设截流管，将直排水体的雨污水或合流污水截流至五角场、营口、嫩江和民星排水系统。工程实施后，可改善东走马塘、虬江等河道的水质。

南部两港地区及东扩部分：该地区包括虹口港、杨树浦港地区旱流污水截流工程范围内的 13 个排水系统以及宁国路以东的营口、控江、长白、周家嘴、复兴岛和大定海 6 个排水系统。2010 年的预测污水量为 58.4 万 m^3/d。规划将两港截流污水和宁国路以东的 6 个排水系统的污水一并解决。解决方案之一是在黄浦江边拆迁因产业结构调整而面临困境的工厂，建设二级污水处理厂，设计规模约为 60 万 m^3/d。方案之二是将污水送过黄浦江，在竹园排放口建设新的排放管，经加强一级处理后在长江深水排放。方案之三是将污水送过黄浦江，在竹园排放口建设新的排放管，经二级处理后排放长江。经过技术经济比较及对黄浦江环境容量的计算，推荐在黄浦江复兴岛以北江段建设二级污水处理厂方案。工程实施后，可改善虹口港、杨树浦港、俞泾浦、沙泾港、黄浦江等河道的水质。

②苏州河北片市区及宝山区。根据水环境污染源普查，该范围内共有污水40.55万m^3/d，区域内在建的石洞口污水厂处理能力为40万m^3/d，已建城市污水厂的处理能力为15万m^3/d，总处理能力可达55万m^3/d。主要工作是要加强收集系统的建设。治理规划方案为：

完成庙行、大场北块、祁连地区、宝山城市工业园区、共康5个排水系统的建设，确保污水外排工程的建设；配合河道整治，沿防汛墙设置截污管，防止污水直排河道；杜绝新的雨污水混接现象，确保东茭泾、桃浦河、蕰藻浜、走马塘、新槎浦、西虬江、木渎港、彭越浦等水体的水质有所改善；对六支流工程和合流污水一期工程范围内遗漏的污染源进行截流；沿防汛墙设置截流管，收集直排水体的污染源。

③嘉定区。由于受到西干线规模的控制，且与石洞口距离较远，嘉定区除东南部诸镇纳入西干线外，区内污水治理以自建污水处理厂为主。

南翔镇和江桥镇（包括封浜）由西干线九支线和六支流截污工程将其污水纳入西干线；嘉定城区和北部地区的污水纳入嘉定污水处理厂，嘉定污水处理厂扩建到10万m^3/d；嘉定南部地区污水出路可结合安亭汽车城建设污水处理设施一并考虑，在蕰藻浜北岸建设一座10万m^3/d的二级生化污水处理厂，经环境容量计算，其尾水可排入蕰藻浜（西段）。

（5）苏州河以南中心城及周围地区。该地区为合流污水一期、污水治理二期服务范围，区内还有5个小型污水处理厂，污水出路问题基本解决。“十五”期间主要是完善、理顺排水系统。治理规划方案为：

建设合流泵站污水截流设施。建设黄浦区和卢湾区内延安东、新开河、复兴东、文庙、陆家浜、鲁班6个系统的污水截流设施，接入正在建设的白龙港污水排放系统中线西段工程，排入黄浦江的污水量可减少12.74万m^3/d。建设分流制系统雨污水混接污水截流工程。在长桥、梅陇2个排水系统进行彻底分流改造试点；在漕河泾、康健、兰坪、红旗新村、景谷、桂林、莲花、平阳、合川等分流制系统雨水泵站处建设污水截流设施，以减少系统混接对河道的污染；结合防汛墙改造埋设截流管，将直排水体的污染源纳入收集系统，输送至相应的污水外排工程或污水处理厂；加紧完成吴闵污水北排工程中工厂企业污染源的收集纳管工作；全面完成春元昆污水外排工程的建设；完成闵行区中北部地区污水的收集、外排工程；实施浦东三镇污水外排工程；对中心村污水进行截流，就近纳入各外排系统；对雨污水混接管道进行改造；充分利用现有污水处理厂的处理能力，减少对水体的污染。

（6）浦东新区。浦东新区赵家沟以北约 30 km^2 为合流污水一期服务范围；赵家沟以南地区为污水治理二期服务范围。主要任务是完善地区收集系统。治理规划方案为：

建成污水治理二期工程浦东收集系统，共计 10 条支线，即陆家嘴—花木支线、洋泾—居家桥支线、庆宁寺—沪东支线、申江支线、远东大道支线、北蔡—安建支线、三林支线、南新—御桥支线、六里现代生活园区支线、南干线；对黄浦江（川杨河—东沟港）沿岸的 32 家重点直排大户进行雨污水分流改造，污水纳入相应的排水系统；对耀华、白莲泾、周家渡、六里桥、其昌栈、泾东、居家桥、陆家渡、沪东、张家浜、唐桥、由由 12 座雨水泵站进行改造，建设旱流污水截流设施；结合防汛墙改造埋设截流管，将直排水体的污染源纳入张家桥、花木北块、花木南块、南码头、周家渡、由由新村、新区文化公园、龙东、北蔡东、前进等排水系统，通过这些系统将污水送到污水治理二期工程的浦东收集系统之中，达到改善河道水质的目的；在川沙、机场、合庆、曹路、高东、高桥、东沟、金桥、张江、唐镇、孙桥、北蔡、三林 13 个建制镇建立污水排水系统，完成污水收集纳管工作。

（7）黄浦江上游地区

①青浦区。青浦区现有污水量为 11.46 万 m^3/d，其中直排水体 9.78 万 m^3/d。青浦区现有的 7 座污水处理厂（设计处理能力为 4.33 万 m^3/d）不能满足污水治理的需要。“十五”期间要加强污水处理厂的建设，尤

其是水源保护区内的污水处理厂的建设。治理规划方案为：

水源保护区内的污水处理厂建设规划。建设西岑、莲盛镇污水收集系统及污水处理厂，近期建设规模为 0.30 万 m^3/d 的二级污水处理厂；建设朱家角、沈巷镇污水收集系统及污水处理厂，近期建设规模为 1.0 万 m^3/d 的污水处理厂；建设商榻镇污水收集系统及污水处理厂，近期建设规模为 0.30 万 m^3/d 的二级污水处理厂；建设金泽镇污水收集系统及污水处理厂，近期建设规模为 0.20 万 m^3/d 的二级污水处理厂；建设小蒸、蒸淀镇污水收集系统及污水处理厂，近期建设规模为 0.50 万 m^3/d 的二级污水处理厂。

非水源保护区内的污水处理厂建设规划。扩建青浦第二污水处理厂至 6 万 m^3/d；建设徐泾镇污水处理厂，近期规模为 2.0 万 m^3/d。

②松江区。松江区现有污水量为 14.85 万 m^3/d，其中直排水体 10.02 万 m^3/d。区域内现有污水处理能力（4 座污水处理厂，8.3 万 m^3/d）不能满足现有污水治理的需要，需加强污水处理厂的建设。治理规划方案为：

水源保护区内。建设浦南叶榭南排工程，将叶榭、张泽二镇约 1.5 万 m^3/d 污水纳入金山区亭林镇排污总管后排入亭卫外排工程；建设新浜、五厍、泖港三镇污水处理厂三座，新浜镇污水处理厂规模为 0.4 万 m^3/d，五厍、泖港二镇污水处理厂规模各为 0.3 万 m^3/d。

非水源保护区内。加紧建设和完善松江老城区污水收集系统，将旧城及松江新城的污水纳入松江污水处理厂，充分利用其处理能力；扩建洞泾污水处理厂，将其处理规模从 0.3 万 m^3/d 扩建至 1.3 万 m^3/d。完善污水收集系统，将洞泾镇的污水纳入洞泾污水处理厂处理。扩建泗泾污水处理厂，将其处理规模从 1.0 万 m^3/d 扩建至 1.8 万 m^3/d，将泗泾镇和九亭镇污水一起纳入泗泾污水处理厂；东部二镇一区（车墩、新桥、松江工业区）建设 3.5 万 m^3/d 的二级污水处理厂；西部三镇（小昆山、大港和天马）建设 1.5 万 m^3/d 的二级污水处理厂。

金山区水源保护区范围。扩建朱泾污水处理厂，将其从目前的

1.7 万 m^3/d 扩建到 2.3 万 m^3/d；新建枫泾污水处理厂，规模为 1.4 万 m^3/d；新建兴塔污水处理厂，规模为 0.45 万 m^3/d；新建吕巷污水处理厂，规模为 0.4 万 m^3/d。

（8）杭州湾沿岸地区。该地区现有污水量为 67.28 万 m^3/d，其中排入水体 45.02 万 m^3/d。地区处理和外排能力达 53.9 万 m^3/d。重点工作是完善收集系统和建设外排系统末端的污水处理厂。

①南汇区。南汇区现有污水量为 9.52 万 m^3/d，其中直排水体 8.48 万 m^3/d。区域内现有污水治理设施为南汇污水外排工程和周浦污水处理厂，外排和处理能力为 11.25 万 m^3/d，能够满足治理需求。治理规划方案为：

完善周浦污水处理厂工业废水集中预处理厂的功能；在配合重点河道整治的同时，加紧建设和完善南汇区污水外排工程的纳污支管建设；建设和完善惠南、祝桥两镇的污水收集系统，加紧建设污水外排工程的污水处理厂（5 万 m^3/d）；完成现有排水系统的雨污水分流改造工作。

②奉贤区。奉贤区现有污水量为 13.29 万 m^3/d，其中直排水体 11.79 万 m^3/d。区域内现有治理设施为星火工业区污水外排工程、奉贤污水南排工程和南桥污水处理厂，外排和处理能力为 21 万 m^3/d，能够满足治理需求。治理规划方案为：

建设和完善地区污水收集纳管工程，建设地区污水收集系统；筹建奉贤区南排污水管末端的奉新污水处理厂，完成一期 5 万 m^3/d 规模的工程建设；加紧污水南排工程中泵站的建设和改造，使其排水能力与系统排水能力相匹配；完善星火工业区污水外排工程的污水收集系统并增建污水中途泵站；完成星火工业区外排管道末端的污水处理厂一期工程建设，规模为 5 万 m^3/d。

③金山区。金山区现有污水量为 46.23 万 m^3/d，其中直排水体 28.16 万 m^3/d。区域内现有污水治理设施为金山污水外排工程和金山石化污水处理厂，外排和处理能力为 33.90 万 m^3/d，不能满足现有污水排放量的

治理需要。治理规划方案为：

加紧建设和完善地区截污纳管工程；东南部要加紧建设金山区外排工程，将亭林、朱行和金山新城区（部分）污水纳入排放系统，在外排工程末端建设5.0万m^3/d的污水处理厂；新建张堰污水处理厂，处理规模为1.0万m^3/d；新建处理规模为13.5万m^3/d的上海化工区污水处理厂，解决金山化工区和漕泾镇地区污水出路；金山石化污水处理厂再扩建14万m^3/d，使其总处理能力达到37.88万m^3/d，满足金山石化工业生产的需要。

（9）长江三岛地区。长江三岛地区现有总污水量为11.13万m^3/d，均通过市政管道系统或直排河道，最终排入长江。治理规划方案为：

建设城桥镇和堡镇污水处理厂，规模分别为4.0万m^3/d和2.0万m^3/d；将城桥镇合流制管道改造为分流制管道，污水纳入新建城桥镇污水处理厂处理后排放；对长兴岛和横沙岛进行排水系统规划，建立相应的污水处理厂和雨水排放系统。

（10）上海郊区“一城九镇”和海港新城。

海港新城：规划人口20万～30万，近期为10万人，“十五”期间新建一座3.0万m^3/d污水处理厂。

松江新城（松江区）：松江新城污水纳入松江污水厂处理后排放，随着松江新城建设发展的进程，可在污水厂预留用地上扩建污水处理厂。

安亭镇（嘉定区）：安亭镇将建设成为“上海国际汽车城”。安亭镇现有处理规模为2.5万m^3/d的安亭污水处理厂。“十五”期间，由于现安亭污水处理厂位于规划高尔夫球场用地中，规划搬迁到方泰镇南侧蕴藻北侧，建一座10万m^3/d二级污水处理厂，嘉定城区南部污水也纳入新建污水处理厂。

浦江镇（闵行区）：浦江镇位于闵行区浦东部分。浦江镇规划面积为10 km^2，规划人口约8.7万。地区污水已有规划，正在建设地区收集系统和纳管工程，纳管工程规模5万m^3/d，接入污水治理二期工程。

高桥镇（浦东新区）：高桥镇位于高桥—外高桥污水干管系统工程，其污水纳入合流污水一期工程。

朱家角镇（青浦区）：朱家角镇建设一座二级污水处理厂，规划规模为 1.0 万 m^3/d。

奉城镇（奉贤县）：奉城镇污水可纳入已建星火工业区污水外排工程，排入杭州湾，“十五”期间将在外排管末端建设 5.0 万 m^3/d 的污水处理厂。

罗店镇（宝山区）：罗店镇目前无完整的污水收集和纳管系统，污水就近排入水体。罗店镇紧靠西干线总管，“十五”期间结合“一城九镇”建设，建设和完善地区污水收集系统并将其纳入西干线。

枫泾镇（金山区）：枫泾镇目前无完整的污水收集系统，污水就近排入水体。“十五”期间结合“一城九镇”建设，建设一座二级污水处理厂。

堡镇镇（崇明县）：堡镇镇目前无完整的污水收集系统，雨污水合流就近排入水体。“十五”期间结合“一城九镇”建设，完成地区雨污分流改造，并新建污水处理厂。

周浦镇（南汇区）：周浦镇现有周浦污水处理厂一座，设计处理能力 1.25 万 m^3/d，实际处理能力 1.27 万 m^3/d。“十五”期间结合“一城九镇”建设，将新增污水量向北纳入污水治理二期总管。

（11）黄浦江干流。黄浦江干流沿途经过松江、奉贤、闵行、黄浦（包括原南市区）、虹口、杨浦、宝山以及浦东新区等地区。已完成的污水治理二期工程、吴闵北排工程、虹口港、杨树浦港旱流污水截流工程等，已截流了排入黄浦江的一部分污染源，使黄浦江水质有所改善。据 2000 年污染源普查资料，目前排入黄浦江干流的污染源尚有 4 214 个，排入的污水量为 66.14 万 m^3/d。治理规划方案为：

松江、奉贤、闵行 3 区，直排黄浦江干流的污染源有 43 个，污水量约 3.67 万 m^3/d。其中，松江区 8 个污染源截入附近污水厂处理；奉贤区10个污染源截流后，进入奉贤县污水南排工程；闵行区25个污染源接入吴闵北排工程，进入污水治理二期工程总管。

徐汇区62个污染源0.31万m^3/d污水和黄浦区（包括原南市区）3 343个污染源12.74万m^3/d污水，绝大多数通过市政管道经市政泵站排入黄浦江干流。通过正在实施的污水治理二期工程及其后续工程，对设置在黄浦江沿岸的泵站进行改造后，将旱流污水截入污水治理二期工程总管。

虹口、杨浦、宝山区排入黄浦江干流的372个污染源12.78万m^3/d污水，通过完善该地区污水收集系统，进入规划的民星污水处理厂处理。

浦东新区直排黄浦江干流的394个污染源36.63万m^3/d污水，主要通过正在实施的污水治理二期工程浦东地区污水收集系统及截流市政泵站的旱流污水等措施进行截流后，进入污水治理二期工程总管。

（12）苏州河。目前，苏州河干流市区段两侧已建成了全覆盖合流制污水收集系统，旱流污水通过合流污水一期工程输送至长江口竹园附近排放，但雨天受合流污水一期工程截流倍数的限制，沿岸市政站出现污水放江现象，严重影响了苏州河干流水质。苏州河中上游地区属污水收集系统空白区，生活、畜禽与农业面源污染均较严重。此外，苏州河两岸支流，尤其是市区支流水质污染对干流水质也会产生不利影响。治理规划方案为：

多方案论证提高合流污水一期工程的截流倍数，减少泵站雨天放江的污染负荷和放江频率；继续优化调整苏州河调水方案，确保正常实施；继续关闭苏州河上游的25个禽畜牧场；建设上海市地区两岸的涵养林带，减少地表径流对干流水质的污染；继续建设苏州河支流截污工程，截流排入苏州河支流的工业污染源和生活污染源；在中上游地区建设小型污水处理厂，对截流的污水进行处理后就地排放；在上游若干截污难以实施的河流中，实施就地净化工程。继续搬迁中心城区内长寿路桥以西的垃圾粪便码头，减少入河垃圾和粪便；对航运污染进行综合整治，建设统一收集和统一治理的工程设施。

（13）吴淞工业区。吴淞工业区占地 20.43 km^2，区内集中了全市10%的污染大户，其污染物总量大、能耗密度高、污染密度高。88%的废水排放集中在上钢一厂、上钢五厂、中远化工、吴淞煤气公司、上海钢研所等五家单位。吴淞工业区现状污水量达 30 万 m^3/d，其中上钢一厂污水量为 15 万 m^3/d，上钢五厂污水量为 7 万 m^3/d。综合治理后规划污水量约 20 万 m^3/d，其中上钢一厂减少至 4 万 m^3/d。采用外排和分散处理相结合的方法。工业区废水排放量主要集中在上钢一厂和上钢五厂，该两厂要做到雨污分流、清浊分流，自建工业废水和生活污水处理设施，就地处理，达标排放。其他企业的工业废水和生活污水经企业内部处理达到市政接管标准后，蕴藻浜以北地区的污水纳入西干线；蕴藻浜以南地区的污水纳入合流污水一期工程。

（14）农业面源及航运污染控制

①畜禽、水产养殖业污染控制。逐步搬迁水源保护区和苏州河上游地区的畜禽牧场，严格禁止在上述区域内新建畜禽牧场；“十五”期间，关闭搬迁外环线内、新城和中心镇 2 km 范围内的畜禽牧场。其余地区的畜禽牧场必须逐步完成污染治理工作，做到达标排放。水源保护区内的开放性水域逐步取消水面养殖，其他水域内要减少污染排放。

②农业（种植业）面源污染控制。积极促进农业结构调整，科学种田，使用低毒高效农药，采用生物治虫等措施；在全市范围内开展创建生态农业示范区工作，逐步推广使用有机肥料，减少化肥使用；主要河道两侧建设涵养林带，阻止农业污染入河。

③航运污染控制。逐步建立内河航运的污水和污物收集处置系统；逐步禁止向河道直接排放船舶洗舱水、压舱水、生活污水和含油废水。

（15）竹园、白龙港污水处理厂

①竹园污水处理厂。在竹园污水厂保留用地内建设一级强化污水处理厂，规模为 170 万 m^3/d。远期根据长江水环境保护要求和排放口的环

境容量，提高处理程度。

②白龙港污水处理厂。在白龙港建设处理规模为 120 万 m^3/d 的一级强化污水处理厂，远期根据长江水环境保护要求和排放口的环境容量，提高处理程度。

(16) 污泥处置。“十五”期间建设石洞口污泥集约化处理厂，接纳石洞口污水处理厂及中心城污水处理厂所生产的污泥，作无害化处理后进行综合利用；建设白龙港污泥集约化处理厂，接纳白龙港、竹园污水处理厂产生的污泥，作无害化处理后进行综合利用。郊区污水处理厂污泥无害化处理后作农用或绿化基肥。

(17) 初期雨水。通过优化泵站运行方式，加强管道疏通和养护，减小初期雨水对河道水质的影响；对苏州河沿岸泵站进行提高截流倍数的可行性研究，降低泵站放江频率，减少初期雨水放江量。

二、水环境质量功能区划

1. 指导思想和基本原则

(1) 指导思想。《上海市水环境功能区划》以上海市城市总体规划和上海市水资源综合规划纲要为指导，与流域水环境功能区划和上海市水环境功能区划相协调，以江、河、湖水系为对象，遵循自然规律和经济规律，以保护城市饮用水水源、提高水质为核心，统筹兼顾生活、生产、景观、生态用水需求，科学区划、有效保护、优化配置、综合利用，以水环境功能的充分发挥保障水资源的可持续利用。

(2) 基本原则。坚持可持续发展的原则，从水资源可持续利用的角度来对水资源进行功能分区，功能区的水质要求（标准）不能低于现状水质；以水资源承载能力和水环境承载能力为基础，坚持开发利用与保护并重，开源节流与治污并举的原则；坚持因地制宜、统筹兼顾、突出重点的原则，遵循水的流域性和区域性的特点和上海所处潮汐河口的自然特性，把上海的水问题放在整个太湖流域和长江下游来研究，结合区域的需要及可能，坚持主导功能优先，以保护饮用水源区，提高水质为重点来确定不同水域的功能；与城市总体规划相适应，与流域水环境功能区划和水环境功能区划相协调，水环境功能区划要符合上海市城市总体功能的要求，加强内部与外部的联系，考虑上海特定的地理位置及水流特性，协调好上、下游和左、右岸的关系，对上游江、浙来水，应根据上海的水环境功能需求，提出明确的水量水质要求。同时要正确处理好水环境功能区划与相关专业规划之间的关系，坚持水质水量并重原则。既要考虑对水量的需求，又要考虑对水质的要求。对上海来说，应以水环境功能区为基础，以满足功能区水质要求为核心，发挥上海市具有较充沛的过境水量优势和感潮河网的潮汐水动力特性，充分利用现有水务工程设施，有序调控水资源，满足水环境功能需求。

2. 区划范围

上海市水资源由地表水和地下水组成，关于地下水的功能定位以及地下水的开发利用和保护规划，在《上海市供水专业规划》中已进行过专题研究，并列为供水专业规划的重要组成部分，同时为了与全国水环境功能区划相衔接，因此本次水环境功能区划研究的对象是地表水资源。区划范围覆盖全市水域，按照全市的自然地理特点及水系分布状况，拟分为三个部分进行，即市陆域部分、长江口部分和杭州湾水域。

（1）市陆域部分。上海市陆域大陆部分是本次区划的重点，面积为6 340.5 km^2，包括建成区面积 549.58 km^2。该部分规划重点是中心城区（外环线以内）和黄浦江上游水源保护区，还包括“一城九镇”、海港新城、中心镇和部分建制镇。全市境内河道纵横交错、湖泊众多，为了便于重点整治，充分利用已建基础设施，大陆市域实际已形成环保水环境管理六大片与水务 11 个水利分片水资源综合治理的格局。根据本市水资源和水环境管理特点，区分片内、片外水系，系统考虑社会经济发展、城市总体规划、水资源开发利用、行洪排涝、水域环境容量以及污染物排放总量控制等因素，确定了区划范围，即主干河网水系。主干河网水系的功能区划对其余河道的水环境功能区划具有指导作用。

（2）长江口部分。长江沪苏交界处至芦潮港一段长江水域和崇明、长兴、横沙三岛主干河网水系。

（3）杭州湾水域。杭州湾芦潮港至浙沪交界处的上海部分水域。

3．区划内容

（1）全市河网水环境功能区划

Ⅱ类水质控制区：指黄浦江上游水源保护区（具体范围见《上海市黄浦江上游水源保护条例实施细则》第二条）。

Ⅲ类水质控制区：包括黄浦江上游准水源保护区（具体范围见《上海市黄浦江上游水源保护条例实施细则》第三条）、崇明岛和横沙岛。

Ⅳ类水质控制区：包括浦东地区、青松地区、蕴藻浜以北的嘉宝地区、临港新城和长兴岛；浦东地区Ⅳ类水质控制区的具体范围是：黄浦江以东、周浦塘—六灶港—县北界河一线以北、长江口以西的地区；青松地区Ⅳ类水质控制区的具体范围是：沪苏边界以东、黄浦江上游水源保护区北界以北、准水源保护区西界西北、小莱港—蟠龙塘—闵行嘉定区界一线西南的地区；嘉宝地区Ⅳ类水质控制区的具体范围是：黄浦江以西、蕴藻浜以北、沪苏边界以东、长江口以南的地区；临港新城Ⅳ类水质控制区的具体范围是：芦潮港—随塘河以东、大治河以南、南汇边滩以西的临港新城地区。

Ⅴ类水质控制区：包括浦西中心城区和杭州湾沿岸地区。浦西中心城区Ⅴ类水质控制区的具体范围是：蕴藻浜以南、黄浦江以西、龙华港—漕河泾港—淀浦河一线西北、小莱港—蟠龙塘—闵行嘉定区界一线东北的中心城区；杭州湾沿岸Ⅴ类水质控制区的具体范围是：掘石港—惠高泾以东、黄浦江上游水源保护区南界以南、准水源保护区东界以东、周浦塘—六灶港—县北界河一线以南，之间除临港新城以外的地区。

（2）全市主干河道、湖泊功能区划

①黄浦江、淀山湖、元荡。淀山湖、元荡和黄浦江上游段（淀峰—沙港），包括拦路港、泖河、斜塘、横潦泾、竖潦泾，水质控制标准为Ⅱ类；黄浦江中游段（沙港—龙华港），水质控制标准为Ⅲ类；黄浦江下游段（龙华港—吴淞口），水质控制标准为Ⅳ类。

②黄浦江上游主要支流。太浦河、园泄泾、大泖港，水质控制标准为Ⅱ类。大蒸港、秀州塘、小泖港位于黄浦江上游准水源保护区段，水质控制标准为Ⅲ类水；位于黄浦江上游水源保护区段，水质控制标准为Ⅱ类。

③浦东、浦南地区主干河道。白莲泾、吕家浜、张家浜、马家浜（西沟港）、外环运河、赵家沟、川杨河、随塘河浦东新区段，水质控制标准为Ⅳ类。浦东运河（大治河以北段），黄浦江上游准水源保护区以外的大治河、金汇港段，黄浦江上游水源保护区以外的叶榭塘、紫石泾段，以及龙泉港、新张泾，水质控制标准为Ⅳ类。黄浦江上游准水源保护区以外的南竹港段，大治河以南的浦东运河，浦南运河、二灶港、团芦港以及南汇、奉贤区的随塘河（人民塘），水质控制标准为Ⅴ类。滴水湖水质控制标准为Ⅲ～Ⅳ类。

④浦西地区主干河道。苏州河从沪苏边界至蕰藻浜西闸段，水质控制标准为Ⅳ类；从蕰藻浜西闸至河口段，水质控制标准为Ⅴ类。蕰藻浜水质控制标准为Ⅴ类。淀浦河从淀山湖至黄浦江上游水源保护区边界段，水质控制标准为Ⅱ类；从黄浦江上游水源保护区边界至黄浦江上游准水源保护区边界段，水质控制标准为Ⅳ类；黄浦江上游准水源保护区范围内的淀浦河段，水质控制标准为Ⅲ类。油墩港从横潦泾至黄浦江上游水源保护区边界段，水质控制标准为Ⅱ类；从黄浦江上游水源保护区边界至苏州河（吴淞江）段，水质控制标准为Ⅳ类。黄浦江上游水源保护区以外的华田泾段和东大盈港，水质控制标准为Ⅳ类。黄浦江上游准

水源保护区范围内的漕河泾港、龙华港、张家塘港段，水质控制标准为Ⅲ类；黄浦江上游准水源保护区以外的漕河泾港、龙华港、张家塘港段水质控制标准为Ⅴ类。新泾港—外环西河、蒲汇塘、新槎浦、桃浦河、木渎港、东茭泾、彭越浦、西泗塘、俞泾浦、虹口港、南泗塘、沙泾港、走马塘、杨树浦港、虬江等河道，水质控制标准为Ⅴ类。

（3）长江口、杭州湾水域功能区划

长江口水域。长江口干流（沪苏边界至芦潮港）水质控制标准为Ⅱ类。

杭州湾水域。杭州湾水域（芦潮港至沪浙边界）水质控制标准执行海水水质标准（GB 3097—1997）的Ⅲ类标准。

长江口、杭州湾排污混合区。长江口、杭州湾沿岸设置的排污口，污水排放必须达到排放标准。日排放量在 10 万 m^3 以上的排污口，污水应经处理后达标排放，且应控制排污混合区的范围（面积一般应小于 1.5 km^2）。

（4）饮用水水源区及水质控制标准

黄浦江上游饮用水水源区。黄浦江上游水源保护区水质控制标准为Ⅱ类：黄浦江上游准水源保护区水质控制标准为Ⅲ类。

长江饮用水水源区。长江饮用水水源区主要指南支南岸边滩水域的陈行水域饮用水水源区，江心的青草沙水域饮用水水源区以及崇明岛饮用水水源区，水质控制标准为Ⅱ类。

郊区其他饮用水水源区。大治河等其他郊区饮用水水源近期仍作为饮用水水源区加以保护，水质控制标准为Ⅲ类。

三、集中式饮用水源地环境保护规划（2005—2020 年）

1．指导思想和目标

（1）指导思想。以科学发展观和人水和谐理念为指导，按照上海建设“四个中心”和率先建成小康社会的发展要求，以保障城市发展对饮用水水源的水量、水质和安全的需求为目标，以水源地的保护、修复、建设和管理为重点，加快建立城市水源地监测与安全应急机制，至2010年基本形成黄浦江、长江两江并举，安全可靠的水源地安全保障框架，至2020年规划期末建成水源地得到全面保护，水源储备能力显著提高，应急调度能力明显加强的城市供水水源地，满足上海经济社会可持续发展和构建和谐社会的要求。

（2）基本原则。统筹规划、突出重点；建管并重、注重实效；量质并举，安全为先；加强协调，综合保障。

（3）规划范围及目标。上海市集中式饮用水水源地主要包括黄浦江上游水源地、长江口陈行水库水源地以及长江口青草沙水库水源地。

规划目标：摸清上海市水源地现状，找出水源地主要环境问题，在此基础上划分上海市水源保护范围，提出近远期规划任务和工程措施。

2. 饮用水水源保护区划分与调整

国务院《关于落实科学发展观加强环境保护的决定》（国发[2005]39号），明确提出“以饮水安全和重点流域治理为重点，加强水污染防治。要科学划定和调整饮用水水源保护区，切实加强饮用水水源保护，建设好城市备用水源，解决好农村饮水安全问题。坚决取缔水源保护区内的直接排污口，严防养殖业污染水源，禁止有毒有害物质进入饮用水水源保护区，强化水污染事故的预防和应急处理，确保群众饮水安全”。为贯彻落实党中央、国务院的要求，保障人民群众饮水安全和水源地可持续开发利用，国家环保总局于2007年颁布《饮用水水源保护区划分技术规范》（HJ/T 338—2007）。2008年6月1日开始执行修改后的《中华人民共和国水污染防治法》也针对水源地保护和水源保护区环境保护工作提出了新的要求。上海市环保局积极响应国家号召，以保护水源地安全，确保市民饮用水水质为己任，严格按照法律法规以及相关标准对上海市主要水源地进行保护区的划分与调整。

黄浦江上游水源地保护区划分技术方案。黄浦江上游水源地共有6个市级、区级取水口，取水口分布范围从竹港上溯到太浦河。根据《饮用水水源保护区划分技术规范》对各取水口进行保护区划分并整合成为黄浦江上游水源保护区整体方案。

（1）一级保护区

①水域范围：根据国家《饮用水水源保护区划分技术规范》（以下简称《规范》），一般河流水源地，一级保护区水域长度为取水口上游不小于1 000 m，下游不小于100 m范围内的河道水域。

黄浦江属于潮汐河段水源地，水流受到长江口潮汐影响，一日两潮，即存在水体流向改变的现象，这导致河流上游污染物可以依靠径流的方向影响取水口，下游污水团也可能在潮汐顶托的作用下上溯访问取水口。因此在黄浦江上游取水口两侧设置同样距离的保护区范围即一级保护区上、下游两侧范围相当，均为1 000 m，总长度2 000 m的范围。

《规范》对水域宽度的划分要求是：一级保护区水域宽度为5年一遇洪水所能淹没的区域，通航河道则以河道中泓线为界，保留一定宽度的航道外，规定的航道边界线到取水口范围即为一级保护区范围。

由于黄浦江为通航河道，取水口的分布又较为分散，按照《规范》的方法保留中泓线一侧作为保护区会造成航线混乱复杂、航道狭窄，这不仅增加了船只航行中突发事故发生的机率也不能很好地保护集中式取水口。

根据《黄浦江上游水源保护条例》中现行的方案，将取水口两侧江段均划为一级保护区水域范围，保护区覆盖江面宽度。考虑到通航的需要将允许船只通过保护区，但是在取水头部设立明显警示标志和围栏，避免船只碰撞等。在通航船只的管理上提出更加严格的要求并配套突发性环境污染事件预防和应急设施，保证取水口安全。

②陆域范围：《规范》指出，一级保护区陆域范围的确定，以确保一级保护区水域水质为目标，陆域沿岸长度不小于相应的一级保护区水

域长度，陆域沿岸纵深与河岸的水平距离原则上不小于 50 m。

黄浦江上游水源地一级保护区陆域范围确定为：松浦大桥取水口两侧各 1 000 m 的岸线长度。考虑到上海市饮用水源地防护林建设一般设置 100 m 林带宽度，同样划定黄浦江取水口两岸纵深 100 m 作为一级保护区陆域纵深宽度。

（2）二级保护区

①水域范围：二级保护区划分的原则是二级保护区上游侧边界到一级保护区上游边界的距离应大于污染物从 GB 3838—2002 Ⅲ类水质标准浓度水平衰减到 GB 3838—2002 Ⅱ类水质标准浓度所需的距离，保证一级保护区或取水口的水质达到饮用水水源地水质要求。

对松浦大桥以外的 5 个取水口进行类比计算，汇总计算结果后形成黄浦江上游二级保护区水域范围：保护区水域始于淀山湖全湖和太浦河沪苏交界处向下至拦路港、泖河、斜塘直至闵行区内的闸港，其中大蒸港的保护范围始于 A8 公路交界处，大泖港始于 A30 公路交汇处。

②陆域范围：根据《规范》要求，二级保护区陆域沿岸长度不小于二级保护区水域河长，陆域纵深不小于 1 000 m。因此黄浦江上游二级保护区陆域范围长度与水域长度相同，纵深范围为水域两侧陆域 1 000 m 的范围。

（3）准水源保护区

调整方案的准水源保护区范围为：以黄浦江上游水源保护区现状总体范围（包括一级保护区、水源保护区和准水源保护区，共计 1 058 km^2）扣除相应调整方案的一级和二级保护区后的范围作为该调整方案的准水源保护区范围，即维持调整方案与现状方案的总体水源保护区面积不变。

3．青草沙水源地保护区划分技术方案

（1）一级保护区：

①水域范围。青草沙水库为单一供水功能的水库，水库最大库容将

达到 5.6 亿 m^3，属于大型水库范围，其水源地保护范围划分采用经验法，在上游取水口和下游排水闸周围半径 500 m 的范围作为一级保护区，此外为了加强对水库库体的保护力度，将整个水库库区以及库区堤线以外向水域延伸 50 m 范围作为一级保护区水域范围。

②陆域范围。对于潮汐河口开放型水源地，一级保护区陆域范围的确定，以确保一级保护区水域水质为目标。陆域沿岸长度不小于相应的一级保护区水域长度，陆域沿岸纵深与河岸的水平距离不小于 50 m。划分范围为长兴岛沿水库堤坝外侧 50 m 范围内陆地以及水库中心的青草沙围垦区，总面积 0.6 km^2。

（2）二级保护区：

①水域范围。通过模型分析计算方法，确定二级保护区范围。二级保护区边界至一级保护区的径向距离大于所选定的主要污染物或水质指标从 GB 3838—2002Ⅲ类水质标准浓度水平衰减到 GB 3838—2002Ⅱ类水质标准浓度所需的距离。非咸潮期青草沙水库设计停留时间大约 14 天，远大于按照水源地特征污染物（长江口水域可选氨氮作为特征污染物）从Ⅲ类水质标准浓度（1.0 mg/L）衰减到Ⅱ类水质标准浓度（0.5 mg/L）所需时间（通常小于 8 天）。因此，青草沙水库库区完全可以承担二级保护区的水质净化功能。

考虑到青草沙水源地地处长江口江心水域，周边没有大的排污口，水质主要受长江徐六泾以上来水水质浓度控制，取水口所在的北港水域航运繁忙，存在很大的突发性水污染泄漏事故风险，因此在水质模型计算的同时，进行溢油和化学品模型的计算，通过结合多种计算的结果形成二级保护区水域面积。

计算结果结合实际水域航道等要素，二级保护区水域范围西侧边界为青草沙上游取水口以西 4 600 m；东侧边界为下游水闸以东 4 500 m，到建设中的长江大桥为界；横向宽度最小 1 500 m，走向与长江口北港航道平行。

②陆域范围。沿一级陆域范围边界线向长兴岛内纵深 1 000 m 作为二级保护区陆域范围。其中东侧以建设中的长江大桥为硬边界，距离一级保护区外边界最小距离 600 m。

4．陈行水源地保护区划分技术方案

根据国家《饮用水水源保护区划分技术规范》中的水库分类标准，陈行水库有效库容为 914 万 m^3，加上宝钢以及规划建设的第二水库，陈行水库群的总有效库容在 0.2 亿 m^3 左右，属于中型水库。因此保护区范围根据中小型水库要求进行划分。

（1）一级保护区：

①水域范围。小型水库和单一供水功能的湖泊、水库应将正常水位线以下的全部水域面积划为一级保护区。此外，小型湖泊、中型水库水域范围为取水口半径 300 m 范围内的区域。陈行水库和宝钢水库的取水口位于库区之外的长江口水域中，距离陈行水库堤岸 700 m 距离，考虑到取水口外 300 m 的半径范围，因此在陈行水库水源地一级保护区的划分方案中选择水库库区全部水域和水库库区堤线向长江口内延伸 1 000 m 范围作为一级保护区水域范围。

②陆域范围。陈行水库位于平原地区，周围没有明显的分水岭或入库河流，因此在划定陆域范围时仅考虑堤岸防护林带及堤坝宽度作为陆域范围，即保证一级保护区陆域范围为沿岸纵深与河岸的水平距离不小于 50 m。

（2）二级保护：

①水域范围。计算方法与青草沙水源地二级保护区划分方法相同，计算结果为下游边界距离陈行水库取水口 3 700 m，距离一级保护区边界 3 400 m；上游边界距离宝钢水库区水口 3 300 m，距离一级保护区边界 3 000 m。横向边界线不小于 900 m。若考虑一定的安全系数，横向范围延伸至规划航道延伸线，距离一级保护区边界大于 1 200 m。

②陆域范围。沿一级保护区陆域边线，陈行水库西边界向陆地纵深200 m范围，以沪苏边界作为硬边界。水库西南边界向内陆延伸范围包括规划陈行第二水库库区范围并沿规划库区边界向内陆延伸 200 m 范围，陆域东边界沿水库堤线向东 600 m，以罗泾二期工程一号码头外侧绿化带为硬边界。

5. 集中式水源地环境保护工程规划

（1）保护区隔离及整治工程：

①饮用水水源保护区的最终定界。为便于开展日常环境管理工作，依据保护区划分的分析、计算结果，结合水源保护区的地形、地标、地物特点，最终确定各级保护区的界线。充分利用具有永久性的明显标志如水分线、行政区界线、公路、铁路、桥梁、大型建筑物、水库大坝、水工建筑物、河流汊口、输电线、通讯线等标示保护区界线。

最终确定的各级保护区坐标红线图、表，作为政府部门审批的依据，也作为规划国土、环保部门土地开发审批的依据。

目前黄浦江上游水源保护区范围进行了调整，应将原有范围进行重新定界和确定，保证新划分范围的执行。长江口陈行水库、青草沙水源地新划分水源保护区也应同步确定保护区界线，并对三个水源地绘制详细保护区界线图作为今后的环境管理及政府部门审批依据。

②设置饮用水水源地保护标志。根据《饮用水水源保护区标志技术要求》（HJ/T 433—2008）规定的内容在黄浦江上游水源保护区和陈行水库水源保护区设立水源地保护警示标志。青草沙水库水源地在建设的同时设立水源保护区警示标志。

饮用水水源保护区标志包括饮用水水源保护区界标、饮用水水源保护区交通警示牌和饮用水水源保护区宣传牌。饮用水水源保护区界标是在饮用水水源保护区的地理边界设立的标志。标识饮用水水源保护区的范围，并警示人们需谨慎行为。饮用水水源保护区交通警示牌：警示车辆、船舶或行人进入饮用水水源保护区道路或航道，需谨慎驾驶或谨慎行为的标志。饮用水水源保护区交通警示牌又分为：饮用水水源保护区道路警示牌和饮用水水源保护区航道警示牌。饮用水水源保护区宣传牌：根据实际需要，为保护当地饮用水水源而对过往人群进行宣传教育所设立的标志。

③一级水源保护区隔离工程。严格执行新颁布的《中华人民共和国水污染防治法》关于水源保护的相关规定，以新勘定的一级保护区范围为边界实施隔离工程。隔离范围包括陆域、水域两部分。根据各水源地实际情况在陆域实施连续型物理隔离，如设立铁丝网或砖墙隔离带，水域范围内以密集间断型警示标志作为隔离带，严禁船舶停靠、锚停等。

工程实施分为两个阶段，现阶段以黄浦江上游水源保护区和陈行水库为主。计划 2009 年底之前完成两个水源地一级保护区隔离工程。其中黄浦江上游水源地一级保护区陆域隔离涉及黄浦江两岸，长度约为 29 km，陈行水库水源地一级保护区陆域隔离带约为 5 km，水域隔离带长度为 5 km。青草沙水库一级保护区隔离工程与水库建设同步实施，其陆域范围主要以水库南堤线以外新开挖的隋塘河作为边界。

④一级保护区整治工程。依据新颁布的《中华人民共和国水污染防治法》关于水源保护的相关规定对一级保护区内的尚存与供水无关的企业予以搬迁。黄浦江上游水源地一级保护区迁出现存的企业 11 家，于 2012 年完成。

（2）工业点源污染治理：

①黄浦江上游水源地。对黄浦江上游水源保护区内环境破坏严重、产值能耗高、土地利用率低、落后的生产能力和工艺进行淘汰、改造和治理。2012 年前，关闭 6 家工业污染企业，其中 2007—2010 年每年各实施 2 家，2011—2012 年每年各实施 1 家。

2012 年前，对黄浦江上游水源地二级保护区内的 25 家直排企业实施污水纳管改造，逐步消除二级水源保护区内的排污口。

②陈行水库水源地。对陈行水库二级水源保护区内现有的直排污染源进行清理改造，2012 年前完成 40 家直排企业的污水纳管改造工作。

（3）防治农业面源污染：

①化肥减施。实施平衡施肥，推广测土配方施肥技术、有机肥料施用技术，项目实施区加强技术力量，各镇落实专人负责项目实施，向广大农户提供精准施肥等先进技术服务，控制化肥使用量，减少化肥养分流失，提高化肥利用率，推进有机农业、设施农业清洁生产，实现种植业生态化。

通过精准化施肥技术和畜禽粪便、农业废弃物资源化利用，应用区域养分管理和精准化施肥技术，在蔬菜作物上减少氮肥用量 30%，减少磷肥用量 20%，施用有机肥替代 30%的化肥。在水旱轮作作物上减少氮肥用量 20%，减少磷肥用量 10%，施用有机肥替代 20%的化肥。2020 年前实施面积达到 7.6 万亩。

②农药减施和替代。加大执法监管力度，禁止使用国家农业部公布的高毒高残留农药，改进使用技术方法，实施作物病虫综合防治技术，提高农药利用效率，推广应用高效、低毒、低残留农药，控制农药使用量，减少农药流失。以生物防治、物理防治部分替代化学防治，在田间统一安置频振式杀虫灯诱杀害虫，控制农作物虫害发生频次，减少化学农药用量。

推广农作物病虫害综合防治技术和精准施药技术，在田间统一安装太阳能杀虫灯诱杀害虫，2020 年前安装频振式杀虫灯 300 个，近远期各 150 个。

鼓励农民使用生物农药代替化学农药，以减少对水体的污染。实施生物农药替代化学农药达到 40%以上的示范工程。

从政策和技术两方面，积极鼓励和引导农民使用生物农药和高效、低毒、低残留农药替代部分化学农药，2012 年前生物农药替代 40%以上的化学农药，实施面积达到 5 万亩。

③生态拦截。通过实行灌排分离，将排水渠改造为生态沟渠，利用沟渠中植物吸收径流中的养分，对农田流失的氮磷进行有效拦截，达到控制养分流失和再利用的目的。将排水沟改造为深 80 cm，渠底宽 60 cm，渠面宽 120 cm 的生态沟渠；渠壁种植黑麦草等多年生土著植被，渠底可种植水生蔬菜等作物；渠底建设拦截坝。2020 年前总建设长度 13 km，其中 2012 年前建设 6.5 km。

④乡村清洁工程。在完善农村生活垃圾收集系统的基础上，推进自然村生活污水治理，分别采用分散处理、集中处理和纳管三种方式。2012 年前完成 20 个自然村的生活污水治理任务，2020 年前再完成 80 个自然村的生活污水治理任务。

2012 年前 20 个自然村名单：金泽镇（6 个）：蔡浜、山深、张联、王家浜、尤浜、钱盛。朱家角镇（9 个）：关王庙、朱家村、潘村、马家浜、徐家浜、庄家浜、横港村、小港村、张家埭。练塘镇（5 个）：泖口、金田、前湾、后湾、东叶库。

2020 年前 80 个自然村名单根据近期工程实施情况及本区域自然村规划保留情况另行确定。

（4）加强生态修复及建设。生态修复项目包括黄浦江上游水源地淀山湖湿地修复工程、淀山湖及周边水系生态修复工程以及各保护区涵养林的建设。

①淀山湖水系生态修复工程。通过湿地修复提升湖泊湿地系统的净化和涵养功能，使湿地出口水质达到III类标准，提高黄浦江取水口水质等级。扩大湖泊湿地和水源涵养林的面积，形成国际水平的淡水湖泊湿地修复示范区。建立水源湿地的生态监测系统，集成湖泊湿地的保护、利用、修复技术。为上海和周边地区水源地的保护与管理提供标准化模式。通过调整产业结构，建设新农村，减少环境污染，成为生态修复工程与社会主义新农村建设的有机结合示范区。包括以大莲湖为中心 14.6 km^2 的整治工程。分为两个区域，外围 10 km^2 生态缓冲区与内部

4.6 km^2 生态核心区。

此外，重点实施滨岸缓冲区、生态护岸、驳岸软化及水体水生植被恢复等生态工程；在淀山湖周边堤岸建设生态护坡 800 km；生态走廊建设 20 km，生态岛建设 2 000 m^2。

②水源保护区涵养林建设。黄浦江上游水源地生态防护林建设将于 2009 年到 2012 年期间完成，投资 3.35 亿元，青草沙水源地的生态防护林共计 900 亩，于 2012 年前完成，总投资 4 500 万元，此外，陈行水库水源地生态防护林建设 450 亩。

（5）水文水质监测。按照国家环境监测标准化建设要求和本区域环境特点，结合流域监测站点布局规划，合理布局，增强本区域的水环境监测和分析能力，加强黄浦江上游水源地淀山湖水域水文、水质监测，完善淀山湖蓝藻水华预警监测体系。2012 年前，在湖区建设 1 座固定式水文水质自动监测站、8 座浮标式水质在线自动监测仪，全面动态地了解淀山湖水量、水质和蓝藻水华状况。

6. 主要成效

截至 2012 年底，上海市“两江并举、多源互补”的水源地格局已基本形成，饮用水安全保障能力得到进一步提升。

（1）划分饮用水水源地并切实加强保护。上海严格贯彻《中华人民共和国水污染防治法》的相关要求，2010 年 3 月 1 日《上海市饮用水水源保护条例》实施，市政府印发了《关于贯彻〈上海市饮用水水源保护条例〉实施意见》（沪府发[2010]1 号），对饮用水源保护的重点工作进行了细化部署。

①对 4 个重点水源地划分了饮用水源保护区。按照环保部颁发的《饮用水源保护区划分技术规范》（HJ/T 338—2007）对上海长期保留的青草沙水源地、黄浦江上游水源地、陈行水源地和崇明东风西沙水源地 4 个水源地划分了饮用水源保护区，确立了四大水源地受法律保护的重要地

位。同时，研究起草了《上海市公共供水企业备用取水口启用监督管理暂行办法》（征求意见稿）。

②加强源头治理，改善饮用水源地水质。早在 1985 年上海市就颁布实施了《黄浦江上游饮用水源保护条例》，通过加强污水处理设施建设、污染源治理、产业结构调整、加强农业面源治理等综合手段，以源头控制为着力点，削减污染物排放量，努力改善饮用水源地水质。自 2000 年滚动实施环保三年行动计划以来，水环境专项项目共计 254 个，总投资达到 779 亿元。

③强化对固定源、流动源的风险管理，提高饮用水源地安全保障程度。对全市饮用水源保护区内的化工、印染、电镀、制药、仓储、污水处理厂、垃圾填埋场、环保资质运营企业 8 类对饮水安全存在风险隐患的固定风险源进行全面排查，并落实监管措施，对高风险企业列入年度调整计划并予以关闭。2009 年开展了黄浦江上游水源地危险品运输、船舶交通污染等流动源的调查评估工作，对进入水源保护区的运输危险品的船舶安装了 GPS，建立了危险品运输船舶进入水源保护区报告制度和信息共享机制，在太浦河试点开展危险品运输船舶禁行，以进一步提升水源地安全保障程度。

④推进饮用水源保护区清拆整治工作。按照《水污染防治法》和《上海市饮用水水源保护条例》的相关要求，市政府对饮用水源保护区的清拆整治工作进行了责任分工，明确了时间要求，并制定了清拆整治的相关政策，以确保清拆整治工作按时保质完成。

⑤制定经济政策，促进水源保护工作的开展。2000 年以来上海市制定了各种补贴政策和生态补偿政策，推进水源保护区的环境基础设施建设和生态保护。在黄浦江上游保护区实施了郊区污水管网建设补贴、污水处理厂超量削减补贴、工业区污水纳管补贴等政策，有力地推进了水源保护区内污水收集处理设施的建设和完善。2009 年上海建立了水源保护区生态补偿机制，针对水源保护区发展机会受限和生态保护任务过重

进行补偿，2009 年补偿资金共计 1.74 亿元，青浦等 7 个黄浦江上游水源保护区所涉区县获得补偿；2010 年《上海市饮用水水源保护条例》实施后，生态补偿的力度进一步加强，补偿资金增至 3.4 亿元，补偿范围扩大到 9 个区县；2011 年水源地生态补偿资金提高至 5.19 亿元。

（2）加快供水基础设施建设并加强运营管理。“十一五”以来，上海将饮用水安全供应作为重要的基础性民生工程，举全市之力，加大供水基础设施的建设、运行、管理的投入。

①建设一批原水工程，改善原水水质和安全保障。2011 年，投入 170 亿元建设的百年战略工程青草沙水源地正式通水，受益人口已达到 1 100 余万，极大地保障了城市供水安全和居民饮用水安全。同时，根据《水污染防治法》、《上海市饮用水水源保护条例》，本市还在新建罗泾、徐泾、嘉定、闵奉原水支线工程，新建崇明岛东风西沙水源地工程，项目总投资约为 38.5 亿元。

②注重城乡统筹，加快推进郊区集约化供水。“十一五”期间，上海积极推进郊区集约化供水工程，通过推进原水统筹供应、水厂规模经营、区域统一调度，基本形成城乡均衡发展的供水保障体系。2002 年至“十一五”末，全市已累计关闭乡镇水厂 113 座、内河取水口 70 个、公共供水深井 95 口，累计总投资约 60 亿元。2010 年，根据《全国城市饮用水安全保障规划》、国家《生活饮用水卫生标准》（GB 5749—2006）等有关规定，上海印发《关于加快推进郊区集约化供水的实施意见》，落实责任，明确关闭所有以内河及地下水为水源的小水厂，新建改建一批中心水厂，同步提升处理工艺，新建一批集约化输水管网等主要任务，集约化管网和中心水厂建设总投资将近 100 亿元。到 2012 年 7 月 1 日，全市供水水质将达到国家新颁水质标准。

③改善供水服务，加快二次供水改造和老旧管网改造。制定了《上海市供水水质管理细则》，印发《关于上海贯彻执行国家新颁〈生活饮用水卫生标准〉的通知》，并修订《上海市供水管理条例》。“十一五”

期间，通过“迎世博 600 天行动计划”，推进完成中心城区二次供水设施改造近 6 000 万 m^2，改造后龙头水水质明显改善，居民生活品质和饮水健康有了更为安全的服务保障。同时，重点改造无内衬供水管道、高龄管道和易漏易爆管道共 6 953 km。至 2010 年底，全市供水管网达 31 100 km，中心城区管网长度约 15 000 km，郊区（县）管网长度 16 000 km。

④提高监测能力，加强饮用水水质监管。上海已具备水源地 109 项指标监测能力，按照国家要求对在用水源地开展每月一次 64 项指标、每年一次 109 项指标的监测，在不断完善黄浦江上游水源地水质在线监测系统的同时，已开展青草沙、陈行水源地在线监测系统的建设工作。同时，严格按照《上海市供水水质管理细则》的要求，加强供水水质监管，在中心城区建设 157 套在线水质浊度、余氯仪，主要供水企业已建立中心化验室，配备国标规定的 42 项检测能力的设备，供水行业主管部门定期和不定期地对供水企业的供水水质进行抽查监督，并定期组织质控考核，确保安全优质供水。

第二节　大气环境保护规划

大气环境是人类赖以生存和发展的物质基础，伴随着工业的发展和城市的兴起，全球能源消费量急剧增加，能源在燃烧和使用过程中产生大量有毒有害物质，加上森林植被面积的减少造成的生态失衡，大气污染引起的气候变化、臭氧层破坏、酸雨和城市空气质量恶化，成为当今世界各国普遍关注的环境问题。中日科技合作项目——《上海市大气污染综合防治规划》，于 1985 年 10 月由上海市科委和日本国际协力事业团（简称 JICA）正式签订，从 1986 年 1 月至 1988 年 2 月期间实施，拉开了上海市大气环境专项规划的序幕。规划研究在充分考虑技术、经济条件和削减可能性的前提下，提出了到 2000 年，上海市除部分工业区外，大部分地区二氧化硫年平均值达到国家大气环境质量标准二级标准的目标，并提出了优先削减排放量大的污染源和在人口多、二氧化硫浓度高的地区推行排污总量控制的综合防治对策措施。2001 年，上海着手编制“十五大气环境保护的专业规划”，提出以能源结构调整为契机，继续全面实施规划布局、产业产品结构调整，深化“一控双达标”。至 2005 年，使上海成为大气环境质量良好、适宜于发展创业和生活居住的地区。经过努力，使本市的大气环境质量的主要指标接近或达到发达国家同类型特大城市九十年代后期的平均水平。

一、大气污染防治“十五”规划

1．“九五”期间环境空气质量状况

（1）能源消费与大气污染物排放量

①“九五”期间，全市能源消费量年均增长率 4.4%。2000 年全市一次能源消费总量 5 492 万 t 标煤，其中煤炭消费总量 4 500 万 t，石油消费量 1 239 万 t，天然气 2.54 亿 m^3。

②“九五”期间，全市大气污染物排放总量除氮氧化物（NO_x）外呈下降趋势。2000 年，全市排放 SO_2 为 46.5 万 t/a，烟尘 14.13 万 t/a，工业粉尘 2.69 万 t/a，NO_x 40.5 万 t/a。

（2）“九五”期间环境空气质量状况。“九五”期间，通过产业结构、工业布局的调整和重点污染源治理，以及市区部分中小炉窑的清洁能源替代，全市的煤烟型大气污染已得到控制，中心城区环境空气质量有了明显的改善。1998 至 2000 年空气污染指数（API）结果表明，优于二级的天数比例逐年提高。但随着城市能源消耗的持续增长和机动车拥有量迅速增加，石油型污染有上升的趋势。

（3）存在的主要问题：

①二氧化硫排放量总量大，与国家总量控制要求存在差距。“九五”

期末，上海市 SO_2 排放总量为 46.5 万 t/a，与国家在“十五”期间下达给本市的指标（40 万 t）还存在差距。其中电厂未实施烟气脱硫（全年排放 SO_2 22 万 t）、市区分散燃煤现象普遍、燃料油含硫量较高是造成本市 SO_2 排放量较大的主要因素。

②中心城区氮氧化物污染有上升趋势。90 年代，本市机动车保有量年均增幅达 14%，“九五”期末，市区机动车保有量为 75 万辆。占地面积不足 10%的市区（外环线内）承担了全市 56%机动车污染物排放负荷，内环线内主要交通道口日平均浓度 100%超标。随着“十五”期间机动车保有量的增加，中心城区 NO_x 污染将有上升的趋势。

③颗粒物是影响本市环境空气质量的主要因素。2000 年 API 显示，本市 API 超过二级标准的天数中，由颗粒物浓度过高引起的占 97%。

④其他污染问题。本市工艺废气、餐饮业油烟气、恶臭等问题扰民严重；老工业区，如高桥、吴淞、桃浦、吴泾等，由于规划布局不合理、污染物排放量大，对周边环境影响严重。一些与公众生活密切相关的公共设施，如城市污水处理厂、污水收集泵站、生活垃圾和粪便中转站等也是影响周边居民生活质量的因素。

2.“十五”期间面临的形势

（1）经济发展和能源需求。根据《上海市国民经济和社会发展第十个五年计划纲要》，“十五”期间本市国内生产总值年均增长率基本保持在 9%～11%，按 2000 年价格计算，预计到 2005 年本市国内生产总值将达到 7 300 亿元，人均 GDP 达到 5.4 万元左右，全市终端能源需求量将达到 6 200 万 t 标煤。

（2）大气污染物排放量变化预测。按上海市“十五”能源发展计划，2005 年本市天然气供应量将达到 30 亿 m^3/a，煤炭消费量可控制在 4 500 万 t。随着经济的发展及电力需求的增长，到 2005 年本市燃煤电厂装机容量将由 2000 年的 811 万 kW 增加到 1 100 万 kW，天然气发电机组达

120 万～130 万 kW；“十五”期末交通运输量需求加大，市区机动车保有量将增加到 110 万辆。根据以上条件，预计 2005 年 SO_2、烟尘、NO_x、PM_{10} 排放量将会继续增加，本市环境空气质量将面临严峻的局面。

3.“十五”大气环境保护的指导思想和总体目标

（1）指导思想。为改善城市大气环境质量和提高人民生活质量，“十五”期间本市将继续坚持可持续发展战略，以清洁能源替代、机动车污染控制、电厂烟气脱硫、重点工业区环境综合整治为重点，强化执法监督，提高城市环境管理能力，坚持政府调控与市场机制相结合，建立综合决策、联合执法、综合管理的新机制，全面促进环境、经济、社会的协调发展。

（2）总体目标。以能源结构调整为契机，继续全面实施规划布局、产业产品结构调整，深化“一控双达标”。至 2005 年，使上海成为大气环境质量良好、适宜于发展创业和生活居住的地区。经过努力，使本市的大气环境质量的主要指标接近或达到发达国家同类型特大城市 90 年代后期的平均水平。

①在 2000 年的基础上，全市二氧化硫排放总量削减 14%，烟尘和工业粉尘削减 10%。

②有效遏制全市氮氧化物污染和城郊大气污染的发展趋势。

③明显改善居民生活区、重点污染地区和城市的大气环境质量。

④大幅度降低环境空气中总悬浮颗粒物（TSP）和可吸入颗粒物（PM_{10}）的浓度，提高市区的能见度，使上海的天更蓝。

⑤切实解决影响国际大都市形象的烟囱冒黑烟、机动车冒烟、尘土飞扬、空气异味等感官性大气污染问题。

（3）主要指标：

①大气环境质量指标：环境空气质量指数（API）优于二级保证率 85%～90%。

②主要污染物总量控制指标：二氧化硫 40 万 t/a，烟尘 12.7 万 t/a，工业粉尘 2.4 万 t/a。

③环境建设指标：煤炭消费总量 4 500 万 t/a，煤炭消费量占一次能源比重为 55%以下，基本无燃煤区面积 400 km^2，汽车尾气达标率（简易工况法）为 70%。

4. 主要任务

（1）二氧化硫污染控制。按照国家“两控区”SO_2 排放总量控制的要求，到 2005 年本市 SO_2 排放总量在 2000 年的基础上削减 14%，应控制在 40.0 万 t/a 以下。“十五”期间，本市将在能源结构调整的基础上，制定区域化能源政策，促使工厂企业向工业区集中，实施中小燃煤锅炉清洁能源替代；对电厂、大型燃煤设施实行 SO_2 排放总量控制。

①主要措施。控制燃料中硫含量。在“九五”基础上，“十五”期间将继续严格控制燃料中的硫含量：动力煤 0.80%以下，未脱硫燃煤电厂 0.7%以下，燃料油 1.0%以下。

建成区内严格控制新建使用高污染燃料的设施。本市内环线内锅炉、炉窑和内外环线之间新建额定蒸发量 10 t 以下的锅炉、以及大气污染物排放量与其相当的炉窑，不得使用高污染燃料。

实行燃煤中小工业锅炉的清洁能源替代。外环线以内，天然气管网到达地区所有燃煤、燃重油锅炉实施清洁能源替代，天然气尚未到达地区的燃煤锅炉采用洁净煤；工业区必须实施集中供热，不得新建分散的燃煤、重油锅炉，原有的逐步纳入热网；集中供热锅炉应采取二氧化硫排放的控制措施。外环线以外，划入“基本无燃煤区”的燃煤锅炉实施清洁能源替代；其余的燃煤锅炉必须采用洁净煤或者脱硫措施。

开展燃煤电厂烟气脱硫。“十五”期间建成 60.0 万 kW 燃煤机组脱硫工程，并投入运行；加快实施宝钢电厂、高桥石化电厂、金山石化电厂烟气脱硫工程，以保证完成国家下达的二氧化硫总量削减指标。

实施天然气发电。“十五”期间通过新建燃天然气机组和燃煤或燃重油燃机改烧天然气，使全市天然气发电机组装机容量达 120 万～130 万 kW。

②规划措施效益。实施以上措施后，到“十五”期末本市 SO_2 排放总量减少 6.5 万 t，基本无燃煤区面积可达到 400 km^2，中心城区、吴淞、吴泾地区的二氧化硫质量将得到明显改善。

（2）氮氧化物污染控制。“十五”期间，在保证机动车有序发展的前提下，通过严化机动车污染物排放标准、健全在用车检测和维修体系，促进车辆更新，有效降低单车排放，结合区域车流量引导，以降低中心城区氮氧化物污染。同时，开展电厂锅炉和工业锅炉低 NO_x 燃烧技术示范，为全面推广打好工作基础，以有效遏制全市 NO_x 排放量增长趋势。

①主要措施。机动车污染排放控制规划措施：提前实行严格的新车排放标准。自 2003 年 1 月 1 日起，轻型汽车执行等效欧洲 II 号标准，；2004 年 1 月 1 日起，重型汽车执行标准相当于欧洲第二阶段水平。

加强在用车排污检查与维护管理。2004 年底，建立和完善在用车检测/维修（I/M）制度及网络，严格执行年检、路检制度，有效降低在用车污染排放水平。

重点整治柴油车污染排放，禁止超标车辆和冒黑烟车辆上路行驶。通过环保、公安、交通管理部门的综合管理，加强路检、年检制度，并完善路检监测技术，禁止超标车辆和冒黑烟车辆上路行驶。2002 年底实现路检尾气排放达标率 85%，2005 年达标率 95%以上。

加大公交车清洁能源改造力度，加快出租车更新替代。鼓励燃用清洁能源（压缩天然气-CNG 或液化石油气-LPG）车辆的研发、生产和使用。“十五”期末，内环线内主要道路公交车基本实施 CNG 化，2004 年以后上牌的公交车全部达到欧 II 排放标准；2005 年底，本市出租车尾气排放基本达到欧 II 排放标准。

大力发展公共交通，实施区域流量控制。通过交通职能化诱导系统和区域化牌照制度，实施区域流量控制。大力发展以轨道交通为主的公共交通，鼓励内外环间个体交通和公共交通换乘，有效缓解中心城区交通压力，减少中心城区机动车污染物排放量。

固定源 NO_x 污染控制规划措施：“十五”期间，研究、制定、实施有关地方排放标准，促进企业采用低氮燃烧设备，实行低氮技术改造。开发相关的最佳实用技术，“十五”期间新建电厂安装低氮燃烧器，并选择有条件的电厂和大型工业锅炉开展低氮燃烧示范工程，为全面改善固定源氮氧化物排放水平打好基础。

②规划措施效益。实施以上措施后，“十五”期末本市主要交通道路两侧环境空气质量将得到明显改善，中心城区交通道路两侧氮氧化物浓度基本达到二级标准。

（3）颗粒物污染控制。以能源消费结构调整为契机，以控制建筑工地和道路扬尘为重点，通过清洁能源替代、强化建筑工地管理以及城市绿化等措施，有效降低大气中颗粒物浓度，提高大气能见度。主要措施：

①提高建筑施工管理水平。建立和完善建筑业的施工资质制度，积极推进建筑施工企业的 ISO 14000 认证，实施科学管理；制定、细化建筑施工的有关技术规范，推行文明施工，减少建筑施工扬尘产生量。

②减少道路扬尘。制定有关工程建设和运输车辆、设施规范以及道路保洁操作规程，明确管理要求，实行环保、公安、环卫、交通管理部门的综合管理，减少道路运输的二次扬尘。

③控制风蚀土壤扬尘。改变传统建设模式，优化绿化种植方式，杜绝大片裸地，减少绿化中的裸土面积及施工裸土面积，减少风蚀土壤扬尘。

④改变能源结构，减少燃煤设施颗粒物排放。以西气东输为契机，逐步实现以气代煤，严格控制新建燃煤炉窑，加快中小燃煤炉窑清洁能源替代，进一步严化标准，提高除尘效率，控制燃煤设施颗粒物排放。

⑤加强堆场扬尘管理。加强堆场管理，“十五”期间完成本市所有

煤场、矿场、料堆、灰堆等场所的综合整顿，实施统一登记，制定堆场扬尘控制技术规范，加强监督检查，减少扬尘产生量，以改善堆场周围颗粒物污染扰民状况。

（4）重点工业区环境综合整治。结合城市功能区调整和工业结构优化升级，按照“市区体现上海城市的繁荣和繁华，郊区体现上海工业的实力和水平”的指导思想和《上海市城市总体规划（1999—2020）》中工业布局的构思，在“1+3+9”的市级工业区积极推行环境管理体系建立和清洁生产、污染物集中控制等工作，对吴淞、桃浦、吴泾等工业区存在的产业、产品及规划布局问题造成的结构型污染，开展综合整治，以改善重污染地区的大气环境质量。

①吴淞工业区。控制目标：按照“依托宝钢，发展冶金，调整化工，淘汰落后建材”的基本原则，通过产业结构调整、推进清洁生产，关停并转污染企业。以治理工业粉尘、烟尘排放，降低 SO_2 浓度为重点，全面改善吴淞工业区的大气环境质量，到 2005 年，大气环境质量达到全市工业区平均水平。

规划措施：淘汰高能耗、高物耗、高污染、低附加值的产品与工艺，关、停、并、转污染严重的企业，如上海硫酸厂、吴淞化工厂、沪佳铁厂、三鼎有色金属厂、申宝油脂化工厂、中远电石厂等。通过工业区布局调整，积极发展低耗、少污、高附加值的精品钢材、有色金属冶炼、金属新材料开发和精细化工。对一钢、五钢开展清洁工艺改造，解决冶金行业无组织排放问题。“十五”期间，搬迁尚存的 300 户居民，根本解决厂群矛盾。加快重点污染源在线监测和自动监测建设，确保工艺废气达标排放。以工业企业为主体，实行厂内外一体化绿化工程。创造条件，实施集中供热，提高能源利用率。

②桃浦工业区。控制目标：以工艺废气、有毒有害气体、恶臭污染为重点整治对象，环境质量基本达到同类工业区的标准。调整产业结构和工业布局，淘汰落后工艺、提升产品质能，实行工业区战略性改造，

“十五”期末基本建成都市型工业园区框架。

规划措施：在对工业区实行规模控制的基础上，保留现有优质产品，调整落后产品结构，对污染严重的上海染化八厂、香料总厂等企业实行关停并转。发展科技含量高、附加值高的精细化工、生物制药、复合包装材料等都市型工业，以化纤一厂绿色纤维为代表推进产业产品结构调整。加强现有工业污染源管理，提高工艺废气处理率，确保达标排放。完善基础设施，改造现有供热系统，扩大集中供热范围。提高绿化覆盖率，建设工业区绿化环带，完成相关 42 户居民动迁。加强特征污染物的监测手段，建成监督、监理、监测的响应系统。

③吴泾工业区。控制目标：在进一步明确工业区功能定位的基础上，调整能源结构和产品结构，逐步搬迁工业区内居民。优化工业区布局，“十五”期末，落实环境综合整治项目，环境空气质量达到工业区平均水平。

规划措施：编制工业区整治规划，以“西气东输”和上海化学工业区建设为契机，调整产业产品结构，建立集中供热系统，关闭部分焦炉，减少分散燃煤。完成拦焦除尘、干熄焦等重污染项目的治理，淘汰落后的生产工艺和设备。以空气环境质量二级标准为目标，削减污染物排放总量。在工业区内部调整中逐步搬迁居民。加快工业区绿化隔离带建设。增加特征污染物的监测手段，建立监督、监理和监测的响应系统。

④高桥工业区。控制目标和措施：以控制石油化工、染料化工规模，削减总量为重点，制定高桥工业区污染整治规划；以西气东输为契机，调整工业区的能源结构，逐步缩小浦东煤气厂的生产规模；扩大集中供热范围，减少分散燃煤；调整区内的产业结构，关停上海农药厂，淘汰石油化工和染料化工落后工艺；严格控制无组织排放，提高废气处理率。电厂、炼油厂等企业实施脱硫工程加强 H_2S 的回收利用，防止 H_2S 的泄漏；建设工业区周围的缓冲绿化带，改进环境质量；健全环境管理机制和自动检测网络，建立快速反应的环境风险防范体系。

（5）其他环境热点问题

①燃油助动车污染控制。数量众多的燃油助动车由于机非混行、污染排放严重，不仅干扰了交通秩序，而且直接影响了国际大都市形象和道路行人的身体健康。根据市政府“总量控制、严格管理、平稳过渡、逐步替代”的方针，严格控制助动车总量、加速燃油助动车清洁能源替代、全面淘汰燃油助动车。

控制措施：大力发展便捷、快速的公共交通，通过区域流量控制和交通管理，建立畅通交通系统，为最终淘汰燃油助动车提供保障。自2002年1月1日起，全市范围内禁产、禁销各类燃油助动车，停止核发助动车号牌。分阶段实施燃油助动车禁驶计划，2005年全面淘汰燃油助动车。加强监督管理和宣传，通过有效的经济政策鼓励提前报废燃油助动车和使用零排放车辆、实行强制性报废和淘汰。

②餐饮业油烟气污染控制。随着城市产业结构调整和第三产业的进一步发展，餐饮业油烟气污染问题近年来成为市民的投诉热点，餐饮业环境管理亟待进一步加强。“十五”期间，重点加强源头控制，预防新矛盾的产生，加强对现有饮食业污染源管理，采取治理措施和布局调整，基本建成与现代化国际化大都市相适应的、丰富和方便人民生活需求的饮食文化。

控制措施：“十五”期间制定、实施相关政府规章，建立、完善餐饮业审批承诺制度，严格控制居民集聚地餐饮业的发展，通过优化新建项目布局，加强污染防治，减少餐饮业扰民现象。推广清洁能源在餐饮业的使用，加强油烟污染防治技术研究，推广高效油烟净化装置使用；重点整治与居民矛盾突出的集中区域，结合规划调整和旧区改造，逐步改变功能混杂的局面。研究餐饮业油烟气污染的简易检查、监测方法，加强执法监督。

③推行秸秆综合利用和禁烧措施。“十五”期间，本市继续推进秸秆综合利用和禁烧制度。鼓励研究开发和推广秸秆粉碎、直接还田一体

化技术和养畜过腹技术，提高秸秆综合利用率。秸秆禁烧区综合利用率达到 90%以上，其他区域达到 80%。继续推进秸秆禁烧。在虹桥、浦东机场周围 15 km，沪宁、沪杭、沪嘉、沪浏和同三等高速公路两侧各 2 km，沪宁、沪杭和沪石铁路沿线两侧各 1 km，郊区成片森林和大型苗木基地周围各 1 km 以及外环线以内，禁止秸秆焚烧。

④消耗臭氧层物质淘汰规划。上海市作为全国消耗臭氧层物质（ODS）的重要消费地区之一，应积极努力确保《国家方案》（修订稿）的实施，在“十五”期间一定要按时或提前实现 ODS 淘汰目标。“十五”期间，本市将依托企业 ISO 14000 体系认证活动，在国家宏观调控下，充分利用国际援助，鼓励企业积极、主动地参加国家整体淘汰项目。通过加快替代技术和设备的国产化，逐步降低替代成本，促进相关行业整体淘汰。

5. 配套政策和保障措施

“十五”期间，本市应注重相关的环境经济研究，以经济手段为杠杆，制定与出台一系列配套政策和依靠科技进步、加强法制建设、加大资金投入、完善管理体制以及加强能力建设等措施，确保各项大气污染控制措施的顺利实施。

（1）配套政策

①制定 SO_2 排放总量控制的经济政策。“十五”期间，在排污许可证制度基础上，实施总量收费，试行二氧化硫排污交易，逐步建立二氧化硫总量有偿转让制度。通过提高收费标准、有偿转让等经济政策，促进企业控制二氧化硫排放。

②制定合理利用能源的政策。“十五”期间，根据区域分布、行业特点、能源需求等制定区域化能源利用政策，因地制宜地制定合理利用能源的政策导向，确保能源安全，力求最佳的环境、经济效益。

③制定鼓励使用清洁能源的综合政策。制定包括能源价格、信贷、

补贴、收费、税收等经济政策，通过综合利用法制强制、经济刺激、市场引导等手段全面推进清洁能源替代。

④制定激励旧车更新的有关政策。结合 I/M 计划、严化标准、机动车排污收费等执法和行政手段，加速污染严重的旧车更新，同时制定税、费优惠政策，鼓励购置、更换更为环保的机动车或采取其他的污染控制措施。

⑤制定污染治理的技术政策。根据现有的经济能力和技术水平，借鉴国外的先进经验，制定二氧化硫和氮氧化物的污染治理技术政策，推广重点实用技术，达到“低投入、高效益”。

（2）保障措施：

①建立三个机制：建立综合决策机制。“十五”期间，进一步建立环境与发展综合决策机制，逐步形成规范程序，从制度上保证综合决策的科学化。建立综合执法机制。在联合执法行动的基础上，逐步建立长效管理的机制，按二级政府三级管理的体制，加强政府内部协调，明确职责分工，建立和完善执法责任制。建立综合推进机制。积极探索市场经济条件下，大气环境保护工作的新机制，逐步建立政府主导、企业主体、市场推进、公众参与的环境保护新机制，迎接加入 WTO 的挑战，全面推进上海市环境保护事业。

②加强法制建设，完善污染物排放标准。认真贯彻市人大颁发的《上海市执行〈中华人民共和国大气污染防治法〉实施办法》，并制定、完善相应的政府规章和规范性文件。针对本市工艺废气排放种类和特点，开展地方性大气污染物排放标准研制，逐步完善污染物排放标准。

③加大资金投入和开拓资金筹措渠道。加大政府投入，特别应加强对环境管理能力建设和公益性环保工程的投入；加快出台环境保护投资优惠政策，以市场运作机制为手段，引入多种合作经营模式，努力拓宽资金融资渠道；根据“谁污染，谁治理”原则，通过逐年提高排污收费标准，促进企业自筹资金投入污染治理和节能工程项目；开展国际间技

术交流和合作，争取国际资金和技术援助；开展环境资源成本研究，加快建立和完善污染物排放和交易市场，激励企业主动减少污染排放总量。

④依靠科技进步，重视基础研究。加强国际交流与合作，充分发挥人才优势，重视环境管理的宏观战略研究，支持科技创新。加大科研投入，开发电厂锅炉脱硫、工业炉窑低氮燃烧技术、超低排放和“零排放”汽车制造技术。采用先进的科学检测技术和维修手段，积极推进清洁生产和清洁汽车行动计划。

重视基础研究，着重开展 VOCs、气溶胶、持久性有机污染物（POPs）、臭氧及其他二次污染物等污染控制研究，并建立大气污染物动态信息数据库，为“十五”后期本市控制第二代大气污染物提供重要理论依据。

加大环境管理能力建设力度，逐步建立环境管理支持系统，在“十五”期间，建成机动车污染监测和维护系统，加快完善上海市环境空气自动监测网络。建成监控生活区、商业区、交通污染和清洁对照点等 24 个自动监测站点组成的监测网络；增加空气中臭氧和有毒有害污染物监测（包括 VOCs、BAP），加快大气污染即时监测和监控系统建设，提高上海市大气污染应急响应水平。

为提高本市环境管理整体水平，“十五”期间，本市所有电厂和污染排放大户安装污染物在线监测装置，建成大气污染物排放信息管理中心，对电厂和重点企业大气污染物排放实施总量排放监控。完善全市炉窑灶数据库，建立工业废气数据库、机动车尾气监测数据库及信息传输网络和地理信息系统，实现动态管理；加强信息资源的开发和利用，为环境管理决策服务。

二、环境空气质量功能区划

1. 环境空气质量功能区划修订过程

根据《上海市实施〈中华人民共和国大气污染防治法〉办法》第七条“本市风景名胜区、自然保护区和其他需要特殊保护的地区为大气环境质量一类功能区，应当达到国家大气环境质量一级标准；其他地区为大气环境质量二类功能区，应当达到国家大气环境质量二级标准”的要求。大气环境质量功能区的具体范围由市环保部门会同市计划、规划等行政管理部门，根据本市城市总体规划和大气污染防治规划划分，报市人民政府批准、公布后组织实施的规定，市环保局于 2003 年根据本市城市总体规划和大气污染防治规划的要求，报经市政府批准，对 1998 年划定的《上海市环境空气质量功能区划》进行了调整，取消了原来的三类功能区。

2005 年 11 月，市政府批准了《崇明三岛总体规划（2005—2020 年）》。为与该规划相衔接，市环保局将《上海市环境空气质量功能区划》、《上海市水环境功能区划》中有关崇明三岛的环境功能区划进行调整，形成了《崇明三岛环境功能区划调整方案》，报经市政府批准后实施。

2011 年 4 月，市环保局将《崇明三岛环境功能区划调整方案》中有关环境空气质量功能区划的内容整合到 2003 年上海市环境空气质量功能区划》中，形成了体系完整的《上海市环境空气质量功能区划（2011 年修订版）》，并经市政府批复实施（沪府[2011]39 号）。

2. 环境空气质量功能区地理界限说明

全市的环境空气质量功能一类区为：（1）崇明生态岛：庙港—陈海公路—奚家港—长江南岸—长江东岸—长江北岸—八滧港—北沿公路—崇启大桥—长江北岸—长江西岸—长江南岸—庙港。（2）横沙岛度假旅游风景区。(3)金山三岛海洋生态自然保护区：大金山岛、小金山岛、浮山岛(龟山)。(4)佘山国家度假旅游区：陈泗公路—方松公路—沈砖公路—辰山塘—山前路—外青松公路—佘北公路。(5)太阳岛自然风景保护区：东泖河东岸—太阳岛北端—西泖河西岸—清水港南岸—新朱枫公路—太浦河南岸—西泖河西岸—太阳岛南端。(6)淀山湖风景水体风貌保护区：淀山湖沿岸纵深陆域2 km范围内。

除一类区以外的其他地区为二类功能区。

第三节　工业区综合整治规划

上海市在经济发展初期，由于布局不合理、基础设施薄弱、企业生产和污染治理技术落后等多种原因，局部地区环境污染严重，既危害居民健康，也影响社会安定和城市形象。上海市历届市委、市政府高度重视这些地区的环境污染问题，在20世纪80年代启动了新华路、和田路和桃浦地区环境综合整治工作，2000年以来又通过滚动实施环保三年行动计划，集中全市力量解决历史遗留的重污染区域环境问题。在上海市委、市政府的高度重视和人大、政协监督下，重点污染地区综合整治建立了规划指导、机制推进、政策保障的工作模式，确保各级政府、各部门、有关企业统一思想，形成合力，共同推进整治工作。

2000年，针对上海最大的冶金、化工、建材和有色金属老工业基地吴淞工业区长期存在的烟粉尘、二氧化硫大气污染以及河水常年黑臭问题，编制了吴淞工业区环境综合整治规划；2005年，针对以化工为主导产业的老工业基地吴泾工业区的大气环境污染问题，编制了吴泾工业区环境综合整治规划；2009年，针对上海石化和金山工业园区(金山第二工业园区块)为主体的化工集中基地存在的结构性污染问题，编制了金山卫化工集中区域环境综合整治实施计划纲要；2012年，针对危化企业众多、安全隐患突出、环境污染严重、基础设施匮乏、信访矛盾尖锐的南大地区，编制了南大地区综合整治实施方案。

在重点区域环境综合整治专项规划的先行指导下，上海集中、优先解决重点区域环境污染问题，取得了显著成效。

一、吴淞工业区环境综合整治规划

1. 实施大气环境整治

（1）按区域划分推广集中供热

阶段目标：2000年，完成一期工程，拆除20台燃煤锅炉；2002年，完成二期工程，拆除41台燃煤锅炉。

主要内容：吴淞工业区有4 t/h以下的小锅炉61台，共134 t/h，分布在整个工业区范围。以吴淞工业区南面的一钢集团、中部的TDI分厂和北面的五钢集团为集中供热基地，基本上可覆盖整个吴淞工业区。在厂区内部对众多小型锅炉进行迁并，拆除4 t/h（包括4 t/h）以下的小锅炉，改进大型锅炉。厂区内部统一集中供热，并向厂区四周的工厂企业、有关单位提供热能，消除周围地区的小锅炉。

（2）使用清洁能源

阶段目标：2000年，完成一期工程；2002年，完成二期工程。

供电工程：电能来源主要以石洞口电厂、宝钢电厂及杨行在建500 kV变电站为主，结合供电设施配套改造工程，以保证上钢一厂和五厂、申佳铁合金有限公司等用电大户的用电。

（3）开展钢铁工业废气治理技术研究

阶段目标：2000年，开展二氧化硫和氮氧化物废气治理技术和方法研究；2002年，完成二氧化硫和氮氧化物废气治理技术和方法研究，并在生产中推广运用；2005年，完成间隙和无组织排放烟尘的控制研究并组织实施。

①由于吴淞工业区空气污染主要是钢铁企业废气造成的，因此要积

极研究钢铁企业废气治理技术，并将研究成果应用于工业区的综合整治工作中。

②废气治理技术研究针对以下三个方面进行：二氧化硫和氮氧化物废气治理的有效方法；阵发性和无组织排放烟尘的控制方法；钢铁企业还存在生产工艺中的阵发性和无组织排放的大量烟尘，目前虽有一定的治理措施，但其设备庞大、投资高、能耗大，在实施中尚有一定难度。为此，应从技术上、经济上、配合工艺的改进上加以进一步解决。

（4）重点实施对工业粉尘治理

①冶金系统工业粉尘治理。阶段目标：2000 年，一钢完成 1 #、2# 石灰窑除尘改造；五钢完成二电炉除尘系统改造；钢管分公司完成锅炉烟尘治理；申佳铁合金有限公司完成 102#、403#、302#、303 #、605# 烟气、锅炉除尘。

主要内容：一钢：1#、2#石灰窑除尘改造，削减粉尘 1 500 t/a。2005 年完成，化铁炉达标排放，削减粉尘 400 t/a；五钢：二电炉除尘系统改造，转炉转优、减少二次化铁，削减粉尘 700 t/a，完善耐料白云石竖窑。锅炉排放浓度达标，控制煤种，选用低硫煤及固硫型煤，总削减二氧化硫 790 t/a；钢管分公司：锅炉烟尘治理，削减烟尘 723.5 t/a；申佳铁合金有限公司：102#，403#，302#、303#、605#烟气、锅炉除尘，削减粉尘 2 500 t/a。

②其他行业工业粉尘治理。阶段目标：2000 年，铜管厂（电气集团）完成 5 t 电炉除尘；吴淞水泥厂完成四转窑电收尘改造；上棉八厂完成锅炉改造达标排放；中远化工公司完成 2#沸腾炉烟尘治理。

主要内容：钢管厂（电气集团）：5 t 电炉除尘削减烟尘 37 t/a；吴淞水泥厂：四转窑电收尘改造，削减烟尘 208 t/a；上棉八厂：完成锅炉改造达标排放；中远化工公司：2#沸腾炉烟尘治理，削减烟尘 20 t/a，该公司 8 家企业 19 个项目，削减烟尘总量 10 489.5 t/a，二氧化硫 790 t/a。

2. 加强水环境整治

（1）区内企业生活污水和工业废水治理工程

①阶段目标：2000 年，五钢完成初轧钢坯精整综合处理；钢管分公司完成废水深度处理，削减 COD 排放量，并实现达标排放；一钢华联金属厂废水处理工程开工；上棉八厂完成生活污水处理达标排放；吴淞化肥厂完成废水综合治理；上海硫酸厂完成废水清浊分流处理；上海试四赫维有限公司完成全厂废水处理；新华造纸厂完成污水处理。2005 年，五钢完成废水集中处理站和煤气含酚废水处理；有色公司、铜带分公司完成废水处理设施改造；完成华联金属厂废水处理工程，外排废水稳定达标。

主要内容如下：

五钢公司：初轧钢坯精整综合处理，减少硫酸量 5 400 t/a。铜管分公司：废水深度处理，削减 COD 排放量，并实现达标排放；废水集中处理站，提高废水重复利用率，外排废水稳定达标，煤气含酚废水脱水处理；一钢公司：华联金属厂废水处理，削减 COD 622.9 t/a，污水处理厂改造，提高废水重复利用率，外排废水稳定达标；有色公司铜带分公司：废水处理设施改造，削减污染物；上棉八厂：生活污水处理，并达标排放；吴淞化肥厂：废水综合治理，削减 SS600 t/a，COD 6.5 t/a，减少废水排放量 90 万 t/a；上海硫酸厂：废水清浊分流处理，削减 COD 110 t/a；上海试四赫维有限公司：全厂废水处理，削减 COD 330 t/a；新华造纸厂：污水处理，削减 COD 320 t/a，SS 1 340 t/a，BOD 180 t/a。上述 9 家企业 13 个项目，减少硫酸量 5 400 t/a，SS 600 t/a，COD 860 t/a。

②实行清浊分流、雨水收集系统工程。

阶段目标：2000 年，启动初期雨水排入污水管道工程；2003 年，完成初期雨水排入污水管道工程。

主要内容：完善雨水收集和污水外排截流总管系统工程，初期雨水排入市水管道和城市市水处理厂，以改善区内水环境，防止地面积水，提高区域的市政配套系统。

③实施水域污染综合治理，整治蕰藻浜驳岸码头工程。

阶段目标：2000年，完成蕰藻浜驳岸码头综合整治工程；2005年，清除河道污染，改善河道的功能。

主要内容：改善蕰藻浜沿岸的景观，清除沿岸垃圾，种植绿化，提高环境质量；实施区内河道综合整治工程，清除河道污染，对两岸污水实施截流改善水环境质量。

3．实施固体废物无害化处置

（1）建设以一钢、五钢为主的固废综合利用厂工程。

阶段目标：2001年，完成工程报告；2002年，建成。

主要内容：目前工业区内综合利用专业厂家分散布局、综合利用水平低，建设以一钢集团、五钢集团为主的固废综合利用厂，并对原有的综合利用厂进行合理的结构调整，以使资源利用企业布局集约、利用水平提高、无二次污染产生。

（2）危险废物处置。阶段目标：2001年完成。主要内容：危险物按照国家规定及具有资质证书的专业厂家处置，对原浦江化工厂堆放的长达4年的铬渣尽快处理。

4．推进产业结构调整

（1）冶金行业调整结构、推行清洁生产工程

阶段目标：2000年，上海申佳铁合金有限公司发展为上海优钢特钢生产发展提供配套的铬系产品；一钢公司在完成2 500 m^3大高炉建设和投产、铁水热送基础上，淘汰公司二次化铁落后生产工艺；沪嘉铁厂完成迁建化铁炉工程。2003年，五钢公司淘汰化铁炼钢落后生产工艺。2005 年，一钢建设现代水平的第四炼钢厂和年产创万吨不锈钢热轧板

基地；上海申佳铁合金有限公司建成为上海优钢特钢生产发展提供配套的铬系产品基地。

主要内容：一钢公司：完成 2 500 m^3 大高炉建设和投产、铁水热送，淘汰一钢公司二次化铁落后生产工艺。淘汰现有装备水平差的二炼钢厂、三炼钢厂，以及二成材开坯、无缝钢管等落后工艺装备，建设现代水平第四炼钢厂和年产 60 万 t 不锈钢热轧板基地，进而，在一钢公司形成以热轧板带和建筑用钢为主体的两个系统的生产基地。五钢公司：关闭一炼钢 2 座 5 t 小电炉和冶建分公司水泥厂（年产量为 2 万 t）落后设备。在解决铁源问题的同时，对转炉转优工艺产品结构调整，争取尽早淘汰五钢公司化铁炼钢落后生产工艺；改造、重组二炼钢和四炼钢，改造初轧、一轧和沪昌公司，新建冷拉型钢生产线及热、冷轧合金带钢产品，充分发挥五钢公司多品种、多规格、优特钢生产优势，建成国民经济发展所需的特殊钢生产基地。上海申佳铁合金有限公司：发展为上海优钢特钢生产发展提供配套的铬系产品的基地，坚决淘汰锰系产品，淘汰容量在 3 600 kVA 以下的电炉，移地改造 1 座 2 500 kVA 封闭电炉。沪嘉铁厂：实施结构性调整。

（2）其他行业产业结构调整、推行清洁生产

阶段目标：2000 年，申宝油脂化工有限公司完成产生工艺尾气车间的搬迁；上海石灰厂关停石灰窑磨粉机；沪宝沥青材料厂关停石子烘干窑；淞宝沥青材料厂关停石子烘干窑、导热油炉；上海瓷器厂关停搪烧窑；大隆机器厂完成有色铸钢件、锻造车间的关停并转。2002 年，上海硫酸厂原生产线关停；完成 21 家建材行关、停、转；吴淞煤气厂实施结构性调整；中远化工有限公司迁建或停炉。

主要内容：申宝油脂化工有限公司：产生工艺尾气的车间搬迁，可减少 SO_2 9.67 t/a；上海石灰厂石灰窑磨粉机：立即年减少 SO_2 43 t/a；沪宝沥青材料厂：2000 年，减少 SO_2 5.22 t/a；淞宝沥青材料厂：2000 年，减少 SO_2 8.64 t/a，粉尘 SO_2 27.36 t/a；上海瓷器厂搪烧窑：2000 年

底关停；大隆机器厂：2002 年底可减少 SO_2 59.54 t/a，粉尘 34.25 t/a；吴淞煤气厂：2002 年完成结构性调整，可减少 SO_2 217.8 t/a、烟尘 211.28 t/a、COD 1 274 t/a；上海硫酸厂：2002 年关停，可减少 SO_2 289 t/a。中远化工有限公司：6#电石炉，1999 年底停炉，电石炉，2002 年迁建或停炉，二个光气点调整，减少对周围居民影响；21 家小型建材行关、停、转，减少粉尘排放量，2002 年完成。

5. 主要成效

在各方面的共同努力下，吴淞工业区环境综合整治取得了良好成效。共调整关停了污染严重的 17 家企业和 40 条生产线，完成了 43 项企业污染就地治理项目；对全部总计 150 台燃煤锅炉进行了整治，其中，经产业结构调整关停了 51 台，经实施集中供热拔除了 47 台，完成脱硫 15 台，实施清洁能源替代 37 台；完成了 12 家水环境重点监管企业排污口规范化整治和 172 家企事业单位的雨污水分流改造、污水纳管集中处理；完成了规划“三横二纵”共 17.52 km 主干道路的建设任务、439.8 hm^2 的绿化任务、9.51 km 河道的整治任务和 37 条无名支路、31 户堆场、26 家码头的扬尘污染整治任务，完善了工业区内市政基础设施；基本建成了工业区环境监测系统；同时，搬迁了 1 400 多户居民，妥善分流安置了因企业和生产线关停下岗的 25 669 名职工。

（1）主要污染物排放较整治前大幅度削减。较整治前，工业烟粉尘减少了 16 130 t，降幅为 81.7%；二氧化硫减少了 4 560 t，降幅为 39.5%；工业废水减少了 8 150 万 t，降幅为 66.8%，废水中主要污染物化学需氧量、石油类、氨氮排放量分别下降了 71.9%、57.0%和 64.7%。

（2）主要环境质量指标改善明显，达到了国内同类工业区的先进水平。区域降尘量从整治前的 22.0 t/（km^2·月）降到 2005 年的 13.5 t/（km^2·月），改善了 38.6%；二氧化硫年均值从整治前的 0.084 mg/m^3 降低到 2005 年的 0.068 mg/m^3，改善了 19.0%；经整治过的河道水质消除了黑臭；绿地率从整治前的 2.8%增加到了 2005 年的 21.2%，绿化覆盖率达到 26%，随着后续增绿工作的完成，将使绿地率进一步提高到 27.8%，绿化覆盖率达到 32.8%，是整治前的十倍。

（3）产业结构优化和经济增长方式转变的效果初步显现，逐步走上了环境经济双赢的可持续发展道路。评估结果显示，吴淞工业区主要企业 2005 年生产总值已达到 316 亿元，是 1999 年的 2.7 倍，而企业万元产值综合能耗由 1999 年的 1.91 toe 下降到 2005 年 0.8 toe，降幅为 58.1%；2005 年万元产值排放烟粉尘 1.12 kg、二氧化硫 2.17 kg、废水 12.57 t，分别较 1999 年削减了 93.1%、88.2%和 87.5%。

（4）厂群矛盾得到了有效缓解，区域发展更和谐。根据网上调查、问卷调查和盖洛普咨询有限公司专业调查结果，吴淞地区居民对工业区环境综合整治工作和环境质量改善的满意率达到了 90%以上。

二、吴泾工业区环境综合整治规划

1. 规划目标

（1）总体目标。2005—2007 年，以污染源治理和工艺调整为重点，工业区主要污染源实现达标排放。2007 年，吴泾地区环境质量基本满足相应功能区要求，环境空气中主要污染物达到国家环境空气质量二级标准，基本消除工业废水排放对地表水的影响。2008—2010 年，按照 2010 年上海世博会对城市环境质量的总体要求，全面推行清洁生产，建立长效环境管理机制，工业区全面实现污染源达标排放。到 2010 年前液化天然气项目投运后，有计划分步关闭焦化厂焦炉，力争到 2010 年环境空气质量全面达到国家环境空气质量二级标准，全面消除工业区企业特征因子对地表水的污染。

（2）阶段目标

①环境质量目标。2007 年，吴泾地区环境质量基本满足相应功能区

要求，环境空气中主要污染物达到国家环境空气质量二级标准，基本消除企业污水排放对地表水的影响。2010 年，吴泾地区环境质量明显改善，环境空气质量力争全面达到国家环境空气质量二级标准，全面消除工业污水企业特征因子对地表水的污染。

②环境综合整治行动目标。2005—2007 年，以污染源治理和工艺调整为重点，基本消除工业污水特征因子污染，工业区主要污染源实现达标排放。完成 37 项重点污染源的治理，调整关停 22 条（家）焦炉等污染严重的生产线和设施，完成电厂脱硫、高效除尘和低氮燃烧改造。大幅度削减主要大气污染物排放量，特征污染物苯并[*a*]芘削减约 30%，煤烟型污染物二氧化硫削减 90%左右。企业废水全部实现清浊分流，工业废水经预处理后全部安全地纳入城市污水处理系统。

2008—2010 年，按照 2010 年上海世博会对城市环境质量的总体要求，全面推行清洁生产，建立长效环境管理机制，工业区全面实现污染源达标排放。以工业区产品产业结构调整为重点，控制化工基础原料的生产规模，彻底消除特征因子的污染，从根本上解决区域的结构性污染问题。初步建成以研发和生产相结合的产业园区。

2. 主要企业整治方案

（1）上海焦化有限公司。以产业结构调整为导向，通过关停焦炉、发展“碳一”生产，逐步解决苯并[*a*]芘的排放污染，促进现有污染源整治。2007 年底前须完成 4 项污染整治项目，关停 14 条生产线和设施（含锅炉）。

根据全市能源平衡情况，2005 年关停 1#焦炉。创造条件，力争到 2008 年年底关闭 2#、3#、4#焦炉。从能源供应及产业结构等方面考虑到 2010 年前确实不能对上海焦化厂 5、6 号焦炉实施关停，则必须进一步研究完善 5、6 号焦炉污染治理措施，要求到 2010 年前，5、6 号焦炉苯并[*a*]芘等主要污染物应在现有的基础上削减 50%以上，基本满足吴泾工业区环境综合整治的2010年目标。

①污染治理项目。2005年年底以前，德士古炉酸性尾气加装脱硫设施。2005年年底以前，完成5、6号焦炉干熄焦工程。2006年内，开展UGI炉间歇式黑烟治理，焦炭生产量削减同时，相应削减UGI炉生产。2006年完成2台35 t/h燃煤锅炉脱硫改造及在线监测工作。

②关停生产线。2005年年底以前，关停1号焦炉。2005年，关停2台10 t/h以沥青为燃料锅炉。2005年，关停焦油加工生产线。2008年年底以前，关停2、3、4号焦炉。2009年年底以前，完成关停或整治5、6号焦炉工程。

③污染减排量。截至2007年年底，共计削减二氧化硫1 477 t/a、烟粉尘1 454 t/a、一氧化碳538 t/a、氮氧化物60.5 t/a、苯可溶物117.5 t/a和苯并[*a*]芘0.29 t/a。2008—2010年期间关停2、3、4号焦炉，将进一步削减二氧化硫 3 763 t，烟粉尘 2 925 t，一氧化碳 1 615 t，苯并[*a*]芘0.87 t，苯可溶物352.5 t，氮氧化物181.5 t。

（2）上海碳素厂。2006年关停碳素厂煅烧、混捏、焙烧、浸渍四条工艺生产线，减排苯并[*a*]芘0.56 t/a、沥青烟275 t/a和烟粉尘190 t/a。

（3）上海氯碱化工股份有限公司。以含氯污染物为主要治理对象，实现全厂污染物的稳定达标排放。2007年年底前，完成6项污染治理项目。2005年，完成氯化氢治理项目。2005年，完成氯苯治理项目，保证排放稳定达标。对不能达标的装置，实施关停。2005年，完成氯乙烯废气达标排放治理项目。2006年前，完成4台10 t/h重油锅炉脱硫改造。2007年，完成二氯乙烷排放削减工作，基本实现全厂废水、废气中氯化物和含氯有机物排放的稳定达标。2007年，完成全厂氯气、氯乙烯等有毒有害气体监测系统建设。共削减氯化氢5.6 t/a、氯苯10 t/a、氯乙烯22 t/a和二氧化硫506 t/a。

（4）上海吴泾化工有限公司。以产业结构调整为导向，关停污染严重工艺，发展“碳一”化工，近期实施污染物治理，做到达标排放，中远期实施合成氨、硫酸等产品结构调整。2007 年底前须完成 5 项污染整治项目，关停 5 条生产线。

①污染治理项目。2005 年，完成煤气发生炉造气吹风回收系统建设。2005 年，完成厂内以及京藤、京帝等企业二氧化硫工艺尾气的污染治理项目，基本实现全厂主要污染物排放稳定达标。2006 年完成 2 台 35 t/h 燃重油锅炉脱硫改造及在线监测工作。2007 年，完成厂内氨、甲醛等污染物预警及应急系统建设。2007 年，完成全厂清江水循环利用工程，减少对黄浦江的直排废水量。

②关停生产线。2005 年年底，关停十八胺生产线：2006 年，关停硫酸二甲酯和氯磺酸 2 条生产线；2007 年底前，完成合成氨和硫酸生产线结构调整。

③污染减排量。截至 2007 年年底，共削减二氧化硫 1 776 t/a、氯化氢 120 t/a、一氧化碳 2.0 万 t/a 和硫化氢 112 t/a。

（5）上海卡博特化工有限公司。以超压放空废气污染治理为主，控制全厂废气直接排放。2006 年年底，安装废气焚烧炉，完成超压放空废气治理设施建设。一氧化碳削减 448 t/a，非甲烷挥发性有机物削减 26.3 t/a，硫化氢削减 15 t/a，工业粉尘削减 3.1 t/a。

（6）吴泾热电厂及吴泾第二发电有限责任公司。以削减二氧化硫和烟尘为主，结合小机组改造，2007 年年底前，完成所有机组的烟气脱硫（脱硫效率 90%～95%）、高效除尘（除尘效率达到 99.7%以上）、低氮燃烧（氮氧化物排放浓度控制在 400～450 mg/m^3）等治理项目，实施大气污染物排放的在线监测。二氧化硫削减 4.5 万 t/a，烟尘削减 130 t/a。

（7）其他企业的污染控制措施。上海联成化学工业有限公司：2005 年年底前，完成废气中苯系物污染治理，做到达标排放。上海摩根碳制品有限公司：2005 年年底前，完成混捏工序有毒有害气体的治理，做到达标排放。上海威德纺织品有限公司：2006 年年底前，完成 1 台 10 t/h 燃煤锅炉脱硫改造。

3．需整体实施产品产业结构调整的企业

根据工业区产业发展和产品产业结构调整规划，2005 年底前对上海焦化有限公司钛白粉分公司、上海白水泥有限公司以及上海立事化工实业公司等提出产品产业结构调整计划，2006 年起实施相关工作。

根据调研和听取有关单位意见，增加关停的企业有：上海宝隆白水泥有限公司、上海焦化有限公司钛白粉分公司、上海立事实业公司、上海爱国热轧有限公司、上海泾骆化工有限公司、上海富利化工有限公司、青上化工（上海）有限公司、上海吴泾净水剂厂、上海新誉化工厂、上海碳能厂、安富化肥有限公司。

关停的生产线（装置）有：上海焦化有限公司的焦油加工生产线、2 台 10 t/h 沥青燃料锅炉、UGS 气化炉、煤气发生炉（W-G）、立得粉及碳酸锌生产装置：吴泾化工厂的十八胺生产线、硫酸二甲酯生产线、氯磺酸生产线；上海氯碱公司在完成相应的改造项目后，关停 12 000 t/a 热氯化 52%氯化石蜡装置、老工艺白炭黑装置等。

4．调整工业锅炉能源结构和污染控制

2005 年启动区域集中供热规划工作，新改扩建锅炉原则上采用清洁能源或集中供热。对有特殊需要的新建大型燃煤锅炉，采用脱硫、高效除尘等控制措施。

2006 年，现有 12 台 10 t/h 以下燃煤、重油锅炉的完成清洁能源或集中供热改造；10 台 10 t/h（含 10 t/h）以上燃煤、重油锅炉完成脱硫或集中供热改造，其中 5 台 20 t/h（含 20 t/h）以上锅炉加装在线监测设施。

2008 年前，共完成 17 家单位 49 台锅炉的整治工作。

5．完成废水纳管工程

2006 年年底，完成上海氯碱化工股份有限公司等酸性废水及少量有

机废水纳管工程，见表 3-1。共完成 230 家单位废水的达标纳管整治工作，使地区污水纳管率达到 100%。

表 3-1　企业废水达标纳管整治任务表

编号	企业名称	污水量/（万 t/a）	污水性质	措施	年限
1	上海氯碱化工股份有限公司	438	酸性废水	纳管	2006
2	吴泾热电厂	43.8	酸性废水	纳管	2006
3	吴泾第二发电有限责任公司	89.4	酸性废水	纳管	2006
4	上海棱光实业股份有限公司	8.9	酸性废水 生活污水	纳管	2006
5	川崎食品公司二分厂	4.8	有机废水	纳管	2006
6	上海广得利胶囊有限公司	1.2	有机废水	纳管	2006

6．其他措施

（1）码头堆场。2005 年启动吴泾工业区内堆场码头扬尘污染控制工作，根据《上海市扬尘污染防治管理办法》的有关规定实施整改。工业区范围内，2007 年以前须整治码头堆场单位共 48 家。上海焦化有限公司、上海吴泾化工有限公司、上海氯碱化工股份有限公司、上海碳素厂、吴泾热电厂、吴泾第二发电有限责任公司等企业在 2006 年前完成厂内堆场扬尘污染控制整治工作。

（2）绿化隔离带内居民区的搬迁。按照吴泾工业区总体规划和绿化建设规划，加快实施吴泾工业区居民搬迁，建设工业区绿化隔离带，建立工业区缓冲区，改善居民的生活环境。

（3）环境监测与监控网络。为确保工业区环境综合整治措施的有效落实，及时反映综合整治工作成果，从 2005 年起启动吴泾工业区污染源和环境监控网络建设。

①污染源监控。大力推进主要污染源（尤其是废气污染源）在线监测建设，确保吴泾工业区污染源整治措施的有效实施。2006 年，工业区

所有 20 t 以上锅炉完成在线监测建设工作，并投入运行；2007 年，完成工业区两家电厂重点废气排放的在线监测建设工作，并投入运行，在工业区初步建成较为完善的污染源在线监测监控网络。

②环境质量监控。加强对工业区（特别是整治范围边界区域）环境质量的监控，开展综合污染整治的效果跟踪监测及后评估，推进综合整治工作的有序、有效实施。2005 年，研究工业区特征污染因子的监测方案，启动整治区域监测；2006—2007 年，开展对工业区排放特征污染因子的监控频率和范围：在整治区域内初步建立起较为完善的环境空气质量自动监测网络。

（4）严格执法，严格管理。市区两级环保部门加大执法力度，强化排污许可证管理，对不能达标排放的生产企业要严格实行限期治理，对经限期治理后仍然不能达标的，依法关停生产企业。要充分发挥信息公开和舆论监督的作用，对严重违法的典型案件要予以曝光。加大对环境违法行为有奖举报制度的宣传和贯彻力度，形成公众参与机制。

7. 主要成效

在上海市委、市政府的高度重视和领导下，通过市吴泾办的大力推进、有效协调和落实，市发改委、市经信委、市环保局、闵行区政府等相关部门以及华谊集团等企业，紧紧围绕《吴泾工业区环境综合整治实施规划》、《吴泾工业区环境综合整治实施计划纲要》规定的整治目标，加大了政策、资金、技术的支持力度，从产业结构调整、污染源治理、市政基础设施建设、生态环境改善、环境监控网络设置等多方面开展综合整治工作。截至 2011 年底，吴泾工业区环境综合整治工作基本完成，其中污染源治理工作超额完成，各项整治措施基本落实，环境质量显著改善，环境管理和环境监测能力得到提升。

（1）污染物排放量大幅度降低。通过环境综合整治，吴泾工业区内一批污染排放量大，治理无望，不符合工业区产业定位的企业或生产装置被关停；同时对现有企业加强了污染治理力度。通过这些整治措施的实施，污染物排放量得到大幅度降低。2010 年吴泾整治控制区苯并[a]芘、二氧化硫、烟粉尘排放量分别为 0.24 t/a、1.21 万 t/a、3 588 t/a，分别比整治前下降了 88%、80.1%、63%。2010 年吴泾整治控制区废水中化学需氧量、氨氮、石油类排放量分别为 638.9 t/a、63.2 t/a、26.3 t/a，分别比整治前下降了 44.5%、47.2%、38.9%。

（2）区域环境质量明显改善，环境质量目标基本完成。随着污染物排放量的降低，吴泾工业区区域环境质量得到明显改善，《吴泾工业区环境综合整治规划》中的环境质量目标基本完成。其中，环境空气中污染物的浓度达到《环境空气质量标准》二级标准，且总体呈下降趋势；地表水基本达到 IV 类水质要求，地表水中特征污染物浓度总体呈下降趋势。

2010 年，吴泾整治控制区环境空气中的常规因子 SO_2、NO_2、PM_{10}、TSP 年日均值符合《环境空气质量标准》二级标准，达到了综合整治对环境空气质量的要求。2010 年吴泾整治控制区平均降尘量比整治初期下降了 30.2%，降尘污染得到缓解。吴泾整治控制区 2010 年环境空气中的挥发性有机物（VOCs）、半挥发性有机物（SVOCs）平均浓度分别整治初期下降了 42.2%、70.4%；其中有标准的重点污染物苯并[a]芘平均浓度 2010 年较整治初期下降了 78.8%，且日均值全部达到国家标准。

2010 年吴泾整治控制区内地表水水质比整治初期有较大改善，常规因子方面，7 条河流达到甚至优于 IV 类水质要求；特征因子方面，2010 年吴泾整治控制区内 7 条河流中的特征因子浓度比整治前有较大幅度的下降，其中 VOCs、SVOCs 年平均浓度最高分别比整治初期下降 97.8%、98.2%。

（3）环境风险得到降低，环境管理及环境监测能力得到提高。2010 年吴泾工业区危险废物产生量为 8.86 万 t，比整治初期下降了 23.2%；吴泾化工有限公司的氯磺酸等一批高危险的生产装置被关停；重点企业均建立了切实可靠且有针对性的危险品管理制度，区域环境风险得到降低。吴泾工业区环境综合整治过程中，环保主管部门逐步实现了对工业区的多手段、多途径、高效率的监管，环境管理能力得到提高；同时，建立了一套工业区整治监测评估机制，培养了一批环境监测人才，总体环境监测能力得到提高。

（4）整治工作成效得到公众认可。综合整治工作改善了区域环境质量，解决了群众关心的诸多问题，整治工作成效得到公众认可。公众满意度调查结果发现，普通民众对吴泾地区空气污染改善及河道污染改善的满意率分别为 77.2%、77.7%；专业民众对空气污染改善及河道污染改善的满意率分别为 85.0%、87.2%。

三、金山卫化工集中区域环境深化整治实施计划纲要

1．背景

2009—2011 年，针对金山卫化工集中区域污染矛盾较大的问题，上海编制并实施了《金山卫化工集中区域环境综合整治实施计划纲要》。在环保、发改、经信、财政等市、区相关部门的大力支持和协助下，经金山区政府组织实施，开展了一系列富有成效的工作，取得了阶段性成效。金山卫地区居民动迁签约率达到 99.7%；关停了 26 家企业，11 家企业完成了清洁生产审核；处理规模 2.5 万 t/d 的金山第二工业区污水处理厂投入试运行，累计完成 12 km 污水管网建设；上海中芬热力供应有限公司对园区内 55 家企业的集中供热达到稳定运营，企业原有燃煤锅炉已停用；黄姑塘、白泾河、北环河、西环河、横港河等主要河道完成了疏浚，黄姑塘黑臭现象得到明显缓解；环境监测空气自动监测站建成并通过验收，污水在线监测、环境监察体制建设、应急能力建设有序开展；绿化建设全面完成。

通过三年的整治，金山卫化工集中区域的环境污染状况有所控制，

环境质量出现好转趋势。环境空气常规指标基本达标，部分挥发性有机污染物指标有所下降，其中，苯、甲苯、间，对二甲苯、邻二甲苯、丙烯腈等特征因子降幅为40%～95%，VOCs总浓度降幅为40%～43%；地表水超标程度相对改善，黄姑塘监测因子超标倍数有所下降；废气、废水排放超标情况有所改善，5家企业13个废气排放口均达标排放，30家企业共计51个排口的废水超标为33%，较整治初期（2009年）39%（36家企业80个排口）的超标率有所下降。

为进一步改善金山卫化工集中区域的环境质量，上海又制定了《金山卫化工集中区域环境深化整治实施计划纲要》（2012—2014年）。

2．整治目标及实施原则

（1）整治目标

综合目标：通过连续三年深化整治，使该区域成为产业用地布局较为合理、市政基础设施基本完善、产业产品结构持续优化、环境监管体系不断完善的工业集中基地，雨污水管网改造基本完成，恶臭影响基本消除，VOCs无组织排放得到有效控制，区域环境质量达到国家或地区规定的各类要求，区域生态环境明显改善。

整治效果：依据“节能减排”要求和金山卫化工集中区域特征污染因子现状，金山卫化工集中区域环境综合整治实施计划的环境效果应达到：环境空气质量各类指标应达到国家规定的二级标准，企业污水排放达到纳管标准，一类水污染物达到相关标准要求，污水处理厂达到排放标准要求，化学需氧量（COD）、氨氮、总磷、二氧化硫（SO_2）、氮氧化物（NO_x）、VOCs达到国家或地方规定的总量控制要求，特征因子丙烯腈、苯、甲苯、二甲苯、氨、硫化氢等特征因子基本达标，恶臭扰民现象得到基本控制。

（2）实施原则

①推行“环境友好”企业，实现可持续发展。按照“十二五”节能

减排目标任务，企业全面做到污染物稳定达标排放，总量指标达到国家或地区规定的要求。金山工业园区（金山第二工业园区块）全面推进循环经济，逐步推进区域内所有企业达到 ISO 14000 环境管理体系的要求。推进上海石化全面开展环境友好企业各项工作，实现环境与经济可持续发展。

②坚持产业结构调整，实现工业合理布局。按照工业区产业发展规划要求，对现有各类工业用地进行合理归并与调整。以上海化学工业园区和上海石化为依托，聚集优化低能耗、低污染、高效益、高附加值的精细化工和生物医药工业，结合就地资源综合利用，调整与精细化工、生物医药行业不相符的产业、产品。对区域内治理达标无望，环境和经济效益不佳的污染企业实施关停。

③完善基础设施建设，降低环境风险。完善污水收集处理、道路管网等市政基础设施的建设。区内道路形成网络，带动地区有秩序地发展；完善工业区雨污水排放系统，内排水形成网络，完成工业企业内部雨污水分流改造。完成工业企业污水预处理设施改造，确保达标纳管。完善河道水利设施建设。

④加强环境污染监控，提高环境管理水平。推广清洁生产和清洁工艺，促进可持续发展，对区域内所有企业推行强制性清洁生产审核。完善区域环境监测体系，实现污染因子指标自动监测，建立长效环境监测系统，评价工业区环境整治效果，为工业区长期规划与环境保护决策提供可靠的环境信息。依靠科技，形成支撑，高度重视运用科学技术和环境管理新手段和新方法，以提高环境综合整治的科学管理水平。

3. 主要任务及整治措施

主要任务共五个方面：继续开展污染企业环保深化整治，做到稳定达标排放；开展恶臭、VOCs 等污染因子环境溯源监测；继续推进企业产业、产品结构调整和清洁生产审核；继续完善区域内污水收集和处理等基础设施建设；提升区域环境监测、监管综合能力，形成长效管理机制。

（1）2012 年环境综合整治措施

①开展区域恶臭、VOCs 等污染因子溯源工作。掌握区域内恶臭、VOCs 等主要特征因子污染特征，追溯污染排放源头企业，编制企业污染治理实施方案。

②开展区域环境污染治理。完成区内 7 家企业废气污染治理，确保企业污染物稳定达标排放，大幅度削减工业企业污染物排放总量；启动区内 3 家企业粉尘专项治理；根据溯源结果及企业污染治理实施方案，重点对易挥发化学品和恶臭类物质的贮存设施、无组织排放和生产过程有机废气排放等进行有效治理，要求企业限期整改。至少完成上海长光企业发展有限公司等 8 家企业污水处理设施新改建和雨污分流改造工作，并加强运行管理确保设施正常运行，污水稳定达标纳管。同时，根据溯源结果，梳理明确应增加的废水整治企业，明确节点时间，按上述要求做好雨污分流、污水稳定达标排放、防范水污染事故等整治工作。

③推进金山第二工业园企业产业、产品结构调整。推进 21 家企业产业产品结构调整，并完成 7 家企业产业产品结构调整，优化产业布局，调整低产值、高能耗和高耗水企业。

④继续完善金山第二工业园市政基础设施。持续推进集中区域内市政基础设施建设，完善园区内雨污水管网和企业雨污水管建设，完成园区内所有企业雨污分流改造；继续开展园区内全部污水管网的探伤维护、维修工作，消除污水渗漏的现象，最大程度减少河道污染隐患；结合园区管网改造，逐步将企业地下管线改为地上架空管线。启动金山卫镇污水厂扩建工程，扩建规模为 2.5 万 m^3/d，强化污水处理脱氮除磷措施，污泥有效处理安全处置。继续开展主要河道应急水闸建设，完成 3 个雨水口闸门建设，以及连通黄姑塘的 8 条河道的 10 个应急水闸，并实行联闸联控。由金山第二工业园管委会牵头负责，区水务局、区环保

局配合，协调浙江省平湖市完成黄姑塘干流应急水闸建设。

⑤开展金山第二工业园企业清洁生产审核。完成金山第二工业园8家企业的清洁生产审核工作，优化工艺，减少污染物排放。

⑥完善区域环境监测体系。上海石化启动新建2座大气自动监测站建设，现有2座大气自动监测站和1辆移动监测车监测能力提升；完成新建站、张桥站建设工作，启动金山卫镇站的建设工作；完成金山第二工业园区内上海绿邹环保工程有限公司、上海仙佳化工有限公司废水日排放量大于30 t的企业的污水排放口在线监测装置安装工作，在雨水排放口（出厂口）安装在线流量计和截止阀；加强已建在线监测调试、比对监测和运维，确保在线数据准确性和传输稳定性。列入重点整治企业（包括上一轮整治企业）雨污水每季度监测一次，其他企业每半年监测一次；开展园区内河道水质监测，明确监测断面、点位和因子及频次要求，保证河道水质不劣于上游来水，主要水质指标基本达到水环境功能区要求。

⑦上海石化完成4项污染治理项目。含油污水处理装置二期扩建；二号排海口延伸（二阶段）工程建设；自备电厂1#～4#机组低氮燃烧技术改造；金山石化自备电厂5#、7#机组湿法脱硫设施建设。

⑧继续做好金山第二工业园内剩余居民动拆迁工作。

（2）2013年环境综合整治措施

①开展区域恶臭、VOCs等污染因子溯源工作。根据恶臭、VOCs溯源结果及制订的整改实施方案，开展相关企业限期治理。继续开展区域环境污染治理，完成区内2家企业粉尘专项治理，有效削减粉尘排放。继续推进金山第二工业园企业产业、产品结构调整完成7家企业产业产品结构调整，调整低产值、高能耗和高耗水企业。继续完善金山第二工业园市政基础设施。按照区域内污水管网路段名称和长度制定维护实施计划并完成探伤维护、维修工作，完成园区内雨污分流改造工作，杜绝雨污混接现象；推进金山卫镇污水处理厂二期扩建工程，年内开工建设，

同步进行臭气治理工程，对主要处理单元的池体进行加盖密封；完成工业区雨水排放应急措施建设，包括应急泵和主要雨水口阀闸的建设；完成园区内河道整治，对河底淤泥进行疏浚，保持河道水流通畅。

②完善区域环境监测体系。上海石化完成新建 2 座大气自动监测站建设，和现有 2 座大气自动监测站监测能力提升，以及 1 辆移动监测车监测能力提升；完成金山卫镇站的建设工作；加强已建在线监测的比对监测和运行维护，确保数据准确和传输稳定。加强企业雨污水排放监测，列入整治企业（包括上一轮整治企业）每季度监测一次，其他企业每半年一次；根据 2012 年确定的河道水质监测断面、点位和因子频次继续开展监测，保证河道水质不劣于上游来水，主要水质指标基本达到水环境功能区要求。

③实施清洁生产审核。完成金山第二工业园 8 家企业的清洁生产审核工作，优化工艺，减少污染物排放。

④上海石化完成 2 项污染治理建设项目。新建催化裂化装置烟气脱硫、硫黄装置尾气处理项目。

（3）2014 年环境综合整治措施

完成金山第二工业园企业产业、产品结构调整：年内完成 7 家企业产业产品结构调整，三年累计完成 21 家企业产业产品结构调整。推进区域环境污染治理：完成区内 1 家企业粉尘专项治理，有效削减粉尘排放。继续完善金山第二工业园市政基础设施：完成新建的冬隆路和秋实路两条污水管网（约 1 km）探伤。管网探伤后，如发现损漏点，立即修复，防止雨、污混接。推进金山卫镇污水处理厂二期扩建工程，年内建成试运行。完成金山第二工业园企业清洁生产审核：完成金山第二工业区内 8 家企业的清洁生产审核工作，三年累计完成 24 家企业的清洁生产审核。完成金山第二工业园企业清洁能源替代：完成金山第二工业区范围内燃煤（燃重油）锅炉清洁能源替代，涉及 14 家企业。上海石化完成和启动 7 项污染治理建设项目：完成乙烯项目废碱液处理装置扩建、污泥机房、出焦池等恶臭治理设施和措施完善、企业监测站增加大气特征因子自行监测能力、自备电厂 SCR 技术改造、热电事业部高效除尘改造、VOCs 控制示范 6 项，启动危险废物处置项目。

4. 整治资金及筹措渠道

金山卫化工集中区域环境综合整治资金筹措主要以金山区政府为主，市、区各相关部门为辅，共同出资解决，涉及总资金约 8.9 亿元，其中：

涉及上海石化及金山工业园区（金山第二工业园区块）企业治理、产业结构调整资金，预计总投资 8 000 万元，按照本市政策分别由市、区、镇三级财政和企业自行投入。

涉及企业废气治理项目，预计总投资 2 100 万元，涉及企业废水处理项目，预计总投资 2 750 万元，涉及企业粉尘专项治理项目，预计总投资 2 650 万元，以企业自有资金为主。

涉及污水管网维护及主要雨水口应急设施建设预计镇级总投资 260 万元；涉及园区主要河道应急水闸建设预计投入 2 000 万元；涉及金山卫镇污水处理厂二期扩建工程，镇级总投资 8 000 万元。

涉及环境监测体系建设费用，上海石化自动监测站二期建设由上海石化落实解决，由上海石化出资 800 万元；张桥站建设由金山第二工业区投资 595 万元；涉及金山第二工业园范围内污染因子溯源，设置废气监测点经费由金山第二工业区出资 300 万元；上海石化污染源因子溯源经费 300 万元由上海石化出资；金山卫镇石化地区环境污染监测站建设由市环保局排污费资金安排。

涉及企业清洁生产审核，预计总投资 9 000 万元，主要由企业投入，市经信委、市财政局按本市政策规定予以补贴。

涉及清洁能源替代预计总投资 2 000 万元，按政策分别由市、区、镇三级财政分别投入。

涉及上海石化污染治理、监测能力建设的投资由上海石化自行解决，投资约 5.08 亿元。

5. 保障机制

（1）推进保障机制。建立联席会议制度，由市环保局、市发展改革委、市经济信息化委、金山区政府牵头，相关单位参加。其中：市环保局负责环境综合整治工作的总体推进和执法监管，市发展改革委负责资金的综合平衡和支持政策的协调、落实，市经济信息化委负责金山卫产业规划实施和产业产品结构调整，金山区政府负责环境深化整治的具体实施。联席会议设召集人 2 名，分别由上海市环保局局长、金山区区长担任，市、区各委办局派专人参加。联席会议每半年向分管市长汇报一次工作进展情况或不定期专题汇报。

（2）长效管理机制。加强区域污染源头控制。严格区域环境准入标准，杜绝高污染、高耗能、高风险的新企业和新项目进入园区。

加强区域环境日常监管。完善区域环境监测体系，加大环境执法力度，加强区域内各类扬尘、烟粉尘等颗粒物排放控制，推进区域噪声超标治理等污染控制。

加强区域环境风险管理。在园区内设置 VOCs 在线监测、报警装置，完善应急预案体系，加强与周边区域的应急联动，确保区域环境安全。组织开展区内企业环境风险排查，涉及存在潜在环境风险的，应限期整改落实应急措施，其中敦煌化工应进一步优化装置，避免二硫化碳和二乙胺在事故状态时扰民。

加强金山第二工业区环境监管力量。工业区完善环境管理制度，制定工业区环境管理目标，细化明确环境监管和监测措施，加强环境监管人员培训。

四、南大地区综合整治实施方案

1. 指导思想和目标任务

（1）指导思想。以科学发展观为指导，根据“创新驱动、转型发展”的需要和地区区位优势，将综合整治与旧城改造、产业结构调整、生态建设、改善民生、保障性居住房建设相结合，通过提升地区城市功能和优化结构布局，以发展带动整治，全面提升城市化和生态水平，提升产业能级，构筑上海中心城北部生态保护圈，形成居住、商务、商办、环境、交通协调发展的大型生态宜居城市综合功能区，成为推进区域协调发展、转变经济发展方式、改善人民生活的最佳实践。

（2）目标任务。南大地区综合整治的总体目标是：通过 5 年的综合整治和功能建设，基本形成功能综合，环境优美，人居和谐，融合上海市整体和谐发展的生态型城市综合功能区。具体要全力完成四大目标任务：

①提升地区生态功能。将生态敏感区建设付诸实施，优先建设生态绿地。一方面确保打通外环绿带和嘉宝生态绿廊，沿外环、沪嘉建设宽约 500 m 的生态走廊，满足上海市总体生态功能要求；另一方面注重区域内的景观绿带和绿化小品建设，将该区域建设成为高绿化覆盖率，绿化格局完善的生态区域。

②解决环境问题和改善民生。以产业结构调整为突破口，全面关停或搬迁 3 000 多家污染和落后企业，完成居民动迁安置，消除环境污染和风险隐患，解决居民信访矛盾，最终实现区域环境质量与环境面貌的彻底改善。

③建成较为完善的基础设施。按规划建成道路、交通、水系、供水、雨污水和垃圾收集、医院、学校等配套基础设施和公建设施，形成规划合理、配套完善的发展环境。

④实现地区发展转型。建设大型居住区，配套建设商务、商业功能，形成以保障性住房和普通商品房为主、兼有居住和商务功能的综合发展区。

（3）规划布局结构和用地规模。根据市政府《关于同意〈上海市宝山区 W121301 单元（祁连敏感区）控制性详细规划及重点地区附加图则〉的批复》（沪府规[2012]38 号），规划总用地面积约为 629.8 hm^2，规划总人口约 9 万人。在确保打通外环生态走廊和嘉宝绿廊的基础上，区域内规划绿地总面积为 252.8 hm^2，占建设用地比例约 41.5%，住宅建筑面积约为 305 万 m^2，其中 40%用于保障性住房，重点建设民生工程。

（4）总体工作思路。以大力推进生态绿地建设为首要目标。以生态绿地建设用地需求作为区域环境整治的主要推动力之一，与土地收储同步展开外环绿带与嘉宝绿廊建设，确保动迁一批，建绿一批，保障南大地区的生态绿化建设目标的实现。以推进基础设施建设为重要内容。同步开展基础设施建设，实现基础设施建设与地区功能定位、发展规模和空间结构的平衡协调发展，为区域综合改造奠定基础。以开发建设带动区域整治为基本手段。全面启动区域土地收储工作，以开发建设带动区域内企业结构调整、关停搬迁和环境整体改造工作，并逐块推进住宅建设。

2. 实施计划

本次综合整治实施方案紧密结合第四轮和第五轮环保三年行动计划以及“十二五”规划实施进度，全区域整治与分阶段重点整治同步推进，在先行关停环境污染严重、安全风险较高、信访矛盾突出企业的前提下，按由北向南的次序逐步实施，具体分四个阶段有序推进。

（1）第一阶段：调查准备阶段（2010 年）。结构规划完成编制，积极筹措启动资金，市级补助启动资金到位。宝山区完成区域摸底调查，全面摸清区域用地情况、居民情况、建筑现状及所有企事业单位的土地权属和经营现状。

（2）第二阶段：全面启动阶段（2011—2012 年）。

范围：重点整治建设走马塘以北区域。总占地面积约为 218 hm^2，范围分为南北两个区域，北面区域为东至南陈路、南至走马塘、西至外环线、北至丰翔路，总面积约 165 hm^2；南面区域为南何支线以南区域，占地面积 53 hm^2。北面区域自西向东分为 A、B、C 三块，南面区域为 D 地块。涉及土地使用权企业 82 家，其中集体企业 62 家，国有企业 20 家；涉及居农民户数 1 273 户，人口 4 322 人。

目标：前期工作全面启动，宝山区块外环绿带建设启动，一期 30 hm^2 绿地基本建成，启动农民安置房建设，污染企业基本关停。普陀区块启动，完成部分企业搬迁和农民安置，开展绿地建设前期工作。

①至 2011 年底。控详规划、市政设施总体规划等完成初步编制，相关市级补助资金支持政策明确。

宝山区根据整治需求，启动一期内企事业单位的整治、搬迁、关停、居民动拆迁准备工作和土地收储工作，启动丰翔路以南、走马塘以北区域企事业单位关停。普陀区完成区域摸底调查，全面摸清区域用地情况、居民情况、建筑现状及所有企事业单位的土地权属和经营现状。

②至 2012 年底。控详规划、市政设施总体规划完成报批。

宝山区：全面推进全区域范围内高污染、高风险企业的关停搬迁工作。实施东至瑞丰路、南至走马塘、西至外环线、北至丰翔路 A 地块区域（51.3 hm^2）外环绿带 203 户居农民动迁、16 家企事业单位关停搬迁和生态集中绿地建设工作；实施东至祁连山路，南至走马塘、西至瑞丰路、北至丰翔路 B 地块区域（20.4 hm^2）50 户居农民动迁、14 家企事业单位关停搬迁、结构调整和开发建设工作；实施东至南陈路、南至规划路、西至祁连山路、北至丰翔路 C 地块区域（93.3 hm^2）297 户居农民动迁、28 家企事业单位关停搬迁和动迁安置房等保障性住房的集中新建、配建及商品房建设工作；启动东至南陈路、南至规划整治区域、西至祁连山路、北至南何支线 D 地块区域（53 hm^2）723 户居农民动迁、

9 家企事业单位关停搬迁和动迁安置房等保障性住房建设工作；基本完成一期地块集体企业和国有企业的动拆迁；全面启动地块内 4 条主要道路等基础设施和相关配套建设；继续开展土地收储工作，启动走马塘以南用地的土地供给程序。

普陀区：2012 年，完成整治计划的确定工作，开展地块内企业的综合整治，消除消防、安全隐患；完成绿地项目的立项、规划、用地等前期手续；完成 53 户农民安置和 25 家企业搬迁；完成东侧保障性住房项目的前期审批手续。

③第三阶段：深度推进阶段（2013 年）。

范围：走马塘以南、南大路以北区域。

目标：宝山区块一期建设全面完成，外环绿带主体贯通，产业调整深度推进，基础设施基本完善。普陀区块启动障性住房项目建设，开展绿地建设。

主要工作内容：

宝山区：2013 年上半年，动迁房建设全面展开，下半年完成部分动迁房建设。2013 年上半年，基本完成全区域内高污染、高风险企业的关停工作。实施走马塘以南南大路以北区域整治建设工作。重点开展走马塘以南、南大路以北区域约 80 家企业关停、约 830 户居农民动拆迁工作，并实施地块产业升级与生态建设工作。实施外环绿带中心段约 118.8 hm^2 绿带的生态建设工作。实施南大路祁连山路核心区域产业能级提升工作。实施南大路以北区域保障性住房集中新建、配件及商品房建设工作。基本完成基础设施及相关配套设施建设。启动南大路以南用地土地供给程序。

普陀区：2013 年，完成 10 家企业搬迁。2013 年，启动东侧保障性住房项目建设。2013 年，争取年内新建公共绿地 10 hm^2。

④第四阶段：基本完成阶段（2014—2015 年）。

范围：南大路以南、中环线以北区域

目标：整治工作基本完成，环境面貌明显改观，生态绿廊形成规模，宜居城区初显雏形。

主要工作内容：

宝山区：实施南大路以南中环线以北区域整治建设工作。重点开展南大路以南、中环线以北区域约 70 户企业关停、196 户居农民动拆迁工作，并实施地块产业升级与生态建设工作。实施外环绿带及嘉宝绿廊区域约 104.1 hm^2 绿带的生态建设工作。实施南大路以南区域产业能级提升工作。实施南大路以南区域保障房及商品房建设工作。基本完成基础设施及相关配套设施建设。

普陀区：2014 年，完成 7 家企业搬迁，实现全部交地。2014 年，争取年内新建公共绿地 10 hm^2，累计完成公共绿地 20 hm^2。2015 年，全面完成综合整治任务。2015 年，争取年内新建公共绿地 10.1 hm^2，累计建成公共绿地约 30.1 hm^2。

3．推进保障机制

（1）组织机构保障

①市级工作机构。成立上海市宝山南大地区环境综合整治协调领导小组，沈骏副市长担任组长，尹弘副秘书长担任常务副组长，市环保局、宝山区政府、普陀区政府、市发展改革委、市经济信息化委、市建设交通委、市农委、市国资委、市财政局、市环保局、市规划国土资源局、市水务局、市绿化市容局为成员单位，统筹协调南大地区综合整治目标任务、规划制定、市级资金支持政策和央属、市属企业产业结构调整等。领导小组下设办公室，办公室主任由市环保局局长张全、宝山区区长汪泓兼任，常务副主任由宝山区政府和普陀区政府分管领导兼任。

②宝山区工作机构。成立宝山区南大地区综合整治开发指挥部。由区委、区政府主要领导挂帅，区发展改革委、区经委、区建交委、区国资委、区财政局、区规土局、区绿化市容局、区房屋管理局、区水务局、

区城管执法局、区环保局、区工商局、公安宝山分局、大场镇为成员单位，负责宝山区块内各项任务的实施。

③普陀区工作机构。普陀区政府成立工作领导小组，区政府领导任组长，区发改委、区国资委、区建交委、区环保局、区规土局、区房管局、区财政局、区绿化市容局、区城管执法局、区工商局、公安普陀分局、桃浦镇为成员单位，具体负责普陀区块内各项任务的实施。

（2）资金和政策保障。按照“统筹平衡、以区为主、分步实施、配套支持、定额补助、包干使用”的原则，市发展改革委会同市财政局、市环保局、市规划国土局、宝山区政府、普陀区政府等部门，从环境整治、产业结构调整、居农民动拆迁和安置、绿化及市政基础设施建设等方面，研究制定南大地区资金平衡及支持政策有关方案。宝山区、普陀区政府按照南大地区环境综合整治的目标任务，加大资金投入力度，确保与区域整治相配套的资金投入。同时，为进一步整合资源，市里在南大地区已有的资金支持项目，仍按照原有渠道给予资金支持。为加快南大地区环境综合整治进度，市里安排专项补助资金，专项用于支持南大地区的环境综合整治工作。

第四节　其他专项规划

近年来，针对不断出现的环境新问题、新热点，专项环保规划的领域和对象也不断拓展。2010 年，上海市政府公布了最新制定完成的《崇明生态岛建设纲要（2010—2020）》（以下简称《纲要》），紧紧围绕建设世界级生态岛的总体目标，明确了力争到 2020 年形成崇明现代化生态岛建设的初步框架，《纲要》聚焦形成了 2020 年崇明生态岛建设的评价指标体系，具有国际先进性和通用性。2011 年，根据《中华人民共和国履行〈关于持久性有机污染物的斯德哥尔摩公约〉国家实施计划》（以下简称“国家实施计划”）和国家相关法律、法规、标准政策，上海编制了持久性有机污染物“十二五”污染防治规划，明确了上海市持久性有机污染物污染防治的目标、任务、重点项目和政策措施。2012年，为切实抓好重金属污染防治，上海根据《关于加强重金属污染防治工作的指导意见》（国办发[2009]61号），组织编制了《上海市重金属污染综合防治“十二五”规划》；为切实加强固体废物污染防治工作，上海市环境保护局发布了《上海市固体废物污染防治“十二五”规划》，提出了打造“一流的设施体系、一流的管理水平”的目标，聚焦深化工业固体废物资源化利用、持续完善危险废物处理处置网络、全面加强危险废物无害化处置和环境监管等工作，切实保障城市安全。

同时，随着环境保护工作的不断发展，为构建与之相适应的环境管理体系，进一步提升环境监管水平，相关专项规划日益受到重视。上海市环境保护局编制印发了《上海市环境监测“十二五”规划》和《上海市环境保护信息化“十二五”规划》，着力推进环境监测和环境信息化能力建设。

一、上海市固体废物污染防治“十二五”规划

1. 指导思想、基本原则和规划目标

（1）指导思想。以防范环境风险保障城市安全为根本，坚持可持续发展战略和循环经济理论，全面推进固体废物减量化、资源化、无害化，全面推动固体废物污染防治末端控制向全过程监督管理转变，重点加强固体废物源头控制、收集转运、处理处置、风险预防和环境监管能力建设，重点推进危险废物综合利用、处理处置向集约化、专业化、规范化转变。

（2）规划原则。全面推进，重点突破；统筹兼顾，切实可行；以防为主，防治结合；提升能力，加强保障。

（3）目标指标。到2015年，以打造“一流的设施体系、一流的管

理水平”为目标，进一步深化工业固体废物资源化利用，持续完善危险废物处理处置网络，全面加强危险废物无害化处置和环境监管，不断提高危险废物污染事故应急响应能力，有效降低环境风险，切实保障城市安全。

具体指标：工业固废无害化利用处置率 100%；危险废物无害化利用处置率 100%；生活垃圾无害化处理率 95%；固体废物集中处置企业污染物排放达标率 90%；危险废物产生单位规范化管理抽查合格率 90%；危险废物集中处理处置企业规范化管理抽查合格率 95%。

2. 主要任务与措施

（1）进一步加强固体废物源头管理

①加强建设项目的固体废物管理。加强建设项目的环境管理，出台建设项目环境影响评价固体废物篇章编制指南，明确技术审查要点，从严审批产生固体废物的新改扩建项目，落实固体废物污染防治措施。将“污染者治理责任”和“生产者责任延伸制”以及“固体废物减量化、资源化、无害化”环境管理关口前移。

②加强清洁生产审核，加快淘汰落后工艺和产能。加强“双超、双有”企业的清洁生产审核和 ISO 14000 环境质量管理体系认证。结合产业布局和结构调整，加快淘汰落后工艺和产能。重点调整电镀、热处理、铸造、锻造四个行业，重点整合零星化工、纺织印染行业，重点关、停、并、转高危、高污染企业，减少工业固体废物和危险废物产生量。

③加强固体废物申报登记和危险废物管理计划管理。加强 300 家重点危险废物产生单位和高危企业的固体废物申报登记和审核，进一步完善危险废物管理计划制度，拓展危险废物管理计划上报覆盖面，全面实施危险废物登记台账的管理制度。建立危险废物重点监管企业清单，并定期动态更新。建立固体废物产生、贮存、转运和处理处置的环境风险评估体系，实施“一厂一档”危险废物动态监督管理机制，全面掌控危

险废物流向，从源头防控危险废物非法转移、非法倾倒、非法处理处置。

④加强固体废物企业内自行处理处置的管理。推行危险废物产生量大且类别单一的大型企业自行配套建设处理设施，实行企业内环境无害化处理处置。进一步完善自行处理处置申报登记和设施运行情况定期报告制度，加强对企业自行处理处置设施的监督监测与现场检查。对处理处置设施排放不达标的企业，实行“红、黄牌”制度，确保自行处理处置设施次生污染物排放稳定达标。

（2）加强危险废物收集转运管理

①加强危险废物收集、贮存、转运规范化管理。加强危险废物分类收集、贮存和转运的规范化管理。危险废物包装、标识和标志符合标准率达到90%；危险废物产生单位贮存设施符合标准率达到80%；危险废物经营许可证企业的贮存设施规范率达到100%。积极探索工业区、工业楼宇危险废物及实验室废物集中收集处置试点。

②建立危险废物专业化运输队伍。以4～5家骨干运输企业为依托，构建覆盖全市的危险废物专业化运输体系。出台危险废物运输的环保技术规范，实施危险废物运输车辆专项备案制度，全面整顿危险废物运输车辆，危险废物转运车辆符合标准率达到100%。

③完善危险废物转移信息化监管。实施危险废物转移计划网上备案和电子联单，加强危险废物转移的实时管理。实施危险废物运输GPS监控，加强危险废物收集、转运规范化管理。以完善医疗废物集中转运体系为抓手，做好医疗废物转运GPS监控，探索医疗废物转运全过程的物联网实时管理。

（3）进一步加强危险废物处理处置建设和管理

①进一步优化危险废物处理处置产业布局。进一步完善以嘉定工业区、上海化工区、临港工业区等危险废物集约化处置基地为主体，以青浦、金山、松江、崇明等区域性综合处置设施为支撑，以专业化综合利用设施为补充的危险废物处理处置体系建设。重点发展嘉定朱桥危险废

物“三位一体”无害化处理处置基地、化工园区集约化危险废物焚烧处置与物化处理基地、临港工业废物资源化利用与处置基地。

以产业政策为导向，通过兼并、收购、资产重组等多种形式，鼓励和促进小型危险废物利用处理处置企业向有实力的危险废物处置企业集聚，新建和迁建的危险废物利用处理处置企业向工业园区集聚。关停并转工业园区外的危险废物处理处置企业；调整、提升工业园区内设施水平低、环境风险大的危险废物处理处置企业。

②实施危险废物处理处置产业结构调整与能力提升。调整与提升焚烧处置能力。崇明、青浦危险废物焚烧炉实施迁建。在崇明固体废物综合处理环保产业园建设一座危险废物焚烧处置设施，承担崇明三岛内危险废物和医疗废物的焚烧。在青浦工业园区建设一座热解气化综合利用多循环处理设施。在临港工业园区配套建设 1 座集成式危险废物焚烧处理设施。调整与改造现有部分焚烧处理设施，扩大焚烧处理产能和提升焚烧处理技术水平，全市危险废物焚烧处理规模达到 20 万 t/a 以上。

物化处理调整与提升。调整 3 家乳化液物化处理企业进入工业区。以兼并、重组和合股等方式，提升物化处理技术与能级，设施处理规模在 2 万 t/a 以上，鼓励开发表面处理废物处理技术。

调整与提升废矿物油利用处理能力。关停并转 6 家废矿物油利用处理企业，重点支持在工业区内建设规模 2 万 t/a 以上的废矿物油利用与处理设施。

调整与提高重金属、废溶剂、废弃容器回收处理能力。调整 1 家重金属回收处理企业和 5 家废溶剂回收处理企业。

提升电子类危险废物深度处理能力。加快印刷线路板的重力风选、静电分选集成技术的应用，印刷线路板分选处理设施规模达到 0.3 万 t/a 以上。加快实施电子废物拆解分选后产生的 CRT、液晶、树脂粉等废物的环境无害化处理处置技术。

③加强危险废物经营许可证单位的监管。加强对危险废物经营许可

证单位的常态和动态监管，实施危险废物利用、处理处置设施运行状况定期监督性检查和监督性监测，开展经营情况的第三方评估。

危险废物焚烧处置企业须完成尾气在线监测设备建设和运行；危险废物物化处理企业须完成废水在线监测设备建设和运行；危险废物利用、处理处置重点作业场所须完成远程视频监控建设。危险废物经营许可证单位污染物排放全面达标。

（4）建立工业固体废物利用和处理处置体系

①利用现有设施与条件，建立工业固体废物综合处理网。依托本市现有的、工艺技术先进的、环保设施健全的钢渣、脱离石膏处理与利用等企业，做大做强工业固体废物专项利用与处理生产能力，构建综合利用与处理处置网络，提高工业固体废物利用率和环境无害化处置率。依托建材行业，在利用粉煤灰、脱硫石膏生产水泥的基础上，开发水泥回转窑共处置工业污泥。

②完成工业固体废物填埋场建设。加快完成老港一般工业固体废物集中填埋处置设施，确保工业固体废物安全处置。在老港生活垃圾综合填埋场内设立专门的生活垃圾焚烧飞灰的填埋库区，按照危险废物填埋场污染控制标准建设运行。

③建立联动机制，拓展工业固体废物无害化处置途径。进一步完善长三角地区工业固体废物环境管理联动监管机制，建立长三角地区工业固体废物环境无害化处置平台，充分利用各省市现有的工业固体废物综合利用和处理处置产业优势，实现优势互补、资源共享、多渠道无害化利用、处理处置工业固体废物，促进工业固体废物综合利用、处理处置产业可持续发展。

④加强科技创新、提高工业固体废物利用、处理处置能力。鼓励开发工业固体废物综合利用新技术和新产品，拓展与环境友好的综合利用途径。提高工业固体废物综合利用和处理处置企业市场准入门槛，引导工业固体废物处理处置和利用规模化经营。

（5）加强生活垃圾环境无害化处理处置管理

①加强生活垃圾源头分类管理。进一步完善和细化生活垃圾分类标准和规范，合理配置分类收集的投放容器；完善生活垃圾分类收集、贮存、装运等作业的规范化管理制度；建立分类收运监督考核制度和奖励机制。加强保洁员队伍的建设和管理，鼓励生活垃圾“上门收集、集中分拣”的作业模式，推进生活垃圾源头减量。进一步推进社区废弃荧光灯管、废弃镍铬电池等生活活动中产生的危险废物集中投放点的建设，实行生活活动中的危险废物分类收集、分类装运、分流化处置。

②加强生活垃圾分类处置的物流系统建设。进一步加强生活垃圾分类收集、分类运输、分类处置的物流系统建设，在市郊区域率先应用生活垃圾源头分类减量、中转站分选减量与分流利用处理等最佳实用技术和环境管理技术，大幅度提高生活垃圾综合利用率，最大可能减少填埋处置量，实现生活垃圾处理处置可持续发展。

③以新带老，优化生活垃圾无害化处置设施的建设。合理配置集中化、规模化生活垃圾无害化处置设施的建设。优先鼓励生活垃圾综合利用设施的建设；优先鼓励高标准、高质量、高效率、低污染的生活垃圾焚烧发电厂的建设；优先鼓励现有生活垃圾焚烧处理厂采用最佳可行技术，实施生活垃圾焚烧的 SO_2、NO_x、二噁英等污染物减排的技术改造；加速淘汰工艺技术落后、污染高的生活垃圾焚烧厂；进一步推进简易生活垃圾填埋场、堆场的整治工程。

（6）进一步加强固体废物环境无害化管理能力建设

①加强固体废物管理体制与机制的建设。建立市、区二级固体废物环境管理体系，以青浦区、嘉定区和松江区建立固废管理专门机构为起点，研究制定区级固废专业管理机构能力建设标准，逐步建立浦东新区、闵行区、宝山区、奉贤区、金山区和崇明县固体废物环境管理机构或部门。充分发挥各级政府、各职能部门和行业主管部门的作用，进一步贯彻落实“生产者责任延伸制”和“谁污染、谁治理、谁利用、谁得益”

原则，进一步加强排污申报、环境评价、风险评价、后评估、管理计划、清洁生产审计等管理。

②加快危险废物全程信息化管理系统的建设。建设和整合覆盖危险废物管理全过程的信息采集、申报、变更、统计、存储信息管理平台，实现危险废物产生申报、转移计划、转移联单、许可申办等的网上办理，整合危险废物在线监测、视频监控和收集转运 GPS 信息系统，建立危险废物污染事故应急响应预案信息平台和决策支持智能化系统。开展危险废物管理物联网的应用研究，实现固体废物产生、贮存、转运、利用和处理处置智能化识别、定位、跟踪、视频监控和动态智能管理。

③加强危险废物污染控制应急处理能力建设。建立健全预防危险废物污染事故的长效管理机制。落实企业法人代表环境安全责任问责制，提高应对突发环境事件的责任和意识。开展重点行业、重点企业危险废物污染隐患排查，建档立册，数据入网，做到全天候、全方位的监控。组建应急响应专业队伍，定期开展企业内环境污染应急演习，使其熟练掌握应对处理污染事故的技能，协同政府部门应对处理各种污染事件。

建立先进的危险废物污染控制应急处理技术装备。建设一个高效畅通的危险废物环境信息网络，疏通危险废物监测、监管信息流脉络。形成危险废物环境数据收集、传输、接收、发布和共享网络。配置先进实用、种类齐全、平战结合的危险废物环境监测装备。重点配置能够快速现场检测分析危险废物类别和性质的监测仪器与装备。以及建设处理危险废物应急事件时的应急贮存设施。

建立危险废物污染事故应急清理队伍和应急处置网络。构建以集约化处理处置基地为支持，建立危险废物污染事故应急清理专业队伍和应急处置设施体系，形成“南北加一县”应急处理格局。

3. 保障措施

（1）建立完善固体废物污染防治法规体系。建立和健全固体废物污染控制标准、法规体系。重点研究制定《"固废法"上海实施办法》、《上海市钢铁行业污染物排放标准》、《受污染场地修复技术导则》、《危险废物运输污染防治技术标准》、《重金属污泥预处理技术和管理规范》、《危险废物经营许可单位实验室建设技术规范》、《危险废物经营许可单位信息化系统建设规范》和《危险废物包装物、容器使用规范》，以严于国家标准，促进企业选用 BAT/BEP，开展固体废物污染控制及减排活动。

（2）加强国际合作交流，加大科技攻关力度。加强国际合作交流，引进国外的先进技术、管理和经验，增大科研投入，设立相关专项研究项目，开展最佳可行技术和最佳环境实践。加大科技攻关力度，重点开展固体废物污染防治最佳可行技术应用研究；固体废物监控技术研究；固体废物无害化处理最佳可行技术研究；固体废物迁移转化及其对生态环境影响研究；固体废物污染防治与环境无害化管理战略研究。

（3）加大环保财政投入，促进能力建设。加大环境信息化管理、环境监测、环境装备、环境执法、环境科研和环境标准制订等工作的投入，促进环境执法体系、环境科研和环境标准体系的建设，全面提升环境无害化管理能力。加大对确定重点污染治理项目、环保基础设施、环保工程试点示范和综合利用的资金投入，提升污染治理与无害化处置能力。

（4）建立环境信贷和税收政策，推动和谐发展。加快研究计入资源环境消耗成本，制定环境保护分类评定企业信贷政策指南，依据企业环境状况设置不同门槛。大力扶植"绿色"企业生产经营，对其正常、合理的设备更新和生产流程改造以及高新技术开发等信贷资金优先安排。而对污染水平相同的、低水平重复建设项目不予贷款。对高污染、高能耗的企业增加一定比率的环境处理税；对节能、综合利用的企业适当降低税收；实施可持续发展的税收政策，促进企业转变生产方式。

二、崇明生态岛建设纲要（2010—2020年）

1. 总体战略

（1）建设崇明生态岛的战略环境

①低碳化发展——崇明生态岛建设的全球视野。全球气候变化深刻影响着人类生存和发展，防止全球气候变暖已成为国际社会共同关注的核心议题，必将引发生产方式、生活方式、价值观念等的全球性革命。把崇明岛的建设定位于现代化的生态岛，大力发展绿色经济，积极推进低碳经济和循环经济，体现了21世纪人类生态文明的新理念，也是对可持续发展的积极探索。

②生态型发展——崇明生态岛建设的国家战略。把上海建设成为国际经济、金融、航运、贸易中心和社会主义现代化国际大都市，是一项重大的国家战略部署。占上海近1/5市域面积的崇明岛，具有较好的生态环境、丰富的土地空间、多样化的自然生物资源等优势，是上海可持续发展的重要战略空间。积极推进崇明现代化生态岛建设，将为上海更好地实施国家战略，进一步完善城市综合功能、提升综合竞争力，实现“四个率先”创造条件。

③现代化生态岛——崇明经济和社会发展的必然选择。受地缘因素和历史成因等影响，崇明岛长期以来城乡二元结构特征明显，经济和社会发展水平滞后于本市其他地区。上海长江隧桥工程的正式通车以及越江设施的加快完善，为崇明岛带来巨大发展机遇，但也给生态环境保护、发展方式转变等带来新的考验。只有按照现代化生态岛的战略目标要求，建立科学的评价指标体系，在资源、环境、产业、基础设施、公共服务等重点领域，合理规范生态岛建设行为，有效把握生态岛建设进程，才能实现崇明经济和社会的全面、协调、可持续发展。

（2）建设崇明生态岛的战略思想

①坚持系统性的协调观。处理好人口、经济、社会、资源和环境在可持续发展中的关系。按照《崇明三岛总体规划（2005－2020年）》的要求，坚持总体布局，在协调推进崇明、长兴、横沙三岛联动发展的基础上，把崇明本岛的生态保护、恢复和重建放在优先突出位置，为未来的发展留足自然生态环境涵养空间。

②坚持低碳型的发展观。努力建立低碳型的经济发展和社会消费模式，协调经济社会发展和保护生态环境关系。依托科技创新，推行循环经济，发展低碳型的生态产业，积极有效地控制碳排放强度，努力将崇明本岛建成环境和谐优美、资源集约利用、经济社会协调发展的现代化生态岛。

③坚持全方位的合作观。加强市、县联动，政府、企业、社会共同参与，建立和完善大协作的市场体系，推进跨领域、跨行政隶属关系的合作。充分发挥崇明在区位、环境、资源等方面的优势，更好地为上海和全国服务；充分利用崇明建设世界级生态岛的有利时机，积极开展国际交流与合作。

（3）建设生态岛的战略目标

按照建设世界级生态岛的总体目标，以科学的指标评价体系为指导，大力推进资源、环境、产业、基础设施和社会服务等领域的协调发展，把生态保护和环境建设放在更加突出的位置，加强项目建设、措施管理和政策配套，力争到2020年形成崇明现代化生态岛建设的初步框架。

完善崇明生态岛的功能布局。在崇中分区建设以森林度假、休闲居住为主的中央森林区，崇东分区建设以生态居住、休闲运动、国际教育为主的科教研创区和门户景观区，崇南分区建设人口集聚的田园式新城和新市镇区，崇北分区建设以生态农业为主的规模农业区和战略储备区，崇西分区建设以国际会议、滨湖度假为特色的生态休闲区。

构筑崇明生态岛建设的指标评价体系。按照生态更加文明、环境更加友好、经济更加健康、社会更加和谐、管理更加科学的总体思路，接轨国际生态理念，结合崇明发展实际，建立一套强化生态保障、加强环境保护、优化产业结构、改善民生质量、提升管理水平的指标评价体系，有计划、有步骤地系统推进崇明生态岛的建设。

在强化生态保障方面，注重自然资源的可持续开发和利用，发展可再生能源和循环经济；在加强环境保护方面，注重水、大气、噪声、固体废弃物及环境综合治理，促进节能减排；在优化产业结构方面，注重发展现代服务业和生态型产业；在改善民生质量方面，注重完善以人为本的社会公共服务体系，推进基础设施建设；在提升管理水平方面，注重公众参与和社会评价。具体指标如表3-2所示。

表3-2　崇明生态岛建设主要评价指标一览表

序号	指标	单位	2020年
1	建设用地比重	%	13.1
2	占全球种群数量1%以上的水鸟物种数	种	≥10
3	森林覆盖率	%	28
4	人均公共绿地面积	m^2	15
5	生态保护地面积比例	%	83.1
6	自然湿地保有率	%	43
7	生活垃圾资源化利用率	%	80
8	畜禽粪便资源化利用率	%	＞95
9	农作物秸秆资源化利用率	%	＞95
10	可再生能源发电装机容量	万kW	20～30
11	单位GDP综合能耗	t标准煤/万元	0.6
12	骨干河道水质达到III类水域比例	%	95
13	城镇污水集中处理率	%	90
14	空气API指数达到一级天数	天	＞145
15	区域环境噪声达标率	%	100
16	实绩考核环保绩效权重	%	25
17	公众对环境满意率	%	＞95
18	主要农产品无公害、绿色食品、有机食品认证比例（其中：绿色食品和有机食品认证比例）	%	90（30）
19	化肥施用强度	kg/hm^2	250
20	农田土壤内梅罗指数	—	0.7
21	第三产业增加值占GDP比重	%	＞60
22	人均社会事业发展财政支出	万元	1.5

2. 行动领域

（1）自然资源保护利用

①推进水资源开发利用与保护。至 2012 年，全岛实现农田节水灌溉工程覆盖率 60%；至 2020 年覆盖率达到 75%。有效提高崇明岛饮用水水源地水质，推进建设东风西沙边滩水库工程，实施相关泵站及管线工程。实施崇西、城桥、陈家镇等新水厂工程及相关配套管网工程，新水厂建成使用后关闭供水片内的小水厂。推进防渗渠道的建设。加强近期无法归并的中小水源地的监管，按照国家标准划定水源保护区。加强水资源保护的宣传教育工作，积极推广使用节水型家用设施。

②加强土地资源可持续开发利用。控制城乡建设规模，合理布局，提高土地的集聚效益。至 2012 年，岛内建设用地总量控制在 203.7 km^2 以内，建设用地比重为 12.7%；至 2020 年建设用地总量控制在 209 km^2 以内，比重不超过 13.1%。加强土地用途管制，实现土地资源可持续集约利用。增加有效供给，抑制过量需求，做好土地存量整理，实行土地资源复合使用，努力提高土地单位面积的使用效益。建立复合稳定的农业生态系统，形成生产、经济和生态三效统一的区域农业生产布局模式，通过适地、适生、适用取得土地资源利用的最佳总体效益。做好增减挂钩、拆旧建新工作，在分别保证建设用地和耕地总量平衡的基础上，推进城镇建设用地增加与农村建设用地减少挂钩试点。

③加强生态岛自然湿地、林地、绿地的保护与建设。至 2012 年，占全球种群数量 1%的水鸟物种数达到 7 种，森林覆盖率达到 20%，人均公共绿地面积 11 m^2，生态保护地面积比例达 68.7%，自然湿地保有率上升为 43%。至 2020 年，占全球种群数量 1%的水鸟物种数将达到 10 种以上，森林覆盖率上升为 28%，人均公共绿地面积增加到 15 m^2，生态保护地面积比例 83.1%，自然湿地保有率稳定控制在 43%。编制生态岛湿地资源调查与监测规划，建立湿地资源监测站；开展湿地资源调

查、评价和监测工作，构建湿地资源信息数据库；建立湿地环境影响评价及项目审批制度，实行湿地开发生态影响和环境效益的预评估。优化崇明东滩鸟类自然保护区水鸟栖息生境；加快推进崇明东滩互花米草生态控制和鸟类栖息地优化工程建设；加快实施崇明东滩鸟类自然保护区受损湿地的修复及维护工程。建立崇明岛水鸟补充栖息地和季节性栖息地；恢复崇明东滩国际重要湿地部分区域的鱼蟹养殖塘，建立水鸟补充栖息地。加强长江口中华鲟自然保护区建设与保护。推进崇明新城和若干乡镇的公共绿地建设。继续推进岛内生态公益林、涵养林等林木建设。根据相关规划要求，对除现状基本农田、自然生态保护区等环境敏感区之外的其他农用地等生态用地也予以保护，增加具有生态服务功能的用地。

（2）循环经济和废弃物综合利用

①推行生活垃圾的资源化利用。至 2012 年，崇明岛生活垃圾分类收集覆盖率达 50%，资源化利用率达 50%；至 2020 年生活垃圾分类收集覆盖率达 85%，资源化利用率达 80%。继续推行生活垃圾分类收集，并逐步采用统一的集中分类。巩固、完善农村生活垃圾分类收集处置系统。推进生活垃圾资源化利用和农村蔬菜垃圾回田利用。加快推进崇明县餐厨垃圾处理厂及生活垃圾综合处理场的建设。

②加强农业废弃物的综合利用和管理。积极推进崇明岛畜禽养殖场的标准化、规模化综合改造，至 2012 年畜禽粪便资源化综合利用率达到 80%；至 2020 年达到 95%以上。至 2012 年，农作物秸秆资源化利用率达到 80%，农田薄膜回收率达到 80%；至 2020 年秸秆资源化利用率和农田薄膜回收率均达到 95%以上。建设一批标准化规模畜禽场，推广自然养殖法，改造提升治理一批中小型生猪养殖户，关闭若干中小型生猪养殖户。落实畜禽粪便资源化综合利用，推进种养结合的新型生产模式，建设有机肥处理中心，实现有机肥生态还田。在若干个规模化畜牧场建设大中型沼气工程，同时建设一批畜禽养殖专业户的小型沼气工

程，实现三沼利用。配备先进适用的秸秆机械化还田装备。加快非机械化还田的秸秆资源化利用技术开发，建立若干个以农作物秸秆为主要原料的商品有机肥处理中心和食用菌培养料处理中心。

③推进其他废弃物的综合利用与管理。至 2012 年，崇明岛工业固废（粉煤灰）综合利用率达 90%；至 2020 年，利用率保持在 90%以上。至 2012 年，建筑垃圾再生利用率 90%；至 2020 年达 95%以上。至 2012 年，加紧落实污泥资源化设施建设；至 2020 年，实现污泥资源化率 95%以上的目标。加强科技创新，拓展利用方式和应用领域，提高工业固废和建筑垃圾的综合利用水平。积极筹建污泥资源化利用处理设施，在 2020 年前完成相关工程建设。

（3）能源利用和节能减排

①优化能源结构和构建绿色能源体系。至 2012 年，减少煤炭消费量，增加外来电等清洁能源和可再生能源利用，建设崇明岛 10 万千瓦级陆上风力发电场，建成兆瓦级太阳能光伏发电等示范项目；至 2020 年，力争风能、太阳能等可再生能源发电装机达 20 万～30 万 kW。关停堡镇燃煤电厂。建设崇明北沿等风力发电场。建设若干个具太阳能发电和旅游观光功能的太阳能光伏电站。实施太阳能屋顶项目，建设资源节约型住宅小区试点，推广使用太阳能供热设备，如太阳能供热水和热泵热水等。

②推进能源高效利用与节能。至 2012 年，崇明岛单位 GDP 综合能耗到达 0.7 t 标准煤；至 2020 年达到 0.6 t 标准煤。加强国际学术交流和人员培训，引进先进节能技术和工艺，学习国际先进的能源管理经验。推进重点耗能企业的能源审计与节能技术改造工作。三年内关停并转企业 60 家，工业万元产值能耗年均下降 12%。

③绿色建筑与建筑节能。至 2012 年，岛内新建建筑全部达到国家《绿色建筑评价标准》的相关要求，力争大型公建项目建筑节能率达到 65%以上。在绿色建筑和建筑节能标准方面，高于全市平均水平。加强

新建建筑项目的节能环保评估，严格按国家绿色建筑的相关评价标准核准。推广普及新型绿色节能建筑材料。对建筑面积 5 万 m^2 以上的新建住宅小区，按生态住宅小区的具体技术要求建设，开展生态型住宅小区的示范平补选优。推进现有大型公共建筑的节能改造工程。加强对农村建房的节能指导。在新建酒店、商用建筑、大型场馆中试验空间采暖技术和绿色建筑技术。

（4）环境污染治理和生态环境建设

①加强水环境保护与治理。坚持河道整治与截污治污工程，加强引水调度与河道管理措施。至 2012 年，实现骨干河道水质达到III类水域比例达 90%；至 2020 年，比例上升为 95%。推进污水处理设施建设，提高城镇污水处理水平。至 2012 年，崇明岛城镇污水集中处理率提升为 80%；至 2020 年，力争达到 90%以上。实施崇明岛上骨干河道整治工程。实施若干河道的危闸改造工程。实施城桥、新河、堡镇、陈家镇四座污水处理厂及相关配套污水收集管网工程，初步形成崇明岛“两片、四厂”的污水集中处理格局。加快完善一、二级污水收集管网体系。积极推进建设农村生活污水处理工程。按照《崇明岛生态环境预警监测评估体系》设置水文水质监测站点，开展日常监测工作。

②加强大气环境保护与治理。至 2012 年，崇明岛 API 指数一级天数将达到 140 天左右；至 2020 年，将达到 145 天以上。建设完善岛域生态环境监测网络，在东部、中部、西部及陈家镇隧桥出口附近分别设置监测点。加强对骨干道路的防护林建设和建筑工地、堆场、道路等各类扬尘污染的全过程监管；主要集镇和风景旅游区实施扬尘污染控制。逐步实施 4 蒸吨（含 4 t）以上的燃煤锅炉烟气脱硫和除尘设施改造工程、10 蒸吨（含 10 t）以上的燃煤锅炉烟气在线监测建设工程、饮食服务业油烟废气治理工程。实施国家 I 级及以下排放标准的公交客车的更新换代。

③加强噪声的治理。2012—2020 年，岛域区域环境噪声均能符合功能区要求。重点监控交通噪声，增设陈家镇隧桥出口处的噪声监测点位。

建设长江隧桥工程沿线防护林带，有效防治交通噪声影响。积极推进城桥镇噪声重点控制区的建设工程。

④加强固体废弃物的治理。至 2012 年，崇明岛生活垃圾密闭化运输率保持 100%，无害化处置率达 100%；至 2020 年，两项指标均保持 100%。至 2012 年起，崇明岛危险废物安全处置率保持为 100%，医疗废弃物无害化处理率达 80%；至 2020 年，保持 100%全达标。购置一批集运车辆，并建设若干座压缩中转站。根据发展需要，适度扩建工业危废处置场。继续完善岛内工业危险废物安全处置的监管系统。加强对人口较多区域的管理和配套设施建设。尽快启动固体废弃物处置场二期资源化利用设施的建设。

⑤加强环境保护与综合治理。至 2012 年，崇明岛政绩考核环保绩效权重达到 20%；至 2020 年，提升为 25%。2012—2020 年，公众对环境满意率均达到 95%以上。加强污水处理厂的监测监管工作，安装在线监测系统，确保稳定达标排放，推进 COD 减排。实现工业园区内工业污水纳管率 100%。制定环保绩效衡量标准体系，进行科学评判。建立环境保护与综合治理的社会监督机制，定期实施环境满意度抽样调查。广泛开展宣传教育，普及环保知识，增强公众的环保责任心。

（5）生态型产业发展

①发展现代生态农业和绿色农业基地建设。发展生态农业，提高农产品质量。至 2012 年，主要农产品无公害、绿色食品、有机食品认证比例达 60%，其中绿色食品和有机食品认证比例达 15%，实现农产品良种覆盖率 95%；至 2020 年，主要农产品无公害、绿色食品、有机食品认证比例达 90%，其中绿色食品和有机食品认证比例达 30%，良种覆盖率达 98%。控制化肥施用，改良土壤环境，有效保护耕地。至 2012 年，全岛农田化肥使用强度降为每公顷为 350 kg，农药使用量保持在 10 kg/hm^2 以下，进一步优化农药品种结构；农田土壤内梅罗指数降至 0.76。至 2020 年，实现化肥使用强度 250 kg/hm^2、农田土壤内梅罗指数

0.7。农业标准化示范基地建设累计达 80 个，其中国家级 8 个、市级 8 个。推进农产品认证工作。修订和推广一批涵盖有机、绿色农产品、无公害农产品生产各环节的技术规程，形成完整的标准体系。建立 1 600 亩水稻良种繁育基地，实现良种良法配套关键技术集聚，特别是标准化生产和各种农业废弃物的资源化利用技术。培育科技示范户 1 000 户、培训基层农业科技人员 100 名，逐步形成多元化新型农业技术推广体系。开展高效、低毒、环保型农药的试验示范，筛选符合生态岛建设要求的绿色、环保型新农药应用于农业生产。推广测土配方施肥，制定合理的专用配方肥料配方，形成有机肥料、配方肥料的使用技术方案，提高有机肥料和配方肥料的使用面积，达到培育地力、合理平衡施肥的要求。推广种植绿肥，休闲养地。

②推进清洁生产和高科技环保型生态工业体系建设。至 2012 年，岛内园区外污染行业工业企业数量比重控制在 3%以内；至 2020 年，污染企业数比重不得高于 1%。至 2012 年，万元工业增加值能耗降至 1 t 标准煤/万元，万元工业增加值新鲜水耗降至 19 m^3/万元，再生材料使用率达到 11%，工业用水重复利用率达到 88%，工业废水排放达标率达到 100%。至 2020 年，万元工业增加值能耗降至 0.5 t 标准煤/万元，万元工业增加值新鲜水耗降至 18 m^3/万元，再生材料使用率达到 15%，工业用水重复利用率达到 95%，工业废水排放达标率保持 100%。加快产业结构调整，关停并转高污染、高能耗的劣势产业企业。加强源头控制，严格环境准入，制定和实施产业发展导向和布局指南，确定崇明本岛限制类、禁止类产业的类别。制定节水、节能、降耗的政策措施，推进重点企业实施清洁生产，开展规模化企业 ISO 14000 认证工作。重点将崇明工业园区、富盛经济开发区建设成岛内生态工业园区示范点。积极推进清洁生产审核，开展重点骨干企业的清洁生产审核。建设水环境重点监管企业在线监测系统。

③构筑现代服务业体系，调整经济结构。积极转变经济发展方式，

构筑现代服务业体系，扩大服务业经济规模。至 2012 年，全岛第三产业增加值占 GDP 比重达到 45%；至 2020 年，将达到 60%以上。改善景区环境质量，发展以生态旅游为龙头的现代服务业。二、三产联动融合发展，推进现代服务业集聚区建设，构筑产业链有机衔接、功能完善、协调发展的现代生产性服务体系，增强城市的综合服务能力，实现从产业经济到功能性经济的跨越。

建设明珠湖、东平森林公园、陈家镇等地区的重点旅游设施，建设一批农业旅游精品观光点，打造生态休闲旅游核心产业。在东平森林公园、明珠湖公园两个风景旅游区开展风景旅游区负氧离子的常规监测；建立监测和评价规范；构建旅游区环境质量公布系统，实时公布负氧离子浓度等指标的监测结果。创建陈家镇现代服务业集聚区。

（6）基础设施和公共服务

①加强城镇化建设，优化人口布局。构建居民点体系，加快城镇化建设，提高人口集中度。至 2012 年，按总体规划要求有序调控城乡居民点体系，全岛城市化率达到 40%以上；至 2020 年，全岛村级居民点数量控制在 188 个以内，城市化率达到 70%以上。严格遵循总体规划，有序推进崇明岛居民点体系建设，在城市化进程中实现人口布局的合理化，并注重人口规模与公共设施服务能力的匹配。重点建设崇明新城和陈家镇等新市镇，加快自然村的适当归并，形成“新城—新市镇—中心村”三级城镇体系。适当保留部分乡村和农村民居，营造具有海岛特色的乡村景观，为生态岛发展预留空间。

②构建“低排放、低噪声、低耗能”的现代化城乡交通体系。按照崇明建设世界级生态岛的战略要求，建立多方式、多层次、多功能、分工合理、组合科学、容量充足、服务优质、能适应岛内社会经济发展的现代化综合交通体系。至 2012 年，公交出行比例上升至 12%，各类公交车辆达到国Ⅲ标准，车辆清洁能源使用率达到 40%；至 2020 年，公交出行比例达 22%，各类公交车辆环保节能标准不低于市中心标准，车

辆清洁能源使用率达 60%。建设若干骨干道路；建设崇明新城等市级综合交通枢纽以及若干县级交通枢纽；建设“村村通”公交，行政村基本达到“一村一站”；加快推进岛内车辆的国Ⅲ标准改造，积极争取各种新型环保公交车辆在崇明进行试运营。

③完善公共服务体系，提高人口综合素质。坚持以人为本，以提高居民生活质量为重点。加强教育、医疗卫生、文化、民政、体育等软硬件建设，创新管理体制，完善公共服务体系。至 2012 年，实现全岛人均社会事业发展财政支出 0.71 万元；至 2020 年，力争达到 1.5 万元左右。创建“生态教育”品牌，将生态教育的受益面扩大到所有中小学生。加强优质基础教育资源建设，提高职业教育基础能力。加快中心医院三级达标建设，合理布局二级医院、专科医院，完善社区卫生服务中心以及服务站点、村卫生室的建设，全面建立居民健康档案，提高医疗服务水平。建设社区文化活动中心、社区公共运动场、农民体育健身工程、农家书屋工程、文化信息资源共享工程等文化体育设施；发展公共文化服务体系网络，实现全岛文化信息资源共享工程农村服务网络的全覆盖。探索建设若干生态型的养老服务设施，提高岛上居民期望寿命。

3. 支撑保障体系

（1）运行管理

①建立健全推进机制，加强生态岛建设统筹协调。加强组织领导，成立由相关市领导牵头、相关部门为成员单位的联席会议制度，统筹协调崇明生态岛建设的重大问题。明确工作责任，建立以崇明县政府为主体，项目部门配合的推进责任机制。邀请相关领域高级专家组成专家顾问组，为领导小组决策提供技术支撑和咨询建议。鼓励和引导社会各方面共同参与崇明生态岛建设。

②制定三年行动计划，形成可持续的滚动发展机制。根据纲要制定的总体目标，既着眼长远、又立足当前，制定崇明生态岛建设的三年行

动计划，明确具体建设项目和重点工作措施，分步实施、有序推进、滚动发展。

③建立监测评估制度，加强生态岛建设绩效管理。建设涵盖土地利用，水环境、大气环境、声环境、土壤环境等各项环境质量以及水生生态系统、湿地生态系统的生态系统监测等内容的监测网络系统，开展系统全面的评价，定期向社会发布，接受群众监督。建立生态岛建设的跟踪评估机制，实施“一年一小评、三年一大评”，对土地利用格局、水环境、大气环境等指标一年一评价，对土壤环境、生态系统等指标三年一评价。将生态岛建设管理效能评价纳入行政考核体系，强化责任约束。

④加强各方合作交流，形成全社会参与的发展格局。积极动员和推进光明食品（集团）有限公司和上海实业东滩投资开发（集团）有限公司等岛内企业的参与，形成崇明生态岛建设的重要推进力量。加强与邻近省市，特别是位于崇明岛但隶属于江苏省的启隆乡、海永乡相关城镇的合作，在资源利用和环境保护等领域，统一规划、协同实施，共同促进崇明生态岛建设。加强部市合作，力争将崇明生态岛建设纳入国家有关部委的专项规划、改革试点和重点基地等范围，争取国家资金、技术和人才的支持。加强世界生态岛建设的国际交流与合作，以技术创新和管理优化为核心，积极吸引国际组织、工商企业和社会团体参与崇明生态岛建设；加强信息交流，吸取国际先进经验，加强低碳技术的研发、示范和推广，完善各种法规和管理体系。

⑤建立健全法制体系，依法推进和实施生态岛建设。在认真贯彻实施已有法律法规的前提下，积极研究国际生态岛建设的相关经验教训和发展趋势，结合上海及崇明岛建设的客观现实和环境基础，尽快出台崇明生态岛保护和发展管理的法规、规章或规范性文件，指导、规范、监督生态岛建设的有序推进。

（2）政策保障

①实行人口综合调控，推进生态岛人口结构优化。要综合运用市场、

法律、规划和必要的行政手段，以积极的经济社会政策促进崇明人口的可持续发展。远近结合，稳定人口总量，岛内外人口发展联动，提升人口素质，优化人口结构，改善人口空间分布；加强保障和改善结构相结合，应对人口老龄化，保持人口与经济、社会、资源、环境协调发展。

②完善土地控制政策，合理利用生态岛土地资源。保护优质耕地和基本农田，大力推进高效生态农业建设。加强滩涂资源保护和适度开发利用，保护崇明长江三角洲国家地质公园和自然保护区。落实用地调控具体措施，构筑绿色生态空间体系，集约利用建设用地，保护和合理利用农用地。

③制定产业准入政策，推动绿色产业体系建设。制订高标准的生态岛产业准入政策，对其现有产业进行严格筛选，逐步淘汰“三高一低”企业，实现岛内产业结构优化调整，建立以循环经济为特征的、低能耗、低污染的低碳型绿色产业新体系。

④建立绿色消费模式，倡导低碳生活方式。在确保生态岛居民生活水平不断提高的同时，引导居民建立绿色的消费观念，完善促进绿色消费的相关政策。鼓励生态型的生活方式，积极控制碳排放，实施节能产品惠民工程，加大高效照明产品推广力度，在优惠政策上优先向崇明岛倾斜，为全国建设低碳型、节约型社会发挥良好的示范和引领作用。

⑤拓宽建设资金渠道，完善生态岛建设的投、融资机制。积极发挥政府投资的引领和导向作用，用好、用足现行各项财税政策，整合崇明发展各类财政专项资金，确保政策和资金聚焦生态岛建设发展的重点领域。统筹平衡市级层面对崇明生态岛的政策资金支持，在深化生态补偿机制的基础上，探索设立崇明生态岛建设的专项资金，形成稳定的财政支持机制，重点支持生态保护、环境建设项目和工作措施。充分发挥市场机制作用，推行生态环境保护建设项目的市场化运作，广泛吸纳民资、外资等社会各类资金投入。

⑥营造良好社会氛围，鼓励社会公众参与和监督。充分利用电视、

广播、报纸和网络等媒介，通过公益广告、教材读本、培训教育等形式，加大生态岛建设的宣传教育力度，探索编制生态岛各类行为主体的行为守则，形成全社会倡导生态型发展的良好氛围，鼓励企业积极参加生态岛建设的公益活动，提高公众参与生态岛建设的热情和责任。认真听取人大代表、政协委员的意见和广泛征询社会各界人士的建议，充分发挥公众对生态岛建设的监督作用。

三、上海市持久性有机污染物“十二五”污染防治规划

1．指导思想、基本原则和规划目标

（1）指导思想。以邓小平理论和“三个代表”重要思想为指导，深入贯彻落实科学发展观，促进可持续发展，积极开展前瞻性特征污染物的预防与控制以及破解新的环境问题。以 2010 年上海世博会成功举办和上海全国环境保护模范城市创建为契机，综合运用法律、经济、技术和必要的行政手段，加快推进产业结构调整和经济发展方式转变，全面落实《国家实施计划》的各项要求。以保护生态环境和人类健康为出发点，坚持以人为本，切实保障生态环境和人类健康免受 POPs 危害；坚持 POPs 污染防治与能力建设并举；坚持预防新源、削减旧源、持续减量与完善法制、强化监管、综合防治相结合。

（2）基本原则

①三个坚持、三个突出。POPs 污染防治规划编制坚持以落实《国家实施计划》为主线，与环境保护发展战略和履约示范市建设相结合，突出污染防治。POPs 污染控制行动计划坚持与社会发展、城市规划、产业结构调整、清洁生产、节能减排等相结合，突出可持续发展。POPs 污染防治工程措施坚持以减少、消除和控制无意排放二噁英污染源和高风险含 POPs 废物为优先，突出最佳可行技术/最佳环境实践（BAT/BEP）。

②全面推进、突出重点。以《国家实施计划》和国家相关政策为依

据，全面推进 POPs 污染防治的各项任务。重点完成已识别的 POPs 废物和污染场地的环境无害化处置，解决环境突出问题；重点完成 POPs 基础调研，建立 POPs 环境数据库；重点实施铁矿石烧结、炼钢生产、再生有色金属生产和废弃物焚烧四个二噁英重点排放行业的清洁生产审计，推广最佳可行技术和最佳环境实践的应用；重点推进履约能力、环境监管能力和环境监测能力建设，形成长效管理体系。

③加强管理、提高能力。加强 POPs 污染源企业的监督管理，严格执行环境影响和风险评估制度，严格新建项目的审核，制定优先管理领域，建立分阶段、分行业和分目标的实施行动计划，做到不欠新账，多还旧账。结合新增 POPs 的控制、化学品环境管理和危险废物、污染场地的环境无害化管理，推进环境信息化管理建设，提高环境无害化管理能力。

④政策保障、防治并重。以法规指引、标准限制、政策保障、科技攻关作支撑，依法管理为手段，营造政府主导、企业主体、社会参与的环境，激励企业“调结构、促转型”、“节能减排、谋发展”，促进源头减量、中间预防、末端减排和无害化管理。切实削减 POPs 排放总量，切实落实污染控制目标。

（3）规划目标

①近期目标。到 2015 年，完成新增 POPs 污染源调查和原 POPs 生产企业污染场地的现状调查，对 POPs 污染场地开展环境风险评估，初步建立 POPs 污染源动态信息系统；已识别 POPs 废物进行环境无害化处置，已识别高风险生产领域杀虫剂类和多氯联苯 POPs 污染场地开展风险管理和治理修复；启动环境（土壤、水、大气等）中 POPs 水平调查；铁矿石烧结、电弧炉炼钢、再生金属生产、废弃物焚烧处理和遗体火化等二噁英重点排放行业新源率先推广 BAT/BEP，现有二噁英污染源开展示范减排活动，推动产业结构调整或生产工艺、污染控制改造升级，使无意产生的二噁英排放总量有效削减，重点区域环境质量明显提

高；截污、治污环境基础设施进一步完善，农业面源 POPs 污染控制进一步加强，水环境饮用水质量进一步提高；POPs 类有毒化学品使用和进出口监管能力进一步提高，环境风险最大限度降低；POPs 环境法规、政策体系进一步完善。

②远期目标。到 2020 年，按照《国家实施计划》完成各项指标要求；连续开展环境介质（土壤、水、大气）、农产品、生物体等 POPs 水平调查、跟踪管理与监控；健全 POPs 污染源信息系统，完善含 POPs 废物和污染场地清单调查，逐步清除或修复历史遗留 POPs 污染场地，POPs 废物全部环境无害化处置。除重点行业外，进一步推进铸铁、焦炭等各行业新源全面推行 BAT/BEP，旧源按照 BAT/BEP 进行环境管理，最大限度消除或降低二噁英排放，监督管理能力进一步完善，重点区域环境质量明显改善，城市环境更加安全。

2. 主要任务与措施

（1）加强 POPs 污染源的监督管理，从源头控制二噁英的排放

①加强 POPs 污染源重点行业、重点企业的监督管理，确保 POPs 的排放水平稳定达标。加强电弧炉炼钢生产、铁矿石烧结生产、再生有色金属生产、废弃物焚烧处置和遗体火化 5 个无意产生 POPs 污染源重点排放行业的监督管理。对 21 家 POPs 污染源重点排放企业实施强制清洁生产审核，其他企业优先安排开展清洁生产审核。进一步倡导生产过程节约原材料和能源，强调原料筛选与净化，去除原材料中油、塑料等有机质，减少降低所有废弃物的数量和毒性。实现最小的环境影响、最少的资源、能源使用，最佳的管理模式以及最优化的经济增长水平。在铁矿石烧结行业积极推广烧结炉二噁英减排 BAT/BEP 的示范应用。再生有色金属生产行业，全面实行安装布袋除尘器等尾气处理设施。废弃物焚烧处置行业，贯彻执行国家有关焚烧处置污染控制标准和技术规范，淘汰落后技术设备，鼓励和支持规模化、集中化、无害化焚烧处置。

积极推进遗体火化设施尾气净化设备的安装与改造工程，遗体火化设施尾气净化设备的安装率力争达到90%。

结合节能减排和产业结构调整政策，研究“以奖促治”等行政、经济手段，促使POPs污染源重点排放行业选用最佳可行技术，更新、改造和完善尾气净化装置，控制和减少二噁英的排放；定期开展社会化、集中化、专业化焚烧处置企业的环境风险评价和回顾性环境影响评价，定期公布环境质量公告。

加强企业内设焚烧处理设施的监督检查，淘汰落后焚烧处理设施，限期改造和完善尾气净化设施。依据相应的国家或地方污染控制标准，加强对烧结炉、电炉、冶炼炉、焚烧炉等二噁英排放的监督性监测，使相关行业旧源二噁英排放浓度稳定达标率达到80%以上。

②加强新、改、扩建设项目环境影响评价的审核，控制POPs污染。加强新、改、扩建设项目环境影响评价的POPs专项审核。禁止新增“关于持久性有机物污染的斯德哥尔摩公约”明令禁用或严格限用的含氯丹、七氯、灭蚁灵、毒杀芬、滴滴涕、多氯联苯、六溴联苯、林丹、全氟辛烷磺酰类化合物等各类POPs的新、改、扩建设项目。

禁止建设采用落后工艺并易产生二噁英排放的项目。如属于上海工业产业导向中禁止的普通钢铁冶炼项目，铁合金冶炼，重有色金属冶炼（铜、铅、锌、镍、钴、锡、锑、汞等），轻有色金属冶炼（铝、镁、钛等），再生有色金属生产中采用直接燃煤的反射炉项目，贵金属冶炼（金、银及其他），铁合金高炉、电炉、反射炉炼铜工艺及设备，铸铁管厂高炉（300 m^3 以下），生产地条钢、钢锭或连铸坯的工频和中频感应炉，转炉（20 t 及以下，含铁合金转炉），电炉（20 t 及以下，不含机械铸造电炉、高合金钢和机械铸造电炉），环保不达标的冶金炉窑，半封闭直流还原电炉和精炼电炉（3 000 kVA 以下）等新增工业项目。具体根据国家或本市产业结构调整目标最新要求进行。

POPs 污染源重点排放行业新建烧结炉、电炉、冶炼炉、焚烧炉等新源项目全部应用 BAT，促进 BEP，其无意产生二噁英最高允许排放浓度控制在国家和地方标准以内。“十二五”期间建设的新源二噁英排放稳定达标率 85%以上。

合理部署生活垃圾焚烧处理厂，提高生活垃圾焚烧炉处理能力准入规模和污染控制技术水平，增强降低二噁英排放的 BAT/BEP 效应。重点在现有生活垃圾焚烧厂实施技改扩能；重点在老港新建高标准、高质量、高效率、低污染的生活垃圾焚烧厂。

③进一步开展 POPs 污染源调查，建立优先管理和治理名录。开展环境（土壤、水、大气）中 POPs 背景水平调查，深入开展 POPs 污染防治战略性、前瞻性研究。开展白蚁防治业的库存氯丹原油、灭蚁灵等杀虫剂类持久性有机污染物的调查，对新增 9 种 POPs 污染源现状和 POPs 现有企业开展更新调查，建立和完善上海市 POPs 污染源数据库，建立 POPs 污染源优先管理名录。深入开展原 POPs 生产企业受持久性有机污染物污染的场地和物品的调查与识别，查明全市生产领域受 POPs 污染场地的现状，开展环境风险评估，建立受 POPs 污染场地的名录，优先治理已查明的高风险杀虫剂类 POPs 或 PCBs 污染场地，切实解决 POPs 类污染物引起的突出的环境问题。对相关生产企业其土地功能规划变更为居住、商业用地的，事先开展环境风险评估和治理。

④实施 POPs 污染防治关口前移，预防 POPs 环境污染。加强化学品首次进口及有毒化学品进出口的监督管理，对进出口有毒化学品实施环境管理登记与审批制度，严格限制 POPs 类有毒化学品的进出口。加强对进口食物和进口废物的持久性有机污染物的检测和商检，防止境外 POPs 污染物入侵本市。加强农药生产和使用的监督管理，禁止生产和使用艾氏剂、氯丹、狄氏剂、异狄氏剂、七氯、灭蚁灵、毒杀芬、滴滴涕、六六六、十氯酮、林丹等农药类 POPs。鼓励和发展高效低毒环保型农药，跟踪监测与评估农用耕地、农产品中的六六六、滴滴涕等有机氯农药残留量，预防有机氯农药危害。建立持久性有机污染物生物监测

点，进行生物连续监测与监控。开展人体负荷中残留的持久性有机污染物限量评估，并将杀虫剂类、二噁英类监测纳入常规管理工作中，确保人体健康。

（2）结合产业结构调整，淘汰落后设备和设施，减少二噁英排放

①对不符合产业导向和规划布局的 POPs 排放源企业，实施关停并转。结合产业规划布局和产业结构调整，以及高能耗、高污染企业等落后工艺设备设施企业淘汰，对位于崇明生态岛不符合区域环境政策的，外环线以内不符合产业规划布局的，在工业园区以外的、污染严重的，不符合“上海工业产业导向和布局指南”的，逐步实施关停并转。重点逐步淘汰落后铸铁生产、再生有色金属生产相关企业。

②以新带老，实施生产工艺和尾气污染控制设施能级提升。实行水泥生产行业的整体生产结构调整，海豹水泥厂停止水泥熟料生产。上海水泥厂、联合水泥厂、浦东水泥厂和金山水泥厂“四厂合一”，实施搬迁改造。在白龙港新建二条水泥回转窑共处置固体废物的生产线。新建水泥回转窑二噁英排放浓度达到 0.1 ngTEQ/m^3 以下。

调整 4 家持有危险废物经营许可证的焚烧处置设施的布局，搬迁至市级工业园区内，紧密结合工业园区资源循环利用、节能减排和环保创模工作，实施焚烧处理技术改造、扩能和园区内静脉产业配套补链，实现废物集约化、集中化焚烧处置。

采用气化熔融处理技术和尾气净化控制技术，新建崇明动物无害化处理站和改扩建浦南病死禽畜无害化处理站，满足本市病死动物和废弃动物产品环境无害化处置需求。

按照国家有关污染控制标准和技术标准，衡量社会化服务的废物焚烧企业的焚烧处理能力和污染防治能力，促进焚烧处置企业应用 BAT/BEP，改造和完善焚烧处理设施和污染防治配套设施，提升处理能力和污染防治能力，规范焚烧处理活动，确保焚烧处理企业污染物排放稳定达标。

（3）推进 BAT/BEP 工程示范，降低二噁英排放强度

①开展烧结炉、电炉的 BAT/BEP 的项目示范，促进二噁英减排。充分发挥宝钢集团公司现代管理和技术整体优势，进一步推行清洁生产，着力打造绿色企业。支持和鼓励宝钢在开展“中国无意排放 POPs 副产物行业 BAT/BEP 示范”和“烧结二噁英减排试验与开发研究”以及取得“纳米复合催化剂材料国家专利”的基础上，完成国家科技支撑计划重点项目课题《钢铁行业二噁英类污染物控制技术开发与工程示范》的研究开发工作，建立示范装置，形成具有自主知识产权的烧结二噁英减排治理成套技术，应用于钢铁生产排放烟气中二噁英类与 SO_2、NO_x、微细粉尘、重金属等其他常规污染物的综合治理，付诸钢铁行业实施烧结炉、电炉二噁英减排的 BAT/BEP。

②开展水泥回转窑协同无害化处置生活垃圾飞灰工程示范，实现垃圾无害化处理。在完成“利用预处理垃圾焚烧飞灰制备生态水泥关键技术研究与产业化工程示范”和“利用预处理垃圾焚烧飞灰制备生态水泥工艺工业化规模试验”的基础上，加快制定“水泥回转窑共处置危险废物污染防治技术规范”，加快推进利用预处理垃圾焚烧飞灰制备替代原料协同水泥回转窑无害化共处置产业化，使水泥回转窑协同处置预处理飞灰生产能力达到 2.7 万 t/a。

（4）实施已识别的 POPs 废物环境无害化处置

①含 PCBs 电力设备和二噁英类飞灰的环境无害化处置。选择符合《危险废物焚烧污染控制标准》的，采用成熟高温焚烧处理工艺技术，并取得相应 POPs 废物处理处置资质的单位，高温焚烧处理下线或库存的废弃含 PCBs 电力设备，实行环境无害化处置。对二噁英类飞灰采用水泥回转窑共处置，或经固化、稳定化后实施安全填埋。

②受 PCBs 污染场址的清理与修复。采用高温焚烧技术或水泥回转窑共处置技术，焚烧处置受 PCBs 污染物及土壤。采用挖掘、稳定/固化、热处理、安全填埋等污染场地修复技术，使之达到国家规定的污染场址

各项修复指标。

（5）加强饮用水源地的保护，防治 POPs 向水体迁移

①开展水源地保护区 POPs 污染源排查，建立和完善饮用水源地监控系统。开展水源地保护区 POPs 污染源排查，制定并落实可行的 POPs 水源污染预防、控制和保护措施，建立和完善饮用水源地 POPs 监控系统，实现水质监控现代化。开展水源地滴滴涕等 POPs 监测。

②重点加强水源地农业面源 POPs 污染的防治，防止 POPs 向水源迁移污染。加强农业生产管理，禁止艾氏剂、氯丹、狄氏剂、异狄氏剂、七氯、滴滴涕、六六六、十氯酮等列入 POPs 管制类农药的使用；禁止含多环芳烃等有害污泥用于农田改良或施肥；禁止使用城镇污水、工业污水灌溉农田；规范农田耕作、施肥量、施肥期、肥料品种和施肥方式，合理使用高效低毒农药。通过土壤、农产品有机氯农药残留量跟踪监测评估，预警和预防面源 POPs 污染。

（6）加强 POPs 管理能力建设，实行长效管理

①加强 POPs 履约管理体系建设。建立市级 POPs 履约工作协调机构，确立环保、经济、科技等政府职能部门为主导，产业部门共同参与的协调推进机制，负责将《国家实施计划》纳入本市环境保护规划，建立和完善相应的管理制度，制定和实施相关政策以及必要的行动措施，实现《国家实施计划》要求的控制目标。充分发挥相关行业、企业、高校和科研机构内的专家技术支撑作用，建立地方履约能力建设项目的专家组，协助开展地方履约能力建设项目，帮助解决相关技术问题，促进履约示范项目的实施。

②强化 POPs 减排的监管体制及机制。健全市、区政府两级监管，企业负责、公众共同参与的 POPs 污染控制体系和长效管理体制。充分发挥政府各有关职能部门的组织协调、规划、政策等宏观管理职能和环保部门的环境监管作用。充分发挥企业主体、公众积极参与 POPs 减排活动，承担社会责任。实施 POPs 污染防治责任制和目标考核制；加强

监督性监测和监督性检查力度；强化“条块结合，以块为主”的推进机制；完善环境影响评价制度，将环境风险评估作为新建项目环境影响评价的重要内容；研究纳入节能减排和以奖促治等行政、经济手段和政策，以清洁生产为核心的二噁英类 POPs 削减，对重点行业实施清洁生产审核；实施重点 POPs 污染源转产、搬迁、关闭等环境影响后评估；通过以清洁生产为核心的旧源强化削减，推动限期治理，实施污染物治理紧逼机制。充分发挥上海市固体废物管理中心的环境监督管理的作用，建立重点区县固体废物管理机构，拓展 POPs 等特征污染物的环境无害化管理职能，实行区域化 POPs 污染控制与减排、土壤修复等环境无害化管理。建立上海 POPs 污染防治技术中心，为 POPs 环境综合管理、有关污染源调查、污染排放规律和本地迁移机制研究、风险评估、环境介质污染监测监控、BAT/BEP 推广、减排和修复等提供有力的技术支撑和服务。

③加强 POPs 监管信息化与监测能力建设。建立健全 POPs 污染源调查数据库，拓展 POPs 流通、使用、排放和处置相关各项数据的收集、录入和数据汇总统计，重点开发炼钢行业和焚烧处置行业 POPs 动态数据库，建立具有环境管理功能的信息管理系统。研究建立开放式的无意产生 POPs 类产业信息和技术信息展示和交流平台，为全市乃至全国的相关企业和环境管理部门提供有益的信息，加快 BAT/BEP 推广与应用。继续完善本市 POPs 监测设备的配置，建立 POPs 环境监测监控系统，逐步开展重点源、重点企业的 POPs 监督性监测和本地二噁英排放因子的测定。

④加强宣传，提升全社会的环保意识。在上海政府网开设 POPs 污染防治专栏，发布上海 POPs 污染防治和贯彻落实《国家实施计划》等相关信息和 POPs 污染防治相关政策法规，反映本市 POPs 污染防治工作动态；结合“6・5 世界环境日”等主题，在社区内开展 POPs 相关社会宣传和公众交流活动，提高公众对 POPs 及其污染防治的知晓率和认

知度；举办相关政策与学术研讨会，建立政府、企业、科研机构的联动平台，提高社会各界的环境保护意识，促进 POPs 污染防治工作的实施。

3．保障措施

（1）充分发挥本市实施“国家实施计划”（NIP）工作协调组作用，形成管理合力。进一步完善 NIP 协调联动机制，在本市实施 NIP 工作协调组的基础上，扩大市财政局、市民政局、市质量技监局、上海海关、市商检局等部门加入参与 NIP 工作协调。进一步推动各领域 POPs 污染防治与监督管理；进一步落实 POPs“十二五”污染防治规划各项工作任务；进一步加强 POPs 污染防治和监测能力建设；进一步加强行业 POPs 防治信息交流和履约绩效评估；进一步贯彻实施 NIP 等重大事项。市环保局、市经济信息化委、市卫生局等有关部门，应充分发挥行业专家技术支撑作用，建立 POPs 污染防治专家咨询工作组，协同推进行业 POPs 污染防治工作。

（2）建立完善的地方 POPs 污染防治法规体系。进一步建立和健全地方 POPs 污染控制标准、法规体系。坚持预防优先的原则，健全 POPs 生产和使用过程中污染最小化和二噁英污染控制相关政策，促进削减和控制 POPs 排放，强化对削减和控制 POPs 排放行动的政策引导和法规控制。通过建立完善的地方 POPs 污染防治法规、政策体系，做到 POPs 污染防治有法可依、有章可循。重点完成制定《“固废法”上海实施办法》、《上海市钢铁行业污染物排放标准》、《上海市生活垃圾焚烧大气污染物排放标准》、《上海市工业炉窑、工业废物、危险废物焚烧大气污染物排放标准》、《受污染场地修复技术导则》、《危险废物风险评价方法标准》和《危险废物风险评价程序》，以严于国家标准为手段，促进企业选用 BAT/BEP，开展 POPs 污染控制及减排活动。以政策为引导，通过试点推进和强化监管，促进钢铁行业、有色金属行业和焚烧处置行业的结构调整，推进焚烧及二噁英排放治理设施的升级改造，确保钢铁行业、有色金属行业和焚烧处置行业二噁英排放全面达标，最终达到 POPs 减排的目标。

（3）加强国际合作交流，加大科技攻关力度。加强国际合作交流，充分利用公约的资金援助和技术转让机制，引进国外的先进技术、管理和经验，增大科研投入，设立相关专项研究项目，提升相关行业和企业的技术水平、管理水平，促进产业技术进步和产品结构调整，提高竞争力，鼓励科研机构参与到 POPs 的研究工作中来，开展最佳可行技术和最佳环境实践。加大科技攻关力度，重点开展适合我国国情的 POPs 污染防治最佳可行技术应用研究；从技术、资金等方面支持本市企业开展二噁英减排示范工程，加强 POPs 监控技术研究；POPs 无害化处理最佳可行技术研究；POPs 迁移转化及其对生态环境影响研究；POPs 污染防治与环境无害化管理战略研究。

（4）加大环保财政投入，促进能力建设

①加大对环境保护的财政投入力度。一是加大有关 POPs，尤其二噁英物质的环境信息化管理、环境监测、环境装备、环境执法、环境科研和环境标准制订等工作投入，促进环境执法体系、环境科研和环境标准体系的建设，全面提升环境无害化管理能力。二是加大对确定重点污染治理项目、环保基础设施、环保工程试点示范和综合利用的资金投入，提升污染治理与无害化处置能力。

②持久性有机污染物污染防治工程项目资金按“谁污染，谁治理”的原则，以企业自筹为主，政府给予适当的补贴，其中：污染控制类项目资金，以污染企业自筹为主，对列入重点规划的项目环保专项资金给予适当的补贴；二噁英类 POPs 减排示范项目，以企业自筹资金建设污染治理设施为主，对符合科技立项的，给予科技资金的资助，对列入中央财政资金补助范围的，地方财政予以配套；POPs 污染场地的治理修复工程，以污染场地责任主体自筹资金为主，积极争取国际援助项目、国际赠款和优惠贷款等多元化资金的支持。

③持久性有机污染防治 POPs 管理能力建设和公益类 POPs 废物的环境无害化管理项目资金，以政府投入为主，并积极争取国际履约项目。

④在 POPs 排放源中，对列入国家和本市淘汰劣势行业、落后工艺及产品指导目录范围的企业或者生产线，污染严重或信访矛盾突出的，不符合规划导向设在水源保护区或工业园区外的企业，可以按照《上海市产业结构调整专项补助办法》等政策优先安排；对符合节能减排的，需要工艺改进或污染控制治理设施升级改造的，可以按照《上海市节能减排专项资金管理办法》以及环保专项补助资金管理规定优先考虑安排。同时，针对二噁英有毒有害物质排放，研究制定二噁英激励减排政策。对于列入国家或本市财政专项支持的，还应通过有关部门评估和审核。

四、上海市重金属污染综合防治规划（2010—2020 年）

1. 指导思想和目标

（1）指导思想。以邓小平理论和“三个代表”重要思想为指导，深入贯彻落实科学发展观，上海市重金属污染综合防治“十二五”规划以重点防控行业和重点防控企业为重点，加大产业结构调整力度，强化环境执法监管，依靠科技进步，完善政策措施，扎实做好重金属污染综合防治工作，切实维护人民群众利益和社会和谐稳定。

（2）基本原则。①统筹规划，突出重点。近期和远期相结合，统筹污染防治与产业发展，统筹现有污染源整治与解决历史遗留问题，突出重点防控行业、重点防控企业和重点防控污染物，分区、分类、分期实施重金属污染综合防治。②治旧控新，综合防治。坚持源头预防，严格准入，优化产业结构，降低重金属产污强度，严格控制新增污染源和污染物排放。加大淘汰落后产能力度，实施综合整治，努力消化存量，保安全、防风险。③政府引导，企业主体。充分发挥政府引导作用，为重金属污染防治提供政策环境和制度保障，做到目标、任务与投入、政策的匹配。严格落实企业的主体责任，严格执行达标排放，强化责任追究。鼓励社会参与，加强环境信息公开和舆论引导监督。

（3）规划目标。到 2015 年，基本建立起比较全面地解决典型城市化特征的重金属污染问题的基础能力，建立起比较完善的大型城市重金属污染防治体系、环境与健康风险评估体系和事故应急体系。涉重金属产业结构进一步调整和优化；污染源得到有效治理和控制，重点行业实现稳定达标排放，重金属污染物排放量在 2007 年基础上有所下降，城镇集中式地表水饮用水水源重点污染物确保达标，环境质量有所改善；城市污染场地得到规范监管和初步治理；重金属环境监控能力明显加强；人体健康得到有效保证。

2. 主要任务与措施

（1）优化产业结构和布局，加大重点行业防控力度

①调整产业结构，优化产业布局。围绕上海“国际经济、金融、贸易、航运中心”四个中心的定位，严格执行国家已颁布的《有色金属产业调整和振兴规划》、《产业结构调整指导目录》、《国家产业技术政策》以及《上海工业产业导向和布局指南》等产业政策，逐步降低石化、钢铁等重污染行业在全市产业中的经济比重，加快产业结构优化升级，促进产业健康协调发展。优化产业布局，以《上海工业产业导向和布局指南》和《上海市工业用地布局规划》为指导，按上海市重金属污染综合防治“十二五”规划工业向园区集中、园区定性、规模化发展的原则，进一步合理优化工业园区布局，促进集约化发展。水源保护区内尚有电镀类企业存在，重点涉重企业尚有分散在 104 个产业区块之外的，对于这些企业应该尽可能制定搬迁或关停计划，使之逐步集中到工业地块中，属于落后产能的要进行淘汰。今后确需新建的涉重企业都应严格限制在 104 个工业区块内，并优化选址，进一步促进工业集中集群发展，

妥善解决工业布局中“散、小、多”的问题。列入《上海工业产业导向和布局指南》中限制类的行业和产品，限制新增生产项目，生产计划实施总量控制；原则上位于外环线以内的企业不得投资扩产，位于外环线以外的企业，根据具体布局，实施控制和调整。其中对于位于近郊绿环、中心城周边生态间隔带、生态廊道内的企业，优先推动其淘汰或转型。对高耗能、高污染企业，综合运用经济、法律和必要的行政手段，整合政府资源，依法关闭产品质量低劣、浪费资源、污染环境、不具备条件的企业；淘汰落后设备、技术和工艺，压缩部分行业过剩生产能力，实现对传统产业的技术改造和信息产业的发展，调整和提升产业结构。

②加大落后产能调整淘汰力度，减少重金属污染物产生。加强列入《上海工业产业导向和布局指南》中淘汰类的涉重行业和产品的淘汰力度，将重金属污染严重且治理无望的行业纳入调整目录中的禁止类，对列入禁止类行业的现有企业和生产能力须限期停产、转移或合并。对新增行业严格按照鼓励、限制和禁止条件进行审批和建设。重点推进电镀、热处理、锻造、铸造四大加工工艺集中积聚，到 2015 年企业数（点）比 2010 年减少 50%以上。到 2015 年前，力争调整淘汰优势骨干企业以外的小型钢铁冶炼企业产能。继续调整淘汰有色金属冶炼等高能耗和高污染行业。支持和引导水泥行业产能向大型水泥生产企业集中，到 2012 年前，实现水泥行业生产能力向 3 家大型水泥生产企业集中。到 2012 年前，零星化工企业除少量保留并迁至化工园区外均予以淘汰。到 2012 年前，实现外环线以内工业区外无危险化学品生产和仓储企业，外环线以外危险化学品企业加快向园区集中，到 2015 年企业数比 2010 年减少 40%以上。

③提高行业准入，严格限制涉重金属项目。严格产业和环保准入条件。坚持新增产能与淘汰落后产能“等量置换”或“减量置换”的原则，探索重金属排放量置换、交易试点，实施“以大代小”、“以新带老”，实现重金属污染物新增排放量零增长。制定和完善重点行业准入条件，

进一步提高节能、环保、安全、土地使用和职业健康方面的准入条件，实施产业准入公告制度。严格执行《外商投资产业指导目录》，限制排放重金属污染物的外资项目。禁止在水源地保护区内以及划定的工业区之外新建涉重金属污染物的项目；新建或改建项目必须符合环保、节能、资源等方面的法律、法规，符合产业政策和各类规划要求。对涉重行业，严格执行行业准入条件，严格环评、土地和安全生产审批，制止低水平重复建设和新增落后产能。

（2）严格重金属污染源监管，加强重点区域环境质量监控

①开展重金属产排调查测算，进一步完善摸清基数。开展重金属产生排放测算调查，进一步完善摸清基数，确保在 2012 年以前能基本掌握全市重金属产生量和排放量基数。调查铅蓄电池制造业、皮革及其制品业（皮革鞣制加工等）、化学原料及化学制品制造业（基础化学原料制造和涂料、油墨、颜料及类似产品制造等）、重有色金属矿采选业（铜矿采选、铅锌矿采选、镍钴矿采选、锡矿采选、锑矿采选和汞矿采选业等）、重有色金属冶炼业（铜冶炼、铅锌冶炼、镍钴冶炼、锡冶炼、锑冶炼和汞冶炼等）等重点行业中涉及废气重金属排放的主要工艺、产排环节与特征以及污染治理技术，在此基础上开展废气重金属产排污系数、排放量测定工作，并对已有的重金属排放系数开展评估，建立相对系统和完整的废气重金属排放系数体系。对重点行业企业进行废水、固废重金属产生排放调查与核实，建立上海市的重金属产生排放信息数据库，每年进行核查更新。

②加强污染源监管，促进污染源稳定达标排放。2012 年年底前，全面建立企业环境管理档案，着力加强重点涉重企业监管。实时更新企业新增、淘汰、关停信息数据库。企业生产、日常环境管理、清洁生产、治理设施运行情况、在线监测系统安装运行情况、监测数据、污染事故、环境应急预案、环境执法及历史遗留问题解决等情况都应纳入数据库进行动态管理，实施综合分析，核查监管。加快关闭并拆除在饮用水水源

地内的所有重金属排放企业，从严查处一批未经环评审批许可开工建设、未制定“三同时”和环保验收、采用落后生产工艺、重金属污染物超标排放等问题突出的企业，依法停止相关项目建设，加大惩处力度，对造成环境污染的，要进行限期整改，问题严重的，要坚决实行停产整顿。全面实施重金属排放企业环境监督员制度，加强对企业的污染防治、监督和检查。建立重金属排放企业监督性监测和检查制度。每两个月对重金属排放企业车间或车间处理设施排放口、企业排污口水质及厂界无组织排放情况开展一次监督性监测，重点检查物料管理、重金属污染物处置和应急处置设施情况等。加强城市污水处理厂进水口和出水重金属监测，加强对污水处理厂污泥重金属的监测和监管，确保企业稳定达标排放。

③规范日常环境管理，严格落实企业责任。着力提高重金属相关企业员工污染隐患和环境风险防范意识，制定并完善企业重金属污染环境应急预案，定期开展培训和演练。制定企业环境管理规范，严格物料堆放场、废渣场、排污口的管理，减少无组织排放，保证污染治理设施正常运行。要求企业建立重金属污染物产生、排放详细台账，纳入企业信息公开内容。建立特征污染物日监测制度，每月向当地环保部门报告。建立企业环境信息披露制度，每年向社会发布企业年度环境报告，接受社会监督。环保部门应及时向有关部门通报执法监管情况。

④加强饮用水水源地水质监控，确保饮用水安全。加强黄浦江上游、淀山湖水源地以及长江口饮用水源地保护和风险预警，清理饮用水水源地重金属污染源，加强风险预警和防范，确保饮用水安全。

⑤实施耕地质量监控，确保土壤质量安全。加强对全市基本农田范围内耕地土壤质量监测，防止长期使用肥料、农药造成的重金属累积性污染，避免对土壤资源造成不可逆的损害。

⑥跟踪重点区域环境质量变化，制定应对措施。加强重点区域和断面的环境监控，形成跟踪监测制度。加大地表水汞含量较高的崇明县（南

横引河两个监测断面）和青浦区（主要集中在淀山湖区域）重金属特别是汞的监测频率；加大地表水中汞含量接近环境标准的黄浦江—淀峰（青浦）、黄浦江—松浦大桥（松江）、黄浦江—闵行西界（闵行）、黄浦江—临江（徐汇）监测断面水体和沉积物中重金属特别是汞的跟踪监测；加强重点区域环境大气特征重金属监测；跟踪环境质量变化趋势，制定应对措施。

⑦鼓励公众和媒体参与监督。强化新闻媒体和社会公众对重金属污染防治的知情权、参与权和监督权。加大环保举报热线“12369”宣传力度，及时受理群众举报，并按规定将处理、查处情况定期向社会公布。对排放重金属污染物的上市公司每三年进行一次后评估，将重金属相关环境信息作为上市公司信息披露的重要内容。加大新闻宣传力度，组织编写、发放重金属污染防治科普宣传品，广泛开展重金属健康危害预防、防控宣传工作。

（3）大力推进清洁生产，加强污染源综合防治

①推动产业技术进步。坚持控新治旧，强化从源头防控重金属污染，按照国家重金属污染综合防治规划中对重点行业防控要求，大力推广先进生产工艺。

②大力推行清洁生产。充分发挥上海推进清洁生产联席会议制度作用，贯彻落实清洁生产法律法规、政策以及标准中确定的生产工艺与装备要求、资源能源利用指标、产品指标、污染物产生指标（末端处理前）、废物回收利用指标和环境管理要求等进行建设和生产，提高资源利用率，减少重金属污染物的产生和排放，减轻重金属污染对人体健康和生态环境的危害。实施强制性清洁生产审核制度，所有重金属企业每两年开展一次强制性清洁生产审核，并严格实施。抓紧编制重金属相关行业清洁生产实施方案，优先支持先进清洁生产技术示范。建立推进清洁生产激励机制。研究建立重金属相关行业单位产值（产品产量）污染物产生和排放强度的综合评价体系和相关管理制度。

③加强重金属污染源治理。加强重金属污染源治理。实现涉重废水企业达标排放，并在稳定达标排放的基础上进行深度治理，鼓励以重金属回收利用为目的的废水重金属处理工艺率。

对电镀等表面处理业、化学原料及化学制品制造业、皮革及其制造业的重金属污染，采用同类整合、园区化、区域式集中治污的措施。对冶炼业废水治理推广高浓度泥浆法、电絮凝工艺、膜技术和离子交换回用法，对废气治理采用捕集、液体吸收、固体吸附等二级以上过程联合净化。砷渣鼓励采用置换—氧化—还原全湿法制取三氧化二砷产品。对废旧铅酸蓄电池回收加工业含铅、汞废水推广干法技术及预脱硫—电解沉淀全湿法铅回收技术，并采用同类整合、园区化、区域式集中治污措施。对电子废物严格执行电子废物污染环境防治管理办法，制定不能完全拆解、利用或处置的电子废物以及其他废物处理处置方案。对燃煤电厂废气汞污染采用提高原煤入洗率和低硫低灰分原煤比例，提高常规污染物控制设备的协同除汞效果，加强活性炭喷射等除汞技术的研发和示范应用，建立汞污染防治技术体系。妥善处理含重金属固体废物。涉重金属企业要从生产工艺、管理方式等入手从源头上减少含重金属污染物的废渣、烟尘、污泥等的产生量。属于危险废物的应按危险废物管理方法要求进行安全处置，对于含重金属的一般固体废物，按照资源化、无害化要求进行安全处置、综合利用、逐步消化。逐步开展污水处理厂污泥、含重金属河道底泥的无害化处置，推进综合利用，严禁未经任何处理随意倾倒。禁止含有重金属工业废物进入生活垃圾填埋场。

（4）加大历史遗留问题解决力度，搞好修复试点

①搞好调查评估，建立污染场地清单。开展重金属污染场地环境质量调查和评估，特别是市区内已经搬迁企业遗留场地如黄浦江沿岸的徐汇区、卢湾区、黄浦区、虹口区和杨浦区等分布的长桥工业区、漕河泾新兴开发区、南市老工业集中区、杨树浦老工业集中区等的摸底调查；形成本市污染场地清单，确定优先修复顺序，建立重金属污染场地信息

管理系统，实施动态管理。

②制定污染场地环境管理办法，逐步推行污染场地风险评估和修复。制定本市污染场地环境管理程序和方法，重点解决历史遗留的、企业责任主体灭失的场地重金属污染问题，形成历史遗留问题解决机制。把规划转性为城镇商业和生活用地的 195 km^2 的工业用地以及规划逐步拆除或复垦为农用地的 198 km^2 的工业用地的环境污染问题纳入监管中来。研究制定风险评估指标、评估方法和程序，实行污染场地风险评估，在土地进行变更或土地利用方式变化时，开展风险评估。确定污染等级，制定修复计划。

③建立农田分级管理利用制度，确保农业生产安全。继续加强农田土壤质量调查和评估；对土壤质量不适宜食用农产品生产的农田切实实施退出机制，对污染较轻仍可作为耕地的，调整种植结构，加大土壤修复力度，确保农田土壤质量和农业生产安全。对污染严重不宜作为农用的土地，实施退出机制。

④开展重金属污染防治和环境修复工程，搞好试点示范。推动污染场地的修复，安全处理已经取缔关停和退出企业的环境问题。加强历史遗留污染场地修复、重点河段底泥污染治理等，并开展试点示范工程。着重解决重点厂址、重点河段、重点土壤污染区域等有重大环境影响的重金属污染问题。

（5）强化重金属监管能力建设，提升应急水平。

①完善重金属监测体系。加强重金属监测能力建设。提升重点区域和行业重金属监测条件，配置必需的采样与前处理设备、专项分析设备、空气地表水环境质量自动检测仪。对重点污染源及其周边水、气、土壤、农作物、食品、人体等的重金属长期跟踪监测，逐步推行污染源自动监控。建设污染源重金属自动监控系统，在重点防控区和行业开展重金属特征污染物自动监控试点，涉重废水企业安装在线监控设备，涉重废气企业优先安装汞、铅尘（烟）等在线监控系统，并与环保部门联网。

②加强监管执法力度。提高环境监测、环境监察装备水平，强化环境执法手段，加强环境监管能力。切实贯彻行政许可法，推进环境司法，对难以落实到位、拒不履行环境行政处罚决定的行为，申请法院强制执行。加强与相关部门的协调与合作，横向联动，推动环境保护执法工作。

③完善重金属污染预警应急体系。建立区县环保部门和重金属排放企业的重金属污染突发事件应急预案，并纳入市政府的突发公共事件总体应急预案体系，加强应急能力硬件建设，提高突发环境事件应急处置水平。加强应急能力建设，特别要加强饮用水水源等重点敏感地区（黄浦江上游、长江口）的环境监管，有计划、分阶段对各类开发建设活动进行全过程监测与评价，确保饮用水安全。

④健全重金属污染健康危害监测与诊疗系统。加强重点行业重金属污染健康调查、风险评估、健康体检和诊疗救治机构和能力建设，规范开展重金属污染事件高风险人群体检。完善重金属污染高风险人群健康监测网络和人体重金属污染报告制度。健全重金属污染健康危害评价、体检及诊疗等工作规范，建立重金属污染预警体系。

（6）加强产品安全管理，提高民生保障水平。提升农产品安全保障水平。开展农田土壤、大中城市周边土壤重金属污染调查和农产品重金属污染状况评估，建立农产品产地档案。建立农产品产地重金属污染风险评价与预警体系。实施农产品产地安全分级管理，保障农产品安全。减少含重金属相关产品消费。减少含铅油漆、涂料、焊料的生产和使用。农业上严格控制含重金属农药、肥料，加强农产品中重金属的监测。严格控制在食品及饲料中添加重金属添加剂。加强电器及电子产品中使用重金属的控制和管理，严格执行《电子信息产品污染控制管理办法》以及配套的三个主要行业标准《电子信息产品污染控制标识要求》、《电子信息产品中有毒有害物质的限量要求》和《电子信息产品中有毒有害物质的检测方法》，实施电子产品供应链环境管理制度，推进产品中重金属替代技术研发（如在荧光灯生产行业推广固汞替代液汞技术）。完善政府绿色采购制度，剔除政府绿色采购目录中不符合环保要求的涉重企业及产品名录，利用市场机制对全社会的生产和消费行为进行引导，提高全社会环境意识，推动企业技术进步。促进和鼓励企业开发绿色技术，使用重金属替代技术，生产绿色产品。

五、上海市环境保护信息化“十二五”规划

1．指导思想、基本原则和发展目标

（1）指导思想。以邓小平理论和“三个代表”重要思想为指导，根据“信息强环保”的战略部署，按照国家和市委、市政府有关指示要求，围绕上海“智慧城市”建设的要求，坚持以人为本、全面协调可持续的科学发展观，以滚动实施环保三年行动计划为抓手，加快推进信息化与环境保护业务工作相融合，以信息网络设施和能力建设为基础，以环境保护电子政务和核心业务信息化建设为重点，以提高信息服务质量和应用效能为核心，全面整合、广泛共享和充分运用环境信息资源，提升信息化辅助环境管理的能力，为建立资源节约型和环境友好型社会奠定坚实的基础。

（2）基本原则。

①统筹规划，分步实施。在现有基础上，结合环保发展需要和实际工作条件，分类引导，分步实施，逐步完善环保信息化架构体系。

②需求主导，注重实效。紧密结合行业发展、公众需求和政府履责的要求，重点建设行业中需求迫切、条件具备、效益明显的应用项目，把提高工作效率、实现服务管理创新作为信息化工作的出发点和落脚点，确保在当前的条件下尽快形成实效性的建设内容。

③立足创新，深化应用。把制度创新与技术创新放在同等重要的位置，坚持观念创新、制度创新、管理创新和技术创新，完善体制机制，推动新技术应用，利用物联网、云计算等现代信息技术与手段，构筑“智

慧环保”体系。

④加快转变，强化服务。加快政府职能转变，由管制型政府向服务型政府转变，完善服务渠道，创新服务理念和服务模式，不断提高公共服务水平，满足企业和人民群众的服务需求。

⑤整合数据，辅助决策。以核心业务数据为基础，整合环保数据资源，分析并提炼信息资源的核心内容，为系统内部、部门之间的信息沟通、共享奠定基础，有效实现资源共享。通过数据挖掘技术，科学全面分析，为宏观决策提供依据。

⑥统一标准，保障安全。坚持“统筹规划，统一标准”的方针，通过标准化的协调和优化功能，力求信息化建设少走弯路，提高效率，便于数据传输、共享、交互。同时，在信息化建设中要按照国家关于电子政务建设的相关要求，切实保障网络与信息安全。

（3）总体目标。在上海市环境保护信息化“一中心、两平台、三应用”的总体框架基础上（即一个环境资源中心；综合业务和公众服务两大平台；污染源管理、环境质量管理和环境政务管理三大应用体系），以污染源管理为主线、兼顾环境质量管理和政务管理，以深化资源共享为核心，以强化业务协同为手段，以优化信息服务为目的，以信息安全保障为基础，以统一建设、分级使用为主要模式，综合应用多种新技术，着力推进“5610”工程（即提升5种能力，覆盖6大业务领域，实施10项重点项目），全面提升5种能力：即资源的集成共享能力，业务的联动协同能力，信息的公众服务能力，应急的指挥调度能力，决策的辅助支撑能力。到“十二五”末，达到全国环保信息化领先水平，为保障上海市节能减排目标的全面实现提供信息技术支撑。

（4）阶段目标。上海市环境信息化建设“十二五”期间，将按近、中两期分步骤完善信息化架构体系建设，建设内容覆盖环境监测、环境监管、环境监察、固体废物管理、辐射综合管理、应急指挥6个核心业务领域。近期以污染源全过程管理为重点，兼顾环境质量管理和政务管理信息化建设，聚焦10大重点项目推进；中期在完善污染源管理的基础上，加强环境质量管理建设，重点推进资源整合、共享利用和各保障体系的建设。

近期目标（2012—2013年）：以污染源“一数一源”建设为核心，推进环保信息资源中心的建设，实现污染源数据的一次采集、集中存储、统一管理、多方使用、高效利用；加快核心业务信息化进程，加强辐射污染源的全过程管理，启动环境监察管理与执法系统建设；完善空气质量监测体系，实现$PM_{2.5}$实时发布、重点工业园区和建筑工地环境空气质量在线监测；提升应急指挥调度能力，开展环境风险管理与应急响应决策支持系统；加强信息服务，全面推进非行政许可事项网上办理；加强市区两级联动模式的推广，提高业务协同能力。

中期目标（2014—2015年）：以环境质量核心数据库建设和信息资源整合、分析利用为核心，持续推进环保信息资源中心建设；以区域环境质量联防联治为重点，加强环境质量管理信息化建设；以流动污染源建设为补充，完善污染源管理信息化建设；完善信息安全保障及标准化体系。有力支撑“智慧环保”建设，努力使“十二五”期间上海环境信息化建设呈现新局面。

2. 主要任务与措施

（1）以信息整合和资源共享为核心，加快推进环保信息资源中心建设

①加强基础设施建设，促进集约化建设和一体化运维。按照国家地方环保系统环境信息机构规范化建设标准，进一步加强基础设施建设，满足环境信息工作实际需要；依托上海市政务外网，完善国家环保部、市、区（县）三级网络，形成一体化的网络办公环境，提升网络覆盖和传输能力。增强高性能数据处理设备投入，尝试采用云计算等技术构建一体化的绿色资源中心，提高海量数据处理能力，促进绿色机房建设；推进基础设施集约化建设和一体化运维，实现信息化基础设施投资效益

最大化。

②推进环保信息资源中心建设，提高环境信息资源共享程度和利用水平。采用集中建设、分级使用的原则，加强基础数据库整合，完善污染源核心数据库，实现污染源“一数一源”；建设环境质量核心数据库；完善数据交换平台建设，实现与国家环保部、区县和其他委办局的数据共享与交换；建设资源目录体系，提供目录注册、目录发布、目录查询、目录维护等功能，加强各类基础资源和核心资源目录信息的统一汇集和管理；整合两大核心数据库资源，强化数据处理、综合分析，提升决策支持能力。

（2）以信息服务为目的，完善综合业务平台和公众服务平台建设

①推进公众服务平台建设，提高主动服务能力。以“上海环境”门户网站为依托，进一步完善公众参与、在线办事功能，为公众提供“一站式”环境信息服务，开展政府与公众的网络互动，推进环境保护的宣传教育。遵循网上“一口受理”、“一办到底”的机制，实现市环保局22项非行政许可事项办理外网（互联网）受理、内网（政务外网）办理、市区两级联动的工作模式，增强政府办事透明度，提升服务能级；建设环保官方微博和网络舆情收集、分析和预警系统，正确引导网络民意，及时化解网民的不满情绪，避免重大社会突发事件的发生。

②深化综合业务平台建设，提高业务协同能力。重点完善基于组件和服务的应用支撑体系，以及空间展示分析的GIS支撑体系，加强监测、监察、监管、固废、辐射和应急新老业务应用系统的整合及身份、权限的统一管理，实现高效率的协同工作；完善环境政务综合管理系统，进一步加强日常办公、移动办公、工作指挥调度等各项政务管理的网络化应用，规范工作流程，降低行政成本，提升行政效率和工作质量；建立电子监察系统，促进廉政勤政建设，有效提升阳光行政系统的效能。

（3）以信息应用为抓手，完善环保信息化架构体系。在“十一五”信息化建设的基础上，重点从环境监测、环境监管、环保监察、危险废

物管理、辐射管理、应急指挥 6 大核心业务应用入手，以新技术应用为手段，进一步推进环保核心业务信息化建设，加强信息化对环境管理业务的支撑作用。

①完善质量监测体系，提升环境质量预报、预警能力。建设 $PM_{2.5}$ 监测与实时发布系统。根据新《环境空气质量标准》和《环境空气质量指数（AQI）技术规定》，全面升级上海市空气质量日报预报管理和发布系统，实现对全市环境空气自动监测站 $PM_{2.5}$ 监测数据的采集、传输、存储、质量控制、应用分析等全方位自动化管理及快速实时发布。建设重点工业园区环境空气质量在线监测系统。建立全市统一的工业区空气质量监测管理系统，加强对工业园区环境空气质量状况尤其是空气中的有毒有害气体污染状况的集中监测与监管，实现工业园区环境污染风险预警、污染溯源和环境监管的精细化。建设上海市建筑工地扬尘和噪声管理信息系统。全面收集建筑工地建设管理的基础信息，开展建筑工地夜间施工网上审批，实现建筑工地的扬尘污染情况的在线监测，为环保部门的管理和行政执法提供依据。

上海及周边区域空气质量监控和联合预报系统。在区域大气污染联防联控和长江三角洲地区环境保护合作协议工作框架内，依据“十二五”区域大气污染联防联控规划需求，建立上海与周边地区的联动监测系统，及时掌握污染物外来输送状况及污染发展趋势，并通过集成空气质量模型和中尺度大气数值模式，构建区域空气环境质量预报预测的工作系统，实现上海及周边地区之间的联合预报功能。

建设全市水环境质量监控及饮用水水源地预警系统。在现有工作基础上，全面整合全市国控、市控、区控等断面各类水质监测信息，形成全市水环境质量监控系统。重点拓展青草沙、黄浦江上游、陈行、东风西沙 4 大水源地及重要取水口非常规指标、放射性物质等要素的在线监测能力，并利用物联网等技术，通过建设电子围栏等形式，进一步保障饮用水水源地水质安全。

构建水环境质量实时监控与预警等功能的水环境应用系统。建设集水环境分析识别、监测监控和预警预报为一体，对突发环境污染事故后污染水团的走向、位置，污染物浓度和对敏感目标的影响进行预测，为保障供水安全提供技术支撑。

构建上海市环境噪声自动监测信息管理系统。实现全市噪声的网格化管理，生成实时噪声地图，提高噪声管理能力；构建环境监测业务协同管理系统，整合实验室信息管理系统（LIMS）等各类专业环境监测信息系统数据，使工作人员可以根据业务工作流程，将专业监测系统所产生的数据在此平台上实现审核、流转、查询、统计等流程化管理，并强化环境监测数据的统一管理、分析和共享。

②加快环境监察与执法信息化进程，提高环境监察执法水平。建设环境监察管理与执法系统（含移动执法）。利用环保数据中心建设项目审批管理、污染源管理、辐射风险源、环境监测数据及污染源自动监控等现有数据资料，整合排污申报与收费、环境执法、信访受理调处等电子资料，建立环境监察管理系统，涵盖队伍管理、污染源管理及环境信访处置等，实现全市信息联网与数据共享；在综合业务系统基础上，在全市范围内通过构建移动执法系统，实现与环保数据中心、监察业务系统、行政处罚系统交互，做到实时数据查询和录入，实现监察高效和规范。

③推动环境监管信息化联动管理，增强环境监管能力。建设新老污染源市区两级“三监联动”管理信息共享系统。构建监测数据为基础、现场监察为重点、严格执法监管为手段的“三监”联动平台，将污染源从建设项目审批、排污申报，到排污收费、环境统计、监督性监测、日常监察、执法处罚，应急管理等业务进行串联，形成日常管理工作和污染源“一厂一档”数据的动态更新良性管理循环，全面提升污染管理的行政效能。以建设项目行政许可审批和许可证核发为突破，试点“三监联动”的管理模式，拓展审批流程，将监测监察和审批流程相结合，实

现任务分发，过程监管。建设排污许可证综合管理信息系统。根据上海市重点污染源排污许可证企业的监测、监察和监管制度，实现许可证申请受理、总量核定、确定减量、核发证照、变更延续、撤销注销等审批流程及证后联动管理，加强对许可证企业的监管。建设机动车尾气综合管理信息系统。实现对机动车排放检测工作全面动态管理，加强对机动车年检工作的监管，获得有关检测信息、运行质量的统计报告，辅助机动车定期检测/维修管理制度（I/M）的实施和效果评价，为上海市环境空气质量模拟、大气环境质量综合评估与相关的规划提供基础依据。完善 LIMS 系统。提高全市环境监测业务工作的规范化程度和可追溯性，在人（人员）、机（仪器）、料（样品、实验材料）、法（方法）、环（环境、通讯）等要素上实现真正符合 ISO/IEC 17025 标准要求的全面资源管理，并实现各区县环境监测站与监测中心 LIMS 的无缝连接。

④推进固体废物全过程信息化管理，提升固废管理效能。完善固体废物全过程信息化管理系统，依托家电拆解企业视频监控系统和废弃电器电子产品拆解企业台账信息化监管系统的全面应用，实施电子废物拆解处理的信息化监管。在深化本市危险废物管理信息系统和环保部固废管理信息系统部署应用的基础上，申报实施危险废物管理信息系统二期项目，以“覆盖全市、贯通上下、串联全过程”为原则，增加产废申报、产生源监管、运输 GPS 监控、处置单位监管和视频监控等模块，完善现有的转移管理、处置单位许可和管理等模块，对接环保部系统做好信息报送和传递，进一步优化提升系统智能化支持辅助水平，为支持对危险废物产生、转移、处置的全过程信息化监管打下坚实基础。完成医疗废物收运管理物联网信息系统建设和示范工作，积极探索危险废物收集、转运、处置管理的物联网应用。

⑤加强辐射信息化综合管理，提升辐射管理能力。建设辐射安全监管、监控、监测综合信息管理平台。建立核技术利用单位信息库，建设本市核技术利用重点污染源实时监控并实现市区两级监管联动，信息共

享；对本市放射性废物库内废物的信息进行管理；对库区内外及周边环境进行在线监测；基于 GIS 系统，对本市放射性废物应急收储车（1 辆）、辐射应急监测车（2 辆）及辐射执法车（2 辆）进行动态跟踪。

⑥健全环保应急指挥体系，提升环保安全保障能力。建设环境安全应急指挥中心平台。建立集数据管理系统、地理信息系统、知识管理系统于一体的应急指挥平台，建立 1 个市环境应急事故调查中心和 17 个区县环境应急事故调查中心。通过实现应急预案、事故决策支持、指挥调度、处置反馈、灾后评估和培训演练的综合管理，提升对应急事故的响应速度和应急处置能力，最大限度地减少重大事故发生的可能性及事故造成的各项损失。

（4）以信息保障为基础，完善建设信息安全保障及标准化体系。建立健全网络信息安全责任制度、信息发布审核制度、安全风险评估机制和应急处置工作机制，严格执行安全等级保护制度和信息安全保密制度，加强安全防范措施和安全检查；建设网络环境监控平台和统一 CA 认证体系，加强网络安全管理。建立包括数据交换标准、数据整合标准等各类环保信息化标准，加强标准的执行力度，建立标准修订、贯彻执行和监督检查的长效机制，确保全系统信息化标准的统一。

3. 保障措施

（1）规范信息管理机制保障。在国家环境信息化建设总体要求下，进一步建立健全内部工作机制和责任体系。完善各项规章制度，统一规划管理，建立合理的运行约束机制，防止各自为政、重复建设，促进信息开发，资源共享，形成领导重视、人人参与、分工明确、齐抓共管的工作格局；加强信息化管理机构建设，增强人员配置，强化信息化工作的统筹协调和行政指导职能；规范信息化建设，明确信息化建设技术归口管理，实施信息化项目的预审、立项、招投标、工程监理、验收、评估、审计等工作机制和项目建设管理责任制；制定信息化建设项目概算标准，规范项目建设的投资预算，对公用性、基础性的信息化建设项目实行统一建设。

（2）加强环境信息化工作队伍建设。根据环境信息化发展的当前和长远需要，制定人才发展规划，通过内部培养、委托培养、外聘专家等多种形式建设结构合理、规模适度的人才梯队。加强信息化知识和技术的培训，把信息化知识和技术培训作为信息化建设的一个重要环节，在环保系统普及信息化技术和意识。建立完善的信息化应用与管理培训制度，将信息化培训纳入各级行政机关人员业务技能培训与公务员年度培训计划中，保证至少每人每年一次培训，建立培训考核制度，实现梯度式的环保信息化培训。

（3）落实信息化建设资金保障。按信息化项目管理程序多渠道筹措资金，保证对环境信息化建设的资金投入，并保证每年都有一定的增长比例，以保障信息化建设的需要。在资金投入上，应该依照节约资金、统筹安排、照顾重点、按项目的轻重缓急的原则来确保重点业务系统建设。

六、上海市环境监测“十二五”规划

1．指导思想和目标

（1）指导思想。积极探索中国环保新道路，加快建立先进的环境监测预警体系，全面推进环境监测的历史性转型。“十二五”期间，力争做到“三个突破”：一是在人才培养机制上取得突破，更加注重人才队伍建设，实现全市环境监测人员素质的整体提升；二是在管理体制上取得突破，更加发挥社会监测机构作用，实现全市环境监测资源的优化配置；三是在能力建设上取得突破，更加关注特征因子监测能力的配备，实现现行环境标准相关项目的全覆盖。

（2）规划目标。

①完善一个体制——完善监测管理体制和相应的行政、法律支撑体系，拓展环境监测市场，统筹和有效配置各类环境监测资源。

②建立两个体系——建立健全与国际接轨的环境监测分析体系和质量保证体系。

③提高四项能力——进一步提高环境质量预警监测能力、污染源监督监测能力、实验室分析检测能力和环境应急监测能力。

④达到一个水平——全市的环境监测能力和水平达到国际先进、国内一流水平。

⑤做到三个“说清”——努力做到说清环境质量状况及其变化趋势，说清污染源排放状况，说清潜在的环境风险。

（3）具体目标。

①提高环境质量预警监测能力，全面建成饮用水水源地和上游来水水质自动监测站，完善环境空气质量监测体系、工业区环境监测体系、辐射环境质量监测体系和应急监测体系。

②加大污染源监测力度，完善污染源在线监测体系，提高无组织排放监测能力。

③提高实验室分析检测能力，生态实验室争创国家重点实验室，建立具有法定效力的二噁英实验室，具备国家和地方环境质量与污染源排放标准（本市已有的行业）中规定的所有项目的分析能力。

④建立与国际接轨的实验室质量管理系统，市区两级监测站全面建成实验室信息管理系统（LIMS）。

⑤加快环境监测队伍建设，每个区县监测站至少有两名高级工程师，市区两级监测站全面达到标准化建设要求。

⑥建立统一的监测信息管理与发布平台，初步建立覆盖全市环境监测机构的管理网络和工作制度。

2. 主要任务与措施

（1）建设先进的环境质量监测预警体系

①构建先进的地表水环境质量监测预警体系。改造黄浦江上游2个现有水质自动监测站，在本市主要入境河流（拦路港、太浦河、大蒸港、胥浦塘）建设4个水质自动监测站，分批建设8个市级及区级饮用水水源地水质自动监测站，与市水务局联合在长江口建设5～6个水质自动监测站。优化站网设置，构建湖泊（水库）富营养化监测和预警体系。加强跨区河道水质监测与评估。不断优化和完善区县地表水环境质量监测评估考核断面设置。

②构建先进的环境空气质量预警监测体系。完善环境空气质量常规因子监测网接入点位的数采系统，推进已建自动站的并网运行。采用固定式和悬挂式两种方式，建设10个典型道路路边空气质量监测站。建设由2个超级站、3个加强站、4个基本站共9个监测点位组成的灰霾污染监测网。选择吴淞、上海石化、上海化工区、高桥石化、吴泾、宝钢、老港和星火8个大型工业区块，以及厂群矛盾较突出的金山二工区和上海化工区奉贤分区，主要由工业区或企业出资，建设和完善工业区块环境空气特征因子自动监控系统。结合路边站和重点工业区监测网建设，选择12个点位构建光化学监控网。在崇明、浦东和卢湾选择3个点开展温室气体监测。进一步优化完善上海市大气污染源排放清单和集合模式预报系统，建立区域空气质量预报系统，推进区域空气质量联合预报会商。

③完善声环境质量监测网络。建设噪声自动监测网络，包括56个功能区国控点自动监测站和20个道路交通噪声自动监测站。通过加强培训和购置设备，提高对轨道交通（地下段）、高铁和航空等特征噪声的监测能力。

④初步建立生态环境质量监测网络。以饮用水水源地和骨干河道为重点，构建水环境生态监测与评估体系。建设饮用水水源地生物自动预

警监测系统，制定并完善饮用水水源地监控预警方案。积极探索城市生态质量监测和评估方法，尝试开展城市绿地系统生态环境监测与评估工作。围绕农村典型环境问题，逐步开展农村环境质量监测。加强实验能力和良好实验室（GLP）系统建设，拓展环境微生物及致病菌生物监测技术。对全市以及重点区域开展生态环境遥感监测及相关评价工作。

⑤构建土壤环境质量监测网络。在全国土壤调查工作的基础上，根据上海市土壤污染的现状特征，结合本市土壤监测的能力，依据相关技术规范要求，立足于满足常规监测和重点加强敏感区域监测，构建上海市土壤环境质量监测网络，并开展第二轮土壤污染状况调查。

⑥完善地下水环境质量监测网络。会同市规划国土资源局，对现有地下水环境质量监测网络进行全面评估，并针对本市地下水开采与回灌的重点地区，以及垃圾填埋场、大型工业区块所在地周边，优化监测点位布设，完善监测因子，并补充购置必要的仪器设备。

⑦完善辐射环境质量监测网络。在现有的3个γ辐射在线监测点的基础上，再增加7个γ辐射在线监测点、5个电磁辐射在线监测点、3个水体放射性在线监测点和5个气溶胶放射性在线监测点，构建本市辐射环境质量在线监测网。探索大城市机载γ辐射探测器进行地表γ辐射快速、大范围监测的可行性。

⑧开展崇明生态岛环境质量监测。以市政府发布的《崇明生态岛建设纲要》为依据，围绕跟踪评估崇明生态岛建设进程的目的，按照《崇明岛生态环境预警监测评估方案》，开展崇明生态岛环境质量监测工作。

（2）建设先进的污染源监测体系

①进一步完善污染源在线监测体系。完善污染源在线监测系统建设、运行维护、数据质量控制及应用，开展信息采集、联网和远程传输等技术研究，制定相应的标准方法，提高在线监测数据的法律效力。加强污染源在线监测系统运行监督考核制度，制定对运营商日常运行管理工作的监管措施。加强在线监测数据应用研究，深化在线监测数据用于

污染物总量减排估算和排污许可证复核的统计计算方法研究。

②在深度及广度上拓展污染源监测的领域。制定无组织排放标准和相应的监测方法，引进红外热像仪、有毒有害挥发性气体分析仪等监测仪器，加强对无组织排放的监测。完善垃圾渗滤液特征污染物监测体系。强化对重点企业和中小企业定期自我监测（或委托监测）的要求，同时加强对社会环境监测机构的监管。各区县监测站和上海化工区、上海综合保税区要按照标准化建设要求及辐射污染源监管需求，配齐适用的辐射监测仪器、器材和工作车。

③建设机动车污染监测网络。推动区县监测站的机动车污染监测能力建设，制定区县监测站常规路检、抽检等监测流程，初步建成市区联动的机动车污染监测网络。制定对机动车年检机构的监控流程，基本建成覆盖全市所有机动车年检机构的监控网络。加强技术培训，推广年检简易工况法，探索路检遥感监测法。逐步健全机动车的监测因子。2012年前初步建立市区两级加油站系统监测网络，试点建设加油站在线监控系统。

（3）建设一流的环境检测实验室体系

①覆盖现行有效的相关环境标准所有实验室检测项目。建立以监测中心和辐射站为龙头、各区县监测站和行业监测站为基本检测力量的环境检测实验室体系，检测能力覆盖现行有效的环境质量标准和上海市工业行业相关污染物排放标准的所有实验室检测项目。2012 年前实现对《危险废物鉴别标准》分析参数的全覆盖。2015 年前实现对美国国家环保署的 188 项有害空气污染物名单和美国水中优先控制污染物名单的全覆盖。建立具有法定效力的二噁英检测实验室。开展土壤污染防治重点有机污染物实验室建设。补充购置和更新辐射监测仪器设备，满足任务量显著增加的放射性检测与执法检查工作需求，建立对高能射线的监测能力和对核电站排放特征核素（如 14C、131I 等）的预警监测能力。

②建设一流的专业化生态实验室。以“良好实验室”（GLP）建设为目标，加强监测中心生态实验室建设，争创国家重点实验室。

③区县监测站具备与其监测任务相适应的实验室检测能力。根据各区县辖区环境特点和污染源数量及类型，进一步加大区县监测站能力建设力度，建立起与其环境监测职责相适应的监测能力。所有区县监测站在 2015 年前全面达到上海市环境监测标准化建设要求。同时，有针对性地建设 5～6 个在水环境、生态环境、废气监测等方面形成特色的区县监测站，使其基本达到国家二级站建设标准，保证上海的环境监测工作在全面提高的基础上实现重点突破。

（4）建设及时、高效的环境应急监测系统。不断完善全市应急监测联动体制。从实战需求出发，进一步完善市、区、企业三级环境污染事故应急处置预案体系。修订完善水污染应急监测预案，逐步建立生物、固体废物、土壤应急监测预案，完成应急监测所有作业指导书的编制。明确各部门的职责分工和联动机制，提高整体应急反应能力。采取应急监测技术和快速响应全方位能力大比武、应急监测演习等形式，推进区县监测站应急监测能力的快速发展。完善区县应急监测能力档案，逐步建立全市应急监测联动机制。

完善突发性环境污染事件应急监测能力。监测中心要落实“突发性环境污染事件应急监测能力完善方案——近期工作目标”的实施计划，拓展监测能力，购置应急监测车辆及车载式气相色谱-质谱/质谱分析仪（GC－MS/MS）等仪器设备，弥补应急监测技术手段的缺项。辐射站要按照满足 2 个地点同时发生辐射事故的应急要求，再增配 1 辆辐射应急车和 5 辆监测执法车。同时配备超大流量气溶胶采样器和清除地面放射性污染的装备，初步具备处置开放性辐射污染事故的能力。按照应急监测要求对辐射站楼顶监测工作平台进行改造。区县监测站要结合本区县环境特点和污染特征，建立相应的应急监测能力配备（包括水、气、土壤、固废、辐射等各类环境要素的采样手段、现场快速检测和实验室分析能力)。在全面提高的基础上，注重各区县个性化的应急监测能力建设，达到可及时处置辖区内较大突发性环境污染事件的水平。

(5) 建设全过程质量管理体系。建设监测中心全过程质量管理体系。建立监测中心实验室质控指标评定体系，包括完善内部方法标准体系，建立标准物质档案和内部 QA/QC 指标评定体系等。建立和完善地表水、环境空气质量、污染源等自动监测系统的 QA/QC 体系。建设上海市环境监测网络全过程质量管理体系，组建上海市环境监测质量与技术管理委员会，制定《上海市环境监测全程序 QA/QC 实施细则》，推进网络内的 LIMS 建设，实现区县监测站与监测中心 LIMS 的无缝链接。

(6) 建设统一集成的环境监测信息化体系。在研究制定统一的数据规范和标准的基础上，开发建立统一集成的环境监测信息管理与发布平台，涵盖环境监测数据采集和录入、加工和管理、信息发布和数据交换等功能，有机融合环境质量（水、气、声、辐射)、污染源（工业企业、机动车)、环境应急、监测质量管理等各类环境监测应用软件系统，实现市区两级环境监测站的数据共享和业务处理一体化。

(7) 提高环境监测为环境管理服务能力。全面提高环境监测综合分析能力和整体水平，说清环境本底、现状、变化趋势及内在原因，及早发现潜在的环境问题，并提出解决问题的相关措施建议。

3. 保障措施

(1) 人力资源保障

①优化人员结构。监测中心要加强专业人才引进，使专业技术人员占职工总数比例达到 85%以上。加快高级专业技术人员培养，使其占技术人员总数比例达到 25%以上。建立副总工程师推荐、高级人才综合评估、首席业务骨干、高级职称评聘分离等机制，打造一流的专业技术人

才队伍。

辐射站要增加专业技术人员，以适应日益增加的辐射监测任务，以及对全市核技术利用单位监督性监测和应急工作的需求。

各区县监测站要根据本区域的环保工作定位，按照标准化建设的要求，向区县人事主管部门申请增加环境监测人员编制数，并通过引进本科以上的环境专业人才，提高环境监测技术人员的比例，每个环境监测站至少有两名高级工程师。

②加强人员培训。在松浦大桥实验室建立全市环境监测培训实验基地，加强对全体监测人员的教育和培训。借鉴第一届全国环境监测专业技术人员大比武的经验，采取封闭式训练、国内外交流与培训、专题讲座、带教、轮岗等多种形式，开展有针对性的培训，加快技术骨干和技术能手的培养。

（2）监测技术规范建设。根据上海市环境管理和环境监测工作的需要，确定上海市环境监测可用的国家标准和技术规范，进一步梳理工作流程，细化现场采样工作规范。编制环境监测系统急需的上海市环境监测数据有效性审核技术规范，包括:《排污机构排污申报数据管理办法》、《环保产品生产单位产品性能检测数据管理办法》、《污染源连续监测系统运营商检测数据管理办法》等。

（3）环境监测管理体制建设

①制订环境监测机构资质（或能力）认定实施细则。按照即将出台的《环境监测管理条例》，制定适合本市环境监测行业特点的《上海市社会环境检测机构资质（或能力）认定实施细则》，建立环境监测行业的市场准入制度，进一步明确资质管理部门的职责。

②成立环境监测行业协会。积极筹建上海市环境监测行业协会，制定协会管理章程，对会员管理、入会程序和条件、协会功能和职责、运作方式、会员权利和义务等内容作出具体规定，通过会员间的技术互补实现环境监测职能配置科学化、机构设置合理化、人员培训规范化和质

量管理统一化，保证各级各类监测/检测机构的运行规范有序。

③制定环境监测机构能力评估及质量考核工作准则。根据对政府类和非政府类监测机构的不同管理要求，以及各级各类环境监测/检测机构的职责分工范围和特点，制定本市监测/检测机构技术能力评估与质量考核评价办法，用质量管理考评的手段实现对所有监测资源的统一监管。

④建立环境监测机构质量事故责任追究制度。进一步明确环保行政主管部门对全市环境监测活动实施统一监督管理的职责和地位，制定监测活动分类管理办法，明确各类环境监测活动的实施主体及其权利和义务。建立上海市环境监测机构质量事故责任追究制度，以法制管理保证监测质量。

⑤完善环境监测人员职业资格管理及持证上岗考核实施细则。进一步完善现有的环境监测人员持证上岗考核规定，明确本市环境监测从业人员的准入门槛，严格管理职业资格考核和发证过程，拓宽持证上岗考核的广度和深度，提高监测人员上岗证的含金量。

（4）科技支撑。围绕“十二五”期间环境监测工作的目标与任务，需要开展一系列的科研工作。例如，为进一步优化环境质量监测网络与指标，需开展跨区河道水质监测与评估、饮用水水源地安全测量体系的示范与应用、环境空气质量预报预警系统完善、崇明生态岛建设环境监测指标优化及评估、上海市生态环境监测网构建、地下水水环境质量监测网络评估与优化、远程质量控制技术规范等研究；为摸清上海市生态环境状况，需开展上海骨干河道水生生态本底调查、上海地区滩涂历史演变及监测方案优化等研究；为完善污染源监测因子与技术规范，需开展现场废气和废水直读式仪器检出限和测量范围确定、垃圾渗滤液监测等研究；在应急监测技术方面，需开展典型环境污染事故遥感监测技术路线及方法研究；在信息化方面，需开展上海市环境监测信息管理平台集成研究等。

第四章　环保三年行动计划

自20世纪90年代，上海市委市政府对环境保护工作越来越重视，明确了在经济发展的同时要加强环境保护，绝不以牺牲环境为代价来换取经济增长的思想，并采取了一系列有效措施，切实改善了上海的生态环境。当时，上海作为一个人口密度大、产业高度集中的特大城市，历史遗留下来的环境问题较多，河道污染严重、工厂燃煤和机动车尾气污染大、生活垃圾无害化处置率低、绿化覆盖率低、部分工业区污染矛盾大等都是当时较为突出的问题。

90年代后期，国家提出了可持续发展概念，提出“保护环境就是保护生产力”。为贯彻落实中央精神，切实改善城市环境质量，时任书记黄菊同志明确指示“要着眼长远，着手当前，以更大的决心，采取更加有力的措施，切实抓好上海的人口、资源、环境工作”，“使上海的环境质量做到：一年变个样，三年大变样。”。1999年9月17日，为贯彻落实中央和市委的总体要求，上海市政府召开加强环境保护和建设工作会议。会议公布了《上海市关于进一步加强本市环境保护和建设若干问题的决定》（沪府发[1999]32 号）和《关于进一步加强本市环境保护和建设若干问题的实施意见》，作为后三年及“十五”期间全市环境保护和建设工作的纲领。时任市长徐匡迪同志在会议上指出，“今天公布的《决定》和《实施意见》不是两份一般意义上的文件，可以说是我们对祖国、对上海人民、对子孙后代的一个庄严承诺和保证”，“争取用5个三年的时间，基本把上海建成一个生态城市”，“分解为几个三年，按照远近结合的原则，立足当前，着重抓好今后三年的工作”。从此，上海开始每三年一轮，整合全市各方面资源，滚动实施环保三年行动计划，按照轻重缓急，分阶段解决上海工业化、城市化进程中的突出环境问题和城市环境管理中的薄弱环节。

2003 年 5 月，上海市政府成立了由时任市长的韩正同志任主任、分管副市长任副主任、各区县政府和委办局负责人参加的上海市环境保护和环境建设协调推进委员会，委员会办公室设在市环境保护局，水、大气、固废、工业、农业、生态、政策法规 7 个专项工作组由相关委办局担任组长，形成“责任明确、协调一致、有序高效、合力推进”的工作格局，建立了目标责任、多层次协调、考核评估等工作机制，确保了环保三年行动计划的顺利推进。

第一节 第一轮环保三年行动计划（2000—2002 年）

一、总体情况

第一轮环保三年行动计划主要推进环境基础设施的完善，重点解决水环境污染、大气煤烟型污染、传统工业区环境污染等面上、感官上的污染问题，涉及水环境治理、大气环境治理、固体废物处置、绿化建设、重点工业区环境综合整治五大领域共 110 个项目，共投资 342 亿元。

二、重点领域任务和措施

1. 水环境治理

（1）治理目标。到 2000 年，实现工业污染源达标排放，水环境功能区基本达标；苏州河基本消除黑臭；全市主要河道做到面清、岸洁、有绿。到 2002 年，水功能区环境质量全面达标，苏州河水质进一步改善，长寿路桥以东两岸环境整治完成；全市一级加强以上的污水处理率提高 10 个百分点；主要河道基本完成低泥清捞。

（2）主要任务。实施以苏州河治理为重点的河道水体综合整治；建设和完善污水收集系统，改造和新建污水处理厂，提高污水处理能力；加强管理，完善雨污水分流，分流制地区基本实现雨污水分流；继续加强农业污染源治理；全面调整郊区畜禽牧场的布点；对畜禽牧场进行重点综合治理。

（3）重点项目。苏州河一期工程（石洞口污水截流、虹口港、杨树浦港污水截流、六支流截流），浦东地区污水收集系统一期等污水管网建设工程，松江东部、练塘等污水处理厂建设工程，分流制地区雨污水混接改造工程，闵行二、三水厂等自来水厂污泥处理工程，439 个畜禽牧场综合治理工程，浦西地区综合引清调水工程，龙华港、张家浜等河道整治工程。

2．大气环境治理

（1）治理目标。到 2000 年，全市二氧化硫、烟尘、工业粉尘排放总量控制在 1995 年底的排放水平并有所削减；工业大气污染源实现达标排放；各环境功能区基本达到相应环境空气质量标准。浦东新区争创国家环保模范城区。到 2002 年，全市二氧化硫、烟尘、工业粉尘排放总量控制在 2000 年水平并有所削减；能源结构和能源利用布局进一步优化；各环境功能区达到相应环境空气质量标准。

（2）主要任务。积极实施能源结构调整，优化能源结构。推广使用天然气，2002 年，浦东地区供气范围内所有居民及单位全部使用天然气，浦西 CBD 地区实现天然气化。对污染严重的煤制气企业实施结构性调整。机动车尾气综合防治。积极探索电控和三元催化净化装置在在用车上的推广使用。发展燃气汽车，推进出租车 LPG 改造和公交车 CNG

改造，并完成配套的 LPG 及 CNG 加气站的建设。加快治理并基本杜绝柴油车冒黑烟现象。控制和逐步替代燃油助动车。加快燃煤炉灶清洁能源替代步伐，推广集中供热。控制燃煤二氧化硫排放。建立煤烟型污染监测网络，控制燃煤含硫率，实施电厂脱硫。推进“基本无燃煤区”建设。推进秸秆禁烧和综合利用。控制道路清扫、建筑工地和燃料建材堆场的二次扬尘。

（3）重点项目。居民和单位天然气转换工程，杨树浦煤气厂、吴淞煤气厂结构性调整，3 万辆在用车改造，4 万辆出租车 LPG 改装和 3 000 辆公交车 CNG 改装，80 座 LPG 加气站和 2 座 CNG 加气站，4 500 辆柴油车尾气治理，建成区内所有 1 t/h 以下、内环线内所有 4 t/h 以下的燃煤炉灶清洁能源替代，闵行电厂、杨树浦电厂 24 台小火电机组关停，石洞口电厂 2 台、宝钢自备电厂 2 台脱硫设施建设工程。

3. 固体废物处置

（1）处置目标。到 2000 年，全面提高城市生活垃圾的无害化处理率。外环线以内有条件的地区进行生活垃圾分类收集和减量化、资源化利用试点；农村部分地区建立垃圾收集处置系统。到 2002 年，基本实现城市生活垃圾处置无害化。外环线以内部分地区初步形成生活垃圾分类收集和减量化、资源化利用服务体系；农村有条件地区基本建成垃圾收集处置系统。

（2）主要任务。着力推进固体废物处置无害化。抓紧建设垃圾填埋场、垃圾焚烧厂等无害化处置设施。加快实施固体废物处置减量化、资源化。积极推进市区生活垃圾分类收集，到 2002 年，分类收集率达 50%。加强对垃圾处理技术的研究。提高工业固体废物的综合利用率，2002 年达到 93%以上。建设农村地区生活垃圾收集处置系统，提高农村有机垃圾的综合利用率。治理“白色污染”和规范建筑渣土垃圾处置。2002 年，一次性使用塑料餐器具制品总量减少 60%以上。建立危险废物安全处置系统。推进环卫作业服务、收集处置市场化。

（3）重点项目。江桥、御桥、闵行等垃圾焚烧厂，老港填埋厂三期，黎明垃圾应急填埋场，蕴藻浜垃圾码头，三林塘垃圾堆场，3 座大型压缩式垃圾中转站，345 座小型生活垃圾压缩收集站，2 座有机垃圾加工利用厂，3 座垃圾分拣中心，危险废物安全处置填埋场一期。

4．绿化建设

（1）建设目标。2000 年，人均公共绿地面积达到 4 m^2 以上，绿化覆盖率达到 21%以上。2002 年，人均公共绿地面积达到 6 m^2 以上，绿化覆盖率达到 25%以上。

（2）主要任务。大规模增加中心城区绿化面积。2000 年，每个街道拥有一块 3 000 m^2 以上的绿地。2002 年，完成中心城区 23 万 m^2 大型公共绿地建设。大规模营建郊区“人造森林”。2002 年，“人造森林”面积达到 2 000 hm^2 之多，调节改善生态环境。大规模营建绿色生态走廊。建设黄浦江上游水源防护林。建设滨河绿带、沿高压电缆和高速公路的绿色林带走廊。启动外环线经济林带建设。加快推进绿化建设市场化、社会化进程。

（3）重点项目。中央公园、虹桥花园、番禺公园黄兴路绿地、成都路高架、不夜城、文化广场等一批大型公共绿地，南汇滨海、奉贤海湾、青浦练塘、金山石化、闵行、青浦水上运动场、崇明东滩等人造森林，1.03 万亩黄浦江水源保护区涵养林带，1.5 万亩沿海防护林，26 条市级骨干河道防护林。

5．吴淞和桃浦工业区综合整治

（1）吴淞工业区综合整治。整治目标：到 2000 年，环境综合整治初见成效。到 2002 年，基本完成政治目标。到 2005 年，完成并巩固整治目标。工业布局、产业产品结构与现代化工业区功能基本相适应，绿化覆盖率达到30%，区域内各项环境质量指标达到全市工业区环境质量平均水平。主要任务：调整产品结构和生产布局，推行清洁生产。完成对区域内重污染企业的关停并转。到2005年，基本形成以冶金、新材料、仓储运输等为主的格局。实施大气环境整治。推行集中供热。控制无组织排放，区域内所有工业大气污染源实现达标排放。加强水环境整治。推进污水收集处理系统建设。重点项目：集中供热，一钢、五钢、钢管分公司等工业粉尘治理，五钢、钢管分公司、上棉八厂、吴淞化肥厂等废水处理，关闭7家污染企业、21条污染生产线，居民搬迁等。

（2）桃浦工业区综合整治。整治目标：到2000年，区域内工业污染源实现达标排放，基本消除恶臭问题。到2002年，区域功能、工业结构进一步优化，绿化覆盖率达到30%，环境质量在达到功能区标准的基础上进一步改善。主要任务：废水污染防治。对企业废水实行预处理。实现桃浦污水处理厂达标排放。大气污染防治。通过产品结构调整，逐步淘汰生产过程中排放恶臭和废气的产品。推进集中供热。严格控制新建有污染项目。管理养护好工业区绿化，进一步扩大绿地面积。进一步调整工业机构，合理功能布局。重点项目：集中供热，化纤一厂硫化氢气体治理，第六制药厂搬迁雷尼替丁产品，上海香料总厂产品结构调整，居民搬迁等。

三、相应保障措施

1. 转变观念，加强领导

实行环境质量行政领导负责制，将环境整治目标责任的落实情况作为考核和任用干部的重要依据。

2. 加强宣传，全民参与

加强对领导干部的环境意识教育。将环保知识贯穿于中小学教材并纳入考试范围。充分发挥新闻媒体的宣传监督作用和社区的作用。

3．依法治污，完善法规

完善环境卫生管理、排水管理、饮用水水源保护、机动车尾气污染防治、绿化管理、产品包装减量、环境综合整治、废物综合利用管理等环境法规和相配套的环境标准体系。

4．多元筹资，加大投入

加大政府财政对环保的投入。“十五”期间，本市环境保护投入占国内上生产总值3%以上。

5．政策倾斜，促进发展

鼓励利用外资进行环境建设。鼓励使用清洁能源。扶持环保产业发展。

6．依靠科技，形成支撑

针对污水处理、河道整治、机动车尾气治理、电厂脱硫、垃圾处置和资源化利用等环保关键技术问题，加强技术创新。

7．理顺体制，形成合力

坚持“两级政府两级管理”、“单机政府三级管理”原则，充分调动区县、街道、乡镇政府的积极性，发挥市级管理部门的宏观指导和监督服务作用。理顺政府部门职能，强化执法部门的执法地位。

四、主要成效

第一轮环保三年行动计划的实施，翻开了本市环境保护和建设史上崭新的一页，取得了令人瞩目的成绩，为新世纪环境保护工作开好了局、起好了步。

1．环境建设高速推进

五大重点领域的110个重点项目按计划顺利完成或实现了预定的节点目标。苏州河和吴淞工业区环境综合整治取得有效突破；建成石洞口等3个污水处理厂，城市污水集中收集量和处理能力分别增加92.9万m^3/d和44.1万m^3/d，提高41.3个百分点和43.9个百分点；燃煤炉灶清洁能源替代工程超额完成了任务；绿化建设取得超常规的发展，新增公共绿地3 988 hm^2；江桥、御桥垃圾焚烧厂等处置设施建成使用，新增垃圾处理能力3 390 t/d。环境整治目标全面实现。

2．环境保护投入创历史新高

环境保护投入占当年GDP的比例始终保持在3%以上，共投资450多亿元。其中，市、区（县）两级政府投入达到65%以上，累计投入资金约300亿元，苏州河环境综合整治一期工程和大型公共绿地建设工程连创环保项目投资纪录。

3．环境质量明显改善

苏州河治理和绿化建设取得了明显的成效。苏州河干流基本消除了黑臭，主要水质指标基本达到景观水标准，生态功能开始恢复；市区绿化覆盖率从19.8%提高到30%，人均公共绿地面积从3.5 m^2提高到7.6 m^2。全市水环境、大气环境和重点工业区治理取得了阶段性成果。市区主要河道环境质量有所改善；环境空气质量指数二级和优于二级的天数比三年前明显增加，年平均比例提高了近10%，环境空气中二氧化硫和氮氧化物的年平均浓度分别比1999年下降了18%和15%。固体废物处置取得了进展。城市形象和投资环境大幅提升，经受了APEC会议的检验，赢得了良好的国际声誉，环境整治产生的社会、经济效益逐步显现。

4．环境管理不断加强

制订颁布了《上海市实施〈中华人民共和国大气污染防治法〉办法》、《上海市一次性塑料饭盒管理暂行办法》、《上海市道路和公共场所清扫保洁服务管理暂行办法》，修订了《上海市植树造林绿化管理条例》、《上海市市容环境卫生管理条例》和《上海市排水管理条例》等，环境保护执法力度逐年加大。环境保护基础研究不断深入，环境规划工作全面开展。以单一行政手段为主的环境保护管理方式正在向以行政、经济、法制并用的全方位管理模式转变，适应市场经济的环境保护建设机制探索取得一定的成效。

5．环境保护意识不断增强

环境保护和建设“三年行动计划”的实施，促进了各级领导不断加强环境保护意识，提高了全社会保护环境的自觉性和积极性。“保护环境就是保护生产力，改善环境就是发展生产力”的观念和可持续发展的理念深入人心。环保三年行动计划已成为本市环境保护和建设的工作抓手和推进器，市、区（县）整体联动、各部门紧密配合、全社会共同努力的工作格局初步显现，全市环境保护和建设的合力正在逐步形成。

第二节　第二轮环保三年行动计划（2003—2005 年）

一、总体情况

第二轮环保三年行动计划在继续推进水、大气环境治理、绿化建设、固体废物处置利用和工业区环境综合治理的同时，把农业生态环境保护与治理也纳入重点推进领域。共 289 个项目。

总体要求：突出重点、远近结合、标本兼治、重在治本，以改善城市生态环境、提高市民生活质量为根本目的，树立环境优先的理念，贯彻“谁污染、谁治理，谁开发、谁保护，谁使用、谁付费”的原则，依托体制、机制改革和科技创新，全面推动上海经济、社会和环境的协调发展。

总体目标：不断创新、完善环境管理的体制与机制，逐步建立起与国际惯例接轨的管理体系。到 2005 年，本市总体环境质量处于全国大城市先进水平，水清岸洁，空气优良，建成国家园林城市，成为国际国内适宜生活居住的城市之一，为上海率先基本实现现代化和承办 2010 年世博会奠定良好的环境基础。

主要指标：中心城区河道基本消除黑臭，全市城市污水集中处理率提高到 70%以上，日处理能力达到 480 万 m^3。空气环境质量指数二级和优于二级的天数稳定在 85%以上，力争达到 90%。中心城区全面推行生活垃圾分类收集，郊区基本建成生活垃圾集中收集和处置系统，危险废物实现全过程管理和无害化处置。基本形成以“环、楔、廊、园、林”为特征的绿化布局框架。中心城区绿化覆盖率达到 37%以上，人均公共绿地面积增加至 11 m^2；郊区森林覆盖率提高到 20%以上。亩均化肥年施用量减少 15%以上，亩均农药年施用量减少 20%，畜禽污染负荷大幅削减，逐步改善农业生态环境。工业污染综合治理有新的进展。全市工业企业全面达到国家和本市规定的排放标准，吴淞地区环境质量全面达到功能区标准，桃浦地区实现从化工工业区向都市型工业园区的根本性转变，吴泾地区环境质量要有较明显的改善。

二、重点领域任务和措施

1．水环境治理

以苏州河环境综合整治带动全市河道整治，切实保护和改善饮用水水源地水质。加快污水收集管网、污水处理厂建设，大幅度提高污水收集率和处理率，削减污染物排放总量。建立健全适应市场经济的治理机制和长效管理机制，稳步改善全市水环境质量。目标是：到 2005 年，中心城区河道基本消除黑臭；郊区主要河道实现“面清、岸洁、有绿、畅流、水净”，水质恶化趋势得到遏止。苏州河、黄浦江水质进一步改善，水生生物种类增加，两岸建成一批具有休闲、旅游等功能的水观景点；确保黄浦江上游和长江口水源地水质安全。全市基本达到国家或地方规定标准的城市污水集中处理率提高到 70%以上。全市化学耗氧量排放量比 2000 年削减 30%以上，氨氮削减 15%以上。

（1）以截污治污和生态建设为中心，推进和完成苏州河综合整治二期工程。主要采取截污治污、综合调水、底泥疏浚、两岸整治与开发四大措施。2005 年，苏州河干流水质基本稳定达到景观用水标准。

（2）大规模建设污水处理厂，完善污水收集系统。加快推进城市大型污水处理厂建设，建成竹园、白龙港两座大型污水处理厂，处理能力分别为 170 万 m^3/d 和 120 万 m^3/d。按规划、高标准建设一座日处理能力 50 万 m^3 的二级污水处理厂。加快建设海港新城、上海化工区、徐泾等郊区中、小污水处理厂，扩建金山石化、嘉定 2 座污水处理厂，新增污水处理能力 41.5 万 m^3/d。加快污水治理三期、闵行区春元昆地区、宝山西城区等污水收集系统建设。同时，结合污水处理厂建设，同步配套建设总管、干管和支管系统，提高污水处理厂和外排系统设施的利用率。

（3）进一步加大水源保护力度。建成朱家角、枫泾、大昆等 9 座污水处理厂，扩建朱泾、青浦第二污水处理厂，新增污水处理能力 20.7 万 m^3/d。完善练塘污水处理厂污水管网和金山张堰污水收集系统建设。对黄浦江上游饮用水水源采取强制性保护措施。2005 年，一级水源保护区禁止船舶运输 A、B 类化学危险品；对取水口实施围栏保护；取消水源保护区内开放性水域网箱养鱼；完成黄浦江上游水源涵养林一期工程 100 km^2 林带建设。

（4）深化河道环境综合治理。统筹规划，分批建设若干景观河道，同步推进两岸绿化建设，带动沿岸小城镇开发和旅游业发展。从景观河道开始逐步推进禁止挂桨船舶航行工作，太湖流域禁止挂桨船舶航行后，本市内河也全面禁止挂桨船舶行驶。深化中小河道环境综合整治。各区（县）对重点整治河道实施截污治污工程，重点推进对水葫芦、浮萍等水生生物的无害化处理和综合利用。集中力量对中心城区和一城九镇范围内的重点整治河道和“一环十射”航运河道进行全面疏浚，并建立日常疏浚制度。建立水闸调度中心，充分利用现有水利设施，分片实施河道综合调水，合理调活河网水体，提高河道自净能力。

（5）基本实现自来水厂和污水厂污泥无害化处理。2003 年，建成石洞口污泥处理厂。2005 年，建成白龙港污泥处理厂。2005 年，完成长桥、泰和、月浦等 7 家中心城区自来水厂的污泥处理装置建设；结合南市和杨树浦水厂改造，采用先进的制水工艺，进一步提高自来水厂的出水水质，同步完成污泥处理装置建设。

（6）加强海洋环境保护。沿长江口、杭州湾的集中式排放口建设污水处理厂，有效削减污染负荷。建立上海海域赤潮防治工作机制。建立船舶废油、散装化学危险品、洗舱废水、船舶生活污水和垃圾的收集、储存、处理处置系统。建立海上联合执法机制。

（7）强化监督管理。严格执行污水处理厂污水排放标准。2005 年，排入长江口、杭州湾的污水处理厂尾水要达到国家污水综合排放标准，排入内陆河道的污水处理厂尾水和工业废水全面达到上海市污水综合排放标准。废水排放量大的工业企业和工业区实行内部处理，就地达标排放；其余工业企业要进一步优化预处理技术，去除污水中特征污染物后纳管集中处理。排放污染物重点单位（包括污水处理厂）全面实施污染源排放自动监测。进一步完善排污许可证制度，强化许可证管理。重视微生物菌剂应用的环境安全性管理。

2. 大气环境治理

以“西气东输”、“西电东送”为契机，全力推进本市能源结构调整，有效改善大气环境质量。以工业布局和产业结构调整为抓手，加快中心城区重点工业污染源的关停并转。以实施严格的新车排放标准和推行在用车 I/M 检测制度为手段，有效削减机动车污染的排放。以严格管理、严格执法为突破口，切实解决扬尘、油烟污染等市民关注的环境热点问题。主要目标：环境空气质量二级和优于二级的天数稳定在 85%以上，力争达到 90%。2005 年，二氧化硫、二氧化氮主要污染物指标基本达到发达国家同类城市九十年代水平，可吸入颗粒物指标达到国内大城市先进水平。全市二氧化硫排放总量削减至 40 万 t/a，烟尘、粉尘排放总量在 2000 年基础上削减 10%。基本杜绝影响城市形象的烟囱、机动车冒黑烟和各类扬尘污染。机动车尾气抽检合格率达到 85%以上。饮食服务业油烟污染扰民问题基本得到控制。

（1）全力推进“无燃煤区”和“基本无燃煤区”建设。完成“西气东输”上海天然气主干网系统建设，扩大天然气供应范围，全市天然气年耗用量达到 25 亿～30 亿 m^3。同步实施《上海市“无燃煤区”和“基本无燃煤区”区划和实施方案》，到 2005 年，“基本无燃煤区”面积达到 400 km^2。

（2）全面实施天然气替代。外环线以内，天然气管网到达地区所有燃煤、重油锅炉实施天然气替代，尚未到达地区的燃煤锅炉必须使用其他清洁能源或洁净煤，鼓励集中供热。外环线以外，划入“基本无燃煤区”的燃煤锅炉必须实施清洁能源替代（集中供热区域除外），其他区域的燃煤锅炉必须使用洁净煤或采取脱硫等其他措施。对污染严重的制气企业实施结构调整，完成吴淞煤气制气厂、石洞口制气公司等天然气制气设施的改造，上海焦化厂实现天然气掺混。漕泾化工区、漕泾热电厂实现天然气供气。此外，大力推进民用燃气天然气化。

（3）推广集中供热，实施电厂脱硫。工业区必须实施集中供热，不得新建分散的燃煤、重油的锅炉，集中供热热网服务范围内的现有分散型锅炉都应纳网。集中供热的锅炉必须采取控制二氧化硫排放的措施。促进分散型锅炉向工业区的集中。落实外高桥电厂等脱硫工程。

（4）建立大气污染源自动监测系统。全市 20 t/h 以上的燃煤锅炉要全部实现自动监测。

（5）控制机动车尾气排放。自 2003 年 3 月 1 日起，所有在本市上牌的轻型和重型车辆提前实行等效于欧 II 标准的排放标准。推进公交车清洁能源替代，加快出租车更新。建成 CNG 加气站 9 座，新增 CNG 公交车 3 000 辆，中心城区和浦东新区基本实现公交 CNG 化，全市出租车和内环线内公交车全面达到欧 II 标准。鼓励燃用清洁能源车辆的研发、生产、使用。基本完成用车检测和维护管理（I/M）网络建设。对车型老、污染重，无法治理达标的车辆，实行强制淘汰。中心城区全面淘汰燃油助动车。

（6）全面推进扬尘污染控制的规范化、标准化管理。控制裸土扬尘。规范道路施工。对加强货物运输车辆扬尘污染控制制订严格规程。推进道路保洁制度化。对煤场、矿场、料堆、灰堆等场所进行综合整顿，制订堆场扬尘控制技术规范并加强监督检查。制订工地施工减尘操作规范和措施。

（7）整治餐饮业油烟气污染。依法严格审批新建餐饮业项目，取缔无证经营餐饮单位。加强执法力度，对超标排放或因排放方式不合理而影响周围居民生活的餐饮单位，要求按规范进行整改；对布局不合理，又无法治理达标的，责令停业、关闭。

3．固体废物处置与利用

继续贯彻“减量化、资源化、无害化”原则，强化能力和机制建设，全方位、全过程提高固体废物收集、利用和处置水平。全面推进城市生活垃圾分类收集、分类处理，积极探索适应上海特点的废旧物资回收利用模式。以清洁生产和综合利用为支撑，以无害化处置为重点，继续加强对工业固体废物和危险废物的监管。以郊区城市化发展为契机，建立和完善农村生活垃圾收集、处置系统。主要目标是：到 2005 年，中心城区生活垃圾基本实现分类收集，资源化利用率达到 50%，无害处置率达到 95%，形成回收利用、卫生填埋、焚烧、堆肥等多种利用与处置方式合理配置的城市生活垃圾处置系统。进一步完善郊区生活垃圾收集系统，城镇垃圾分类收集率达到 60%，资源化利用率达到 60%，无害化处置率达到 90%。城市化地区建成市场运作、规范管理的废旧物资回收利用系统。工业固体废物综合利用率达到 95%，危险废物实现全过程管理和无害化处置。

（1）加快推行生活垃圾分类收集。生活垃圾分类收集系统要覆盖全市各建成区。强化宣传教育，把生活垃圾分类收集作为文明小区考核的一项重要内容。2003 年，郊区生活垃圾收集系统基本实现全覆盖，中心镇和集镇启动实施生活垃圾分类收集。

（2）高标准推进生活垃圾处置、利用设施的改造和建设。实施老港填埋场改造和扩建工程，全面达到国家规定的卫生填埋标准。2003 年，消灭中心城区所有生活垃圾临时堆点；2005 年，基本取消郊区生活垃圾临时堆点。2003 年，中心城区全面实现密闭运输；2005 年，郊区中心镇和集镇密闭化清运率达到 60%，基本淘汰拖拉机运输。运用市场机制推进生活垃圾处理、处置和利用设施建设。

（3）积极探索社会废旧物资回收利用机制。通过政府推进、企业主导、社区参与，建设从回收、交投、分拣到利用的完整网络。2005 年，废旧物资回收系统覆盖全市，基本形成废电池和废铅酸蓄电池的回收网络，建设和改造一批废旧物资回收分拣场。

（4）健全工业固体废物和危险废物的处理、处置和利用体系，实现全过程管理。启动一般工业固体废物填埋场建设。建成覆盖全市的危险废物收集系统，推行集中式的无害化处置系统建设，加大规模化处置力度。推进医院临床废物、放射性废物的统一收集、运输和集中安全处置，医疗废物无害化处置率达到90%。继续加强建筑渣土管理，撤除外环线内露天建筑渣土中转点，渣土利用率达到95%。

4．绿化建设

实施城区和郊区绿化建设并举的方针，全面提高全市绿化水平。结合产业结构调整治污建绿、市政重大工程建设腾地建绿、旧区改造拆房建绿，继续推进中心城区大型绿地建设，实施延安路、黄浦江和苏州河“一纵两横”等景观生态廊道建设；同时，结合农业结构调整和城市化发展，加快郊区、国有农场减粮和外环线内农田造林建园的步伐，推进大型片林、沿海防护林、水源涵养林和廊道林带建设。推进绿化养护的市场化和绿化养护资金投入的多元化。加快自然保护区和湿地生态系统的规划建设。目标是：到2003年，建成“国家园林城市”，绿化覆盖率达到35%，人均公共绿地面积达到9 m^2。到2005年，基本建成以“环、楔、廊、园、林”为特征的绿化布局框架；中心城区绿化覆盖率达到37%以上，人均公共绿地达到11 m^2；郊区森林覆盖率达到20%以上。建成1～2个国家级自然保护区，有效保护湿地生态系统，科学、有序地开发滩涂资源。

（1）继续大规模推进中心城区绿化建设。新建梦清园、闵行体育公园、江湾新城绿地、北外滩绿地等一批大型公共绿地。加快中心城区绿色走廊的建设，基本形成延安路高架沿线和黄浦江、苏州河沿岸地区的公共绿地新格局，提升世纪大道、沪闵路—漕溪路—衡山路、虹桥路—肇嘉浜路等一批景观绿色廊道的生态效益。内环线内消除500 m公共绿地服务盲区。三年新增公共绿地1 600 hm^2。

（2）大力推进环城绿带、楔形绿地建设。2003年，建成400 m宽环城绿带一期工程，新增绿地 2 100 hm^2。实施楔形绿地建设，三年新增绿地面积 450 hm^2。启动近郊公园建设，建成具有娱乐、体育、民俗等功能的大中型主题公园 5 座，总面积 700 hm^2。

（3）积极实施郊区减粮造林工程。全面推进国有农场农业结构调整。重点建设以闵行浦江、南汇滨海、松江佘山、嘉定—宝山、横沙岛和崇明大型片林为主的六块陆地片林以及郊区环线林带，黄浦江中上游水源涵养林，以及大陆沿海和“三岛”沿岸沿海生态防护林。同时，加快经济林建设。三年内，郊区减粮造林面积新增 4 万 hm^2。

（4）大规模营建绿色生态走廊。结合河道整治，建设市管河道两侧绿化 700 hm^2，郊区河道绿化 1 400 hm^2。重点开展高速公路、快速干道等道路绿化建设，建成沪杭高速公路、沪宁高速公路、沪青平公路等一批道路绿化。

（5）加强自然保护区建设。加大投入，进一步加强和完善自然保护区的管理机构，加快保护区的建设。九段沙湿地、崇明东滩鸟类、崇明东滩中华鲟等自然保护区争创 1～2 个国家级自然保护区。严格履行相关国际公约，编制湿地生态系统保护规划。控制对湿地和滩涂的过度圈围和开发，禁止盲目引进外来物种进行生物促淤，建立滩涂湿地开发的生态环境影响评价标准体系。

5. 农业生态环境保护与建设

立足于改善生态环境、促进农业可持续发展、增加农民收入的环境与发展“双赢”目标，积极探索农业生态环境保护与治理的有效途径和方法。以促进农村经济增长方式和农业生产方式转变为中心，加大农业生态环境保护和治理的力度；以生态农业发展和生态示范区建设为抓手，加大畜禽养殖场调整、治理和关闭力度，推广有机肥料使用，推进化肥、农药使用的减量化，有效削减农业面源污染。目标是：到 2005 年，郊区农业生态环境恶化的趋势总体得到控制。全市畜禽污染负荷在 2000 年基础上削减 40%以上，关闭、搬迁禁养区内集约化畜禽养殖场，其他区域内的畜禽养殖场实现粪便生态还田和达标排放。农田亩均化肥年施用量减少15%以上，亩均农药年施用量减少20%，强化对“菜篮子”产地环境的监督管理，进一步提高秸秆综合利用率。

（1）全面推进畜禽污染防治。全面调整畜禽养殖业布局，明确禁止养殖区、控制养殖区、适度养殖区和异地养殖区的范围，全市集约化畜禽养殖场总数限制到700家。禁止养殖区内的畜禽养殖场，依据所处区域、污染程度等因素，分区、分批完成关闭、搬迁工作。控制养殖区和适度养殖区内的畜禽养殖场，实行排污许可证制度以及总量收费、超标加倍的排污收费制度。现有畜禽养殖场要按规范进行调整、改造和治理，到2005年，经限期治理仍超标排放的，依法责令关闭。新建畜禽养殖场，要严格执行环评制度和“三同时”制度。此外，建立有机肥加工利用中心，探索产业化治污、资源化利用新的路子。

（2）积极控制农田面源污染排放。实现化肥和农药施用量大幅削减；促进有机肥生产、鼓励有机肥使用；引导农民使用高效化肥、低残留农药，淘汰污染严重的化肥、农药；提倡粮油作物用地每三年种植一次绿肥。到2005年，全市化肥和农药施用量要分别控制在11万t和1 000 t以下。

（3）加大生态农业示范工程建设。推进上海有机食品、绿色食品、安全卫生优质农产品和无公害农产品生产基地建设。继续推进崇明生态示范区建设，抓紧制定并实施崇明生态环境建设规划。建成3～4个国家级环境优美小乡镇。

（4）继续推进秸秆综合利用和禁烧制度。鼓励研究开发和推广使用小型收割和秸秆粉碎一体机械，提倡采用秸秆粉碎直接还田和养畜过腹还田。禁烧区综合利用率要达到90%以上，其他区域达到80%。在原有禁烧范围基础上，进一步扩大禁烧区域。

6．重点工业污染企业和区域环境综合整治

按照城市总体规划和产业结构调整“十五”计划的精神，依据全市工业企业全面达标排放的要求，推进清洁生产，加快重点污染源和重点工业区环境综合整治，促进工业的环保化、清洁化和绿色化。对不符合功能区定位、不符合工业区产业规划、不符合产业区产品结构，同时又影响市民健康和生活、影响环境质量、影响城市形象的工业企业，率先实施限期治理。限期达不到标准的，依法予以关闭。

（1）全市工业污染企业治理。从优化城市功能布局、改善城市环境质量出发，结合黄浦江两岸开发，苏州河综合整治等重点工程，以解决扰民问题为重点，加速重污染产业和产品结构的调整。2003 年年底，居民住宅区、内环线高架以内污染严重的工业企业要全面达标排放。2005 年年底，全市工业企业实现全面达标排放。①进一步加强工业企业污染治理力度。未达标企业要通过加快技术改造、推广清洁生产、完善治理设施、提高管理水平，在规定的期限内达到国家和本市规定的排放标准。②生产技术和生产工艺落后、污染严重、达标治理无望的工业企业或生产线，要优先依靠产业结构和产品结构的调整，解决污染问题。③不符合功能区要求的工业企业，要逐步向工业区集中。④对限期不能达标排放或产品、技术、设备列入国家淘汰名录的工业企业或生产线，依法实施关闭。

（2）吴淞工业区环境综合整治。继续贯彻《吴淞工业区环境综合整治规划》，以宝钢为依托，集聚、优化冶金工业；结合就地资源综合利用，调整发展新型建材工业；根据市域化学工业布局，逐步调整、淘汰落后的化工企业。完善环境基础设施建设，推进集中供热，形成完善的污水排放系统。推广清洁生产和清洁工艺，加强污染治理。到 2005 年，全面完成规划确定的各项任务，使工业区用地布局合理、市政基础设施完善、产业结构合理、生产工艺优化。蕴藻浜水质明显改善，绿化覆盖

率达到 30%，区域内各项环境指标均达到全市工业区的平均水平。

（3）桃浦工业区环境综合整治。按照发展都市型工业园区的目标，对桃浦工业区进行战略性改造，加快产业、产品结构调整，关停污染较严重的企业、生产线和产品，大力发展高科技、高附加值、高产出、清洁型产业，改善区域环境质量。2003 年，基本解决严重影响市民身心健康、群众反映强烈的恶臭污染问题；工业区内所有企业实行集中供热，废水排放全面达到接管标准，污水处理厂尾水达标后，就地排放。2005 年，建成都市型工业园区的基本框架。基本完成区内企业的产业、产品结构调整；引进和发展与城市功能和生态环境相协调的现代绿色工业；工业区绿化覆盖率达到 30%；区域环境质量达到二类环境功能区的标准。

（4）吴泾工业区环境综合整治。按照上海工业经济发展总体规划，立足于区域布局、产业产品和能源结构的调整，以烟尘、工艺废气治理为重点，鼓励清洁生产，加快淘汰落后工艺，削减特征污染因子、二氧化硫和工业烟尘等严重影响群众身体健康和环境质量的污染物排放总量。加快环境基础设施建设，改善区域的环境质量和生活质量。2005 年，完成区内全部居民搬迁、工业区绿化隔离带建设以及上海焦化厂、吴泾热电厂等污染严重企业的结构调整和综合治理，主要污染物排放总量削减 30%以上，主要污染企业特征因子污染问题基本解决，工业区环境质量有较明显的改善。

三、保障措施

1．机制建设与政府职能转变

（1）环境保护投资占全市国民经济总产值的比重要继续保持在 3%以上，加快建立符合社会主义市场经济的环境治理和保护机制。

（2）加大公共财政投入，重点加强对城市环境基础设施建设、饮用水水源保护区、自然保护区建设和管理等、环保能力建设的投入。

（3）建立和完善环境保护投融资机制，鼓励和吸引社会资金投资，重点对城市污水治理、固体废物收集利用、城市绿化和郊区片林建设、有机复合肥生产以及生态农业开发等有利于环境保护的项目给予优惠政策。

（4）按照国务院规定的“保本微利”的定价原则，加快完善城市污水收集和处置、生活垃圾收集处置等环境设施使用和服务收费制度。

（5）按照“排污费高于污染治理成本”的环境收费原则，扩大和提高排污收费的范围和标准。提高二氧化硫排污收费标准，开征工艺废气等特征污染因子以及畜禽污染的排污收费，开征运输扬尘、施工扬尘和堆场扬尘排污收费，建立废旧家电等有偿收集处置机制。

（6）建立和完善环境经济政策引导机制，制定并落实燃煤锅炉清洁能源替代、CNG 车用气、集中供热、饮用水水源保护、有机肥使用等鼓励政策。

2. 引入市场竞争，改革管理体制

按照产业化、市场化的要求，全方位、多层次、宽领域推进环境保护建设和运行管理体制、机制的改革。

（1）全方位实施环境基础设施的建设、运营管理体制改革。到2005年，本市城市污水处理、固体废物处置等环境保护基础设施的建设和运营管理基本实现市场化。

（2）深化环卫、绿化等作业服务管理体制改革。2005年，环卫、绿化等作业单位要完成企业化改制，全面开放环卫、绿化等作业服务市场，制订环卫、绿化等作业经营权管理办法，完善作业经营权招投标制度。

（3）加快建立生活垃圾减量化、资源化机制。探索以公共采购为形式、分区域竞争总承包、由市场优化配置环卫要素、按法规标准规范作业的新运作机制，同时制订鼓励源头减量、分类收集、资源再利用的法

规、规章和政策。

（4）积极引导和推进企业污染治理设施运营管理的专业化、社会化。总结吴泾工业区试点经验，在全市其他工业区逐步推广，提高污染治理设施的管理水平，建立污染源长效管理机制。

3. 加大监管力度，依法保护环境

（1）强化环境立法。制订或修订《上海市实施〈中华人民共和国环境影响评价法〉办法》、《上海市排污费征收使用管理办法》、《上海市环境保护设施运营管理办法》、《上海市水污染防治管理办法》、《上海市饮食服务业环境污染防治管理办法》、《建筑扬尘污染防治技术规范》、《上海市生活垃圾管理办法》、《上海市医疗废物处置管理办法》等规章或技术规范。

（2）加快执法能力建设。尽快建立和完善全市统一的环境监测网络，提高环境保护执法、环境保护预警和环境灾害事故应急处理能力。加强环境保护执法装备和人员建设。建立环境执法联席会议制度。进一步加大对环境违法行为有奖举报制度的宣传和贯彻力度。依法打击违法犯罪行为。运用现代化信息技术，加强环境信息管理。

4. 加快科技创新，形成技术支撑

完善以市场为导向的环保科技进步机制，推进环境科技创新基地建设，不断增强科技创新能力。重点加强城市生态建设、经济与环境、水源保护、污染河道综合整治、机动车污染防治、能源与环境等领域的研究，提高参与综合决策的能力。加速国际环境标准采标步伐，缩小环境标准与国际的差距，推动企业技术进步。发挥企业在技术创新中的主体作用，创造有利于技术创新的政策环境，鼓励开发具有自主知识产权的技术，推动污染防治关键技术和产品的开发应用。大力培养环保技术服务市场，发展环保咨询服务业，形成以市场为导向，企业为主体的环保

产业发展新机制。

5. 强化宣传教育，倡导绿色文明

通过各种典型案例的报道和违法事件的曝光，加强警示教育，唤醒人们的忧患意识和危机意识。依托各级党校、行政学院，加强环境保护政策、法规、国情和决策能力的宣传、培训，进一步提高各级领导干部环境意识和环境综合决策能力。有计划地创建一批绿色学校和环境教育基地，加快环境教育系统化、普及化步伐。充分发挥电视、广播、报刊、网站等新闻媒体的影响力和感染力，利用“世界水日”、“世界环境日”等重大环境纪念活动，推进绿色志愿者活动，积极开展全民环境宣传教育活动，倡导绿色生产、绿色销售、绿色消费。

6. 转变政府职能，切实加强领导

本着简化前期审批、强化事后监管的原则，深化行政审批制度改革，加强分类管理，探索登记备案或告知承诺的新形式。深化污染物监督管理制度改革，加大排污许可证管理力度，加强排污总量控制。建立新建工业项目排污总量审批制度。建立污染设施专业化、社会化运行管理机制。环境保护工作要坚持党政一把手亲自抓、负总责。实行环境质量行政首长负责制，将环境整治目标的落实情况作为考核和任用干部的重要依据。各级组织、监察部门要加强经常性的督促和检查，保证各项工作落到实处。

四、主要成效

在市委、市政府的领导下，按照“争做国内大城市还环境污染历史欠账的模范和生态建设的模范”的要求，经过各有关部门和各区县政府的共同努力，第二轮环保三年行动计划顺利完成，在大力推进水环境治理、大气环境治理、固体废物治理、工业污染治理、农业污染治理和绿

化建设等方面取得了明显成效，向建设生态型城市的总体目标又迈出了坚实的一步。

1．进一步完善了环境基础设施

全市新增污水处理能力 349 万 m^3/d，城市污水集中处理率达到 70%，郊区城镇污水治理设施覆盖率提高了 16%；中心城区新增生活垃圾处理能力 5 900 m^3/d；建成了吴淞工业区集中供热网；建成了危险废物安全填埋场。

2．进一步削减了污染排放总量

万元 GDP 二氧化硫排放量削减了 19%，万元 GDP 化学需氧量排放量削减了 47%，农田化肥使用量削减了 7 万 t，化学农药使用量削减了 735 t。

3．进一步强化了环境监管

修订完善了《上海市环境保护条例》，出台了一批政府规章和环保标准；占全市水环境污染排放总量 85%以上的工业企业安装了污水排放在线监测设施；对 35 家环保重点监管企业实施了限期治理，企业稳定达标排放率提高了 15%。

4．进一步改善了环境质量

2005 年与 2003 年同期相比，全市区域降尘下降 29.4%，空气质量优良率连续 3 年稳定在 85%以上；苏州河水质稳中趋好，中心城区河道基本消除黑臭，水质平均改善了 21.5%。吴淞工业区环境质量达到国内同类工业区的先进水平，桃浦工业区消除了恶臭污染。中心城区绿化覆盖率增加了 7 个百分点，达到 37%；人均公共绿地面积增加了 3.4 m^2，达到 11 m^2。

第三节 第三轮环保三年行动计划（2006—2008 年）

一、总体情况

第三轮环保三年行动计划更加突出环境基础设施完善和郊区环境保护及建设，实施水环境治理与保护、大气环境治理与保护、固体废物利用与处置、工业污染治理与清洁生产和循环经济、农业污染治理与农村环境保护、生态保护与崇明环境基础设施建设六大领域任务，同时加强政策法制和科技支持工作，共安排了约 260 个项目。

1. 总体目标

承上启下，持续努力，加快还清环境污染历史欠账，大力推进生态型城市建设，为实现“十一五”环保目标打下基础。

2. 具体目标

（1）环境基础设施基本完善，城市发展更和谐。城镇污水治理设施基本完善，中心城污水收集管网基本实现全覆盖，郊区污水治理设施覆盖 90%左右的城镇，全市城镇污水处理率达到 75%。保留工业区已开发地块污水管网实现全覆盖，有条件的工业区启动集中供热设施建设。基本建成固体废物资源化利用与无害化处置设施体系。基本形成布局合理、功能齐全、城乡一体的绿化系统，人均公共绿地面积达到 12.5 m^2，绿化覆盖率达到 38%，森林覆盖率达到 13%。

（2）环境污染得到有效治理，城市环境更安全。水环境主要污染物化学需氧量削减 15%左右，氨氮削减 10%左右；保留工业区内污染源纳管处理率达到 90%以上。全市燃煤电厂 70%容量的机组实施烟气脱硫，电厂排放二氧化硫削减 17 万 t。生活垃圾无害化处置率达到 80%，工业固体废物资源化利用率达到95%，工业废物、危险废物、医疗废物、放射性废物实现安全处置。农田氮肥亩均使用量削减10%，化学农药亩均使用量削减8%。

（3）环境监管体系不断完善，城市管理更科学。根据生态承载力和环境容量，制定污染排放控制目标和削减计划，水环境污染物化学需氧量排放与环境容量基本匹配，全市二氧化硫排放总量控制在国家允许范围之内。建立环境管理信息平台，提升环境监管能力，市级环保重点监管企业全面实施在线监控，占全市污染负荷85%以上的工业企业实现稳定达标排放。

（4）环境质量进一步改善，城市生活更美好。巩固和提高中心城区河道基本消除黑臭的成果，全市水环境质量逐步改善。环境空气质量稳步提高，优良率稳定在85%以上。吴泾工业区环境质量基本满足功能区要求。浦东新区建成国家环保模范城区，闵行区创建成为国家生态建设先进区。全市15%左右的乡镇建成环境优美乡镇，建成20个左右的环保生态村。

二、重点领域任务和措施

1．水环境治理与保护

按照中心城区与郊区并举，污水处理厂建设与管网建设并重的原则，加快建设和完善城郊污水处理厂及其管网，提高城郊污水处理能力和水平；以深化苏州河等骨干河道整治、推进近郊黑臭河道整治为重点，进一步改善河道水质，逐步恢复河道水生生态系统；以保证水源地供水安全为目标，进一步加强水源地环境保护。目标是：实现苏州河下游水质与黄浦江水质同步改善，巩固和提高中心城区河道基本消除黑臭的成果，进一步保障水源地安全。到2008年年底，基本实现中心城污水收集管网全覆盖，郊区污水治理设施覆盖90%左右的城镇，全市城镇污水处理率达到75%。

（1）进一步提升中心城区污水处理能力和水平。重点是：新建竹园第二污水厂（50万m^3/d），实施竹园污水处理厂的升级改造工程（170万m^3/d）并启动污水厂污泥处理工程，实施白龙港污水处理厂升级改造工程（120万m^3/d），扩容60万m^3/d，并基本完成污水厂污泥处理工程。

（2）基本实现中心城污水收集管网全覆盖。完成污水治理三期工程污水收集系统建设，完善宝山、闵行、浦东、南汇周康和祝桥地区的污水收集系统，启动西干线改造工程，基本实现中心城污水收集管网全覆盖。加快污染源截污纳管，重点实施分流制地区12座雨水泵站的截流设施改造工程，建设肇嘉浜合流污水泵站的调蓄池工程，削减放江污染负荷，基本消除中心城区污水直排河道现象。

（3）全面完成苏州河环境综合整治工程（三期工程）。重点是：开展苏州河底泥疏浚工程。建设和完善苏州河中下游雨污水排放系统，包括建设真江东、陇西、虹南3个雨污水系统，新建4座雨水泵站截污设施，建设新福建北泵站，改造支流排涝泵站服务范围内的污水收集管网。开展苏州河中上游地区截污治污工程，建设青浦区华新、白鹤、赵屯污水处理厂配套管网，提高苏州河水系的截污治污能力。

（4）以截污治污为重点，深化中心城区市管河道整治。以沟通水系、调活水体、修复水生生态、建立长效管理机制为重点，因水制宜，进一步巩固中心城区河道整治的成果。重点是实施骨干河道沟通和疏拓工程，完成水利片外围泵闸建设，加强中心城区河道引清调水，实施黄浦江部分支流河口综合治理。

（5）大力推进郊区城镇污水处理厂和污水收集管网建设。重点是：扩建嘉定新城、松江、松江东部和青浦4座污水处理厂，新建青浦赵屯污水处理厂，新增污水处理能力17.9万m^3/d。建设和完善嘉定新城、安亭、金山新江、奉贤东部等18个污水处理厂管网收集系统。

（6）以截污治污为根本措施，开展郊区骨干河道整治。重点是：着力推进徐泾、九亭、江桥等近郊6镇24条黑臭河道和郊区25条骨干河道的综合治理。编制蕴藻浜和淀浦河等市管河道综合整治规划，适时启动相关项目。建设和完善水源保护区禁止危险品水路运输管理系统，全面禁止在水源保护区水路运输危险品。建设水污染事故应急处理物资储备中心，提高应急处理处置能力。

2. 大气环境治理与保护

全面推进大气污染治理，确保城市环境空气质量持续改善。巩固中小锅炉燃煤污染治理成果，加大燃煤电厂等高架点源污染物减排力度，全面控制本市煤烟型污染；继续提高新车排放标准，进一步完善在用车管理制度，加速淘汰重污染车辆，有效控制机动车污染；积极推广示范经验，由点到面，深化扬尘污染控制，切实解决直接影响市民生活的突出问题。目标是：到2008年年底，全市燃煤电厂实施烟气脱硫的机组总容量达到70%左右，削减电厂排放二氧化硫17万t；重点行业机动车率先实施国家第三阶段排放标准（“国III”标准），在用车实施简易工况检测方法；全市建成728 km^2的“扬尘污染控制区”，外环线以内按区划建成“基本无燃煤区”，外环线以外全面建成3 892 km^2“烟尘控制区”。

（1）完成650万kW燃煤机组烟气脱硫工程。燃煤电厂全面启动烟气脱硫工程建设。重点完成上海电力股份有限公司、上海申能股份有限公司、华能集团等11家电厂34台约650万kW燃煤发电机组的烟气脱硫，同步实施高效除尘，逐步进行低氮燃烧技术改造。

（2）全面完成“烟尘控制区”和“基本无燃煤区”建设。外环线以外地区和工业区，深入推进各类炉窑和工业生产设施的烟尘控制工作，严格执法监管，基本杜绝烟囱冒黑烟现象，全面建成“烟尘控制区”；外环线以内的中心城区，继续推进“基本无燃煤区”创建工作。

（3）继续深化扬尘污染控制。根据《上海市扬尘污染防治管理办法》及相关技术规范，积极推广示范经验。相关职能部门加强行业管理，全面落实建筑施工、拆房、市政施工、堆场、道路保洁和物料运输等扬尘防治规范化措施，重点加大对市政施工扬尘的监管控制力度。以各区县政府为主体，完成 728 km^2 的“扬尘污染控制区”创建工作，使各类扬尘污染现象得到明显改观。

（4）严化机动车排放标准，全面实施简易工况法检测制度。本市公交、出租等行业的新车，率先从 2006 年 7 月起实施“国III”标准，其余新车按照国家要求从 2007 年起全面实施“国III”标准。到 2008 年年底，所有进入内环线以内区域的公交车均达到“国II”标准，全市约有 6 000 辆公交车和 2.5 万辆出租车达到“国III”标准。公安、质监、环保部门进一步完善在用车年检制度，按规范健全机动车污染检测网络，全面推行简易工况法检测，不达标车辆不得上路行驶。公安、环保组成专职机动车污染联合执法队伍，开展日常执法监察，加大执法力度，基本杜绝机动车辆超标排放及冒黑烟现象。逐步淘汰不符合环保要求的渣土运输车辆，财政全额拨款的行政事业单位率先更新低于“国I”标准排放的车辆。

3．固体废物利用与处置

坚持以“减量化、资源化、无害化”为原则，严格按规划推进固体废物处理处置设施建设，基本形成固体废物利用与处置框架体系。城郊并举，进一步加快生活垃圾处置设施建设；在完善危险废物、医疗废物处置系统的基础上，着力推进放射性废物和工业废物的安全处置与综合利用；以政府推进、行业自律为手段，从重点行业突破，推进商品包装和一次性消费品减量。目标是：到 2008 年底，全市生活垃圾无害化处置率达到 80%；工业固体废物资源化利用率达到 95%，其余工业废物和危险废物、医疗废物、放射性废物全面得到安全处置。

（1）全面构筑生活垃圾资源化利用和无害化处置设施框架体系。中心城区建成闵行垃圾焚烧厂、宝山垃圾综合处理厂、市区生活垃圾内河集装化转运工程，启动老港1、2、3期生活垃圾填埋场封场及生态重建工作。郊区建成金山、青浦等垃圾综合处置场和嘉定残渣填埋场，启动建设松江垃圾综合处置场。进一步完善农村生活垃圾收集系统。到2008年底，全市形成较为完善的生活垃圾收集、运输、处置系统。

（2）基本实现工业固体废物安全处置。建成老港工业固体废物安全处置场，基本建成老港固体废物资源化综合利用基地一期工程，推进固体废物资源化、产业化进程。探索废旧家电等电子产品安全处置和资源化利用的有效途径，开展电子废弃物交投处置工作试点。

（3）完善放射性废物安全监管和处置系统。扩建 600 m^3 库容的放射性废物库。建立核与辐射应急监控系统。

（4）推进包装和一次性用品减量。以政府推进、行业自律为手段，积极推进和带动重点行业废物源头减量化工作。在化妆品、保健品、食品等行业制订并实施适度包装有关行业自律规范，推进宾馆服务业一次性用品减量。

4．工业污染治理与清洁生产和循环经济

以产业结构调整与基础设施建设为根本举措，削减工业污染，实现污染源稳定达标排放。以吴泾工业区综合整治为重点，带动传统产业结构升级和企业技术改造，深化工业污染防治；着力完善保留工业区环境基础设施，加快企业污水纳管，为郊区高起点、快速健康发展奠定环境基础；通过推进清洁生产和循环经济，提高能源利用效率，降低工业能源消耗，减少污染物排放，切实转变经济增长方式。目标是：到2008年年底，吴泾工业区环境整治取得实质性进展，区域环境质量基本满足相应功能区要求；巩固第二轮环保三年行动计划产业结构调整成果；保留工业区已开发地块污水管网全覆盖，污染源纳管处理率达到90%以上；占全市污染负荷85%以上的工业企业实现污染物稳定达标排放；循环经济和清洁生产得到进一步发展。

（1）完成保留工业区污水处理厂和收集管网建设。建设嘉定北区等4座工业区污水处理厂及收集管网（包括8个保留工业区管网），以及青浦华新、白鹤2座工业区污水处理厂，新增污水处理能力33.5万m^3/d；建设和完善浦东新区川沙经济园区等28个工业区污水收集管网。所有保留工业区必须按计划完成开发地块污水管网建设和污水纳管工作，未完成污水处理任务的工业区不得新建、扩建、改建产生污水的项目。

（2）全面推进吴泾工业区环境综合整治。全面实施《吴泾工业区环境综合整治实施计划纲要》，重点推进产业、产品结构和生产工艺调整及污染源治理，工业区内主要污染源实现达标排放，基本完成区内受污染影响居民的动迁安置。力争关停上海焦化有限公司2～4号焦炉、治理煤气发生炉（UGI炉）黑烟；调整上海碳素厂混捏、煅烧、浸渍、焙烧四类重污染生产线；关停上海吴泾化工有限公司氯磺酸、硫酸二甲酯生产线，调整合成氨、硫酸生产线等；完成联成化工、摩根碳制品等公司污染治理。完成上海白水泥厂、上海焦化有限公司钛白粉厂、立事化工等企业的结构调整。完成吴泾热电厂等6家企业污水纳管；按计划完成工业区绿化隔离带建设；动迁区内受污染影响的居民；开展锅炉脱硫或清洁能源改造。建设上海氯碱股份有限公司氯气、氯乙烯等有毒有害气体监控系统和上海吴泾化工有限公司氨、甲醛等污染物预警及应急系统。

（3）实现环保重点监管企业稳定达标排放。积极推进大气环保重点监管企业在线监测安装，完成电厂锅炉和20 t以上锅炉在线监测设备安装。进一步加强重点污染源的执法监管，对不能稳定达标排放的环保重点监管企业实施限期治理，确保2008年年底占全市污染负荷85%以上的环保重点监管企业实现污染物稳定达标排放。

（4）继续推进工业区集中供热。在1～2个工业区新建集中供热设施，在有条件的工业区进行热网扩建及热用户扩展。

（5）大力推进工业企业清洁生产。对污染物排放浓度严重超标或超过排放总量的重污染企业依法开展清洁生产强制性审核；巩固和推进100家企业实施清洁生产，编制钢铁、化工、医药、电镀等行业清洁生产指南；结合污染治理和技术改造，制订清洁生产激励政策。

（6）开展工业园区或工业企业循环经济试点。制订工业园区循环经济发展指南。在完善上海化学工业区等循环经济试点基础上，重点开展金桥出口加工区、金山第二工业区、宝山工业园区、莘庄工业区和宝钢等工业企业的循环经济试点示范。

（7）创建一批环境友好企业。引导和鼓励企业自愿采纳更严格的环保标准，自觉遵守各项环境法律法规，主动承担环境保护责任。

5. 农业污染治理与农村环境保护

按照建设社会主义新农村和加快郊区现代化建设的要求，推进农村环境保护各项工作。以环境优美乡镇和环保生态村创建为载体，加大力度解决郊区环境污染突出问题，逐步改善农村人居环境质量。继续推进农业循环经济和生态农业发展，采取有效措施削减畜禽养殖污染，减少化肥和农药使用量，确保农产品安全，促进城乡统筹发展。目标是：到2008年底，规模化畜禽养殖场粪便基本得到资源化利用，农田氮肥亩均使用量减少10%，化学农药亩均使用量减少8%，全市15%左右的乡镇创建成环境优美乡镇，建成20个左右的环保生态村。

（1）畜禽养殖场达标治理和畜禽粪便综合利用。核发规模化畜禽牧场排污许可证和动物防疫合格证，加强依法管理，促进畜禽养殖场达标治理。扩建或新建青浦、金山、南汇、奉贤、农工商5个有机肥中心，新增有机肥生产能力8万t/a。

（2）农业面源污染治理。每年推广使用有机肥9万t。扩大绿肥种植面积，实施绿肥轮作养地制度，每年种植绿肥30万亩。结合测土施肥技术，每年推广BB肥5 000 t。发布生物农药推广名录，重点推广药效好、残留低的新型农药和生物物理防治技术。推进农作物秸秆资源化综合利用，秸秆机械化还田面积力争达到450万亩。

（3）建设环境优美乡镇。推进生活污水和工业废水集中处理，改善城镇周边河道水质，建设“烟尘控制区”，完善生活垃圾收集处置系统，大力推进环境优美乡镇创建活动。巩固莘庄镇等10个环境优美乡镇的创建成果，继续创建朱家角镇等10个以上环境优美乡镇。

（4）建设环保生态村。积极实施农村环境综合治理，推进环保生态村的创建，以点带面，探索农村环境面貌改善的可行之路。三年间，郊区各区县分别创建1～2个环保生态村，创造整洁优美的生态环境。

6. 生态保护与崇明环境基础设施建设

以建设生态型城市为目标，以崇明生态岛和世博园区建设为契机，着力提高绿地、林地、湿地的生态服务功能。按照生态岛建设目标，坚持“留足生态环境涵养空间”的要求，科学编制崇明三岛生态环境保护与建设规划，加快崇明环境基础设施和生态林建设，保护崇明良好的生态环境。以完善和提高崇明东滩、九段沙自然保护区的管护设施和管理水平为重点，进一步加强自然保护区管理。目标是：推进资源节约型和环境友好型世博园建设。崇明城镇生活污水集中处理率达到60%，森林覆盖率达到20.3%。全市中心城区人均公共绿地面积达到12.5 m^2，绿化覆盖率达到38%；森林覆盖率达到13%。

（1）大力推进世博园区生态建设。以建设黄浦江两岸滨江大型生态公园“滨江绿洲”为核心，大力推进世博园区绿化建设。园区内实行雨污分流，设置雨水调蓄池，对初期雨水进行截流；铺设污水管道，纳入污水治理二期工程总管。将现有南市电厂改造为园区能源中心，建设园区集中供热（冷）系统；建设太阳能应用示范装置，进行太阳能热电联供；建设燃气系统，园区使用清洁能源（天然气）。园区内实行分质供水，生活用水采用自来水；将黄浦江水或部分收集的雨水处理后，用于景观、绿化、市政或旱季补水。

（2）积极推进崇明生态环境建设。按照建设世界级生态岛的要求，把崇明建设成为环境和谐优美、资源集约利用、经济社会协调发展的现代化生态岛区。重点建设崇明三岛建设重点监管企业在线监控系统，推进稳定达标排放。开展生态环境质量本底监测与调查，建设环境质量监测网络，跟踪环境质量变化情况。编制和完善崇明生态环境保护规划与建设计划。建设和完善包括长兴岛、新河、堡镇和城桥等一批污水处理厂及污水收集系统，启动建设陈家镇人工湿地污水处理工程，新增污水处理能力 4.9 万 m^3/d；建设集中式生活垃圾无害化处理处置设施。整治城桥镇周边的东平河、三沙洪等河道，建设生态林和防护林 4 800 hm^2 之多，建设生态农业示范基地，建设东滩湿地公园一期工程 240 hm^2，创建 10 个左右环保生态村。

（3）推进国家环保模范城区和生态建设先进区创建。浦东新区创建为国家环保模范城区。闵行区在创建为国家环保模范城区的基础上，创建成国家生态建设先进区。

（4）建设与完善全市绿地林地系统。中心城区以《上海市中心城公共绿地规划》为依据，重点推进外环线生态专项、长风大绿地等公共绿地建设和老公园改造。到 2008 年年底，新增公共绿地 1 500 hm^2，中心城区绿地系统基本建成，人均公共绿地面积达到 12.5 m^2。郊区重点加快沿海防护林建设、水源涵养林等生态公益林建设，新增林地超过 2 300 hm^2（不含崇明）。

（5）不断提高自然生态保护管理水平。进一步完善崇明东滩和九段沙两个国家级自然保护区的管护设施和各项管理制度，加强自然保护区联合执法检查和日常管理，加大科技投入和宣传教育的工作力度。在淀山湖等黄浦江上游地区水域，开展增殖放流，积极改善水生生态系统。

三、保障措施

（1）加快重心下移，强化“条块结合、以块为主”的推进机制。各专项工作组和相关委、办、局进一步强化规划协调和目标、标准制定，明确推进政策，加强行业指导，加快环境保护和建设工作重心下移；各区县政府切实履行对当地环境质量负责的职责，积极承担本辖区内环境保护和建设任务的推进实施，通过绩效管理，在街道、乡镇层层落实环境保护和建设的责任。二是完善考核评估机制。继续将环境效益的监测评估作为科学推进环保三年行动计划的有效手段，完善专项领域和各区县项目推进实施成效的评估方案。重点深化环境效益监测评估方案，探索和推行环境空气质量分区日报制度，定期公布区域降尘变化情况、区域河道水环境质量和重点整治河道水质变化情况。同时，积极探索建立领导干部环境绩效考核机制，逐步将环境绩效指标纳入对各级领导班子和领导干部的考核内容。

（2）强化政策引导与支撑。围绕第三轮环保三年行动计划实施项目，按照“污染者付费、开发者保护、制造者回收”的原则，制定相应的经济激励政策，建立社会化多元化环保投融资机制，运用经济手段推进污染治理市场化进程，通过政策放大效应，确保重点项目全面完成。重点出台实施燃煤电厂烟气脱硫电价、吴泾工业区环境综合整治、企业清洁生产改造、中心城区公交、出租车率先达到“国Ⅲ”标准工作、率先更新财政全额拨款行政事业单位高污染车辆等配套政策，延续和完善郊区污水治理、郊区造林建设等市级资金补贴政策。

（3）完善法制建设。以《上海市环境保护条例》作为地方环保立法的核心，进一步推进相关规章立法进程。加快修订《上海市实施〈中华人民共和国大气污染防治法〉办法》，完成医疗废物管理和辐射环境管理等政府规章的立法工作。开展上海市工业区环境管理办法、饮用水水源保护条例、实施《中华人民共和国固体废物污染环境防治法》办法、排污许可证实施办法等立法调研。对各类开发建设规划进行环境影响评价，对有重大环境影响的决策进行环境影响论证，从宏观决策上协调社会经济发展与环境保护；继续加强建设项目环境影响评价，完善环境准入机制，严格实施“三同时”制度，从源头上预防污染。加大执法力度，加快淘汰污染严重的落后生产工艺和企业。

（4）加强环境监管能力建设。编制和实施环境监测、执法、管理能力建设方案。强化环保现场执法监督能力，加强污染源监控和环境质量监测，建立健全环保重点监管企业污染物在线监控系统，建设市、区县两级联动的环境管理信息平台，提高环境监管水平。加强环境污染事故（包括辐射污染）的预警和应急能力建设，细化重点区域、重点行业和重点企业的应急预案，提高对环境污染事故的响应和处置能力。

（5）依靠科技支撑。以科学为依据，以技术为先导，加大科技攻关力度，为计划的顺利实施提供技术保障。重点加强资源节约型和环境友好型城市建设、世博园区环境建设、崇明生态环境保护与建设等重大项目研究。积极开展资源节约替代和循环利用、清洁能源技术研发、工业企业清洁生产和循环经济、河道生态修复、电厂脱硫副产品综合利用、污泥资源化无害化等关键技术攻关和示范。制订钢铁、石化和化工行业的地方污染物排放标准等一批环境技术规范和标准。

四、主要成效

到2008年年底，第三轮环保三年行动计划的预定目标全面完成，为环保工作的深入推进奠定了良好的基础。污染物排放总量出现拐点，2008年SO_2和COD排放量分别较2005年削减了13.04%和12.27%；环境质量总体稳中趋好，黄浦江、长江口、苏州河等主要水体和集中式水源地在上游来水不利条件下水质基本保持稳定，中心城区河道在基本消除黑臭的基础上，整治成果得到巩固，全市空气环境质量优良率连续 6 年稳定在 85%以上；环境基础设施取得大幅度发展，全市城镇污水处理率达到 75.5%以上；绿化覆盖率达到 38%，人均公共绿地面积达到 12.5 m^2。根据盖洛普调查的结果显示，有 86%的市民认为上海市对环境保护的重视程度和投入力度增强，94%的市民认为上海市的环境保护和建设工作有成效，87%的市民认为上海市的环境整体质量正在好转。

1．水环境治理

中心城区完成污水治理三期、白龙港污水处理厂升级改造及扩容等大型工程建设，中心城建成区污水收集管网基本实现了全覆盖；郊区共新建或者改、扩建污水处理厂 26 座，共建成总长度超过 1 800 km 污水收集管线。全市污水处理能力达到 673 万 m^3/d。苏州河环境综合整治三期按计划推进。完成了近郊六镇共 32 条段黑臭河道和 40 条段郊区骨干河道的整治。

2．大气环境治理

10 家现役燃煤电厂 27 台机组共 819.9 万 kW 完成了烟气脱硫工程建设。共创建了 728 km^2 的扬尘污染控制区和 3 892 km^2 的“烟尘控制区”。公交、出租行业更新车辆提前执行国家第三阶段机动车排放标准，共更新 5 094 辆公交车和 31 547 万辆出租车。建立了联合执法机制，组建了机动车尾气监督执法队。

3．固体废物利用与处置

建成了嘉定垃圾残渣填埋场、青浦垃圾综合处理厂等设施，生活垃圾无害化处理设施能力达到 10 250 t/d。建成了老港固废资源化综合利用基地一期沼气发电项目，在宝山建立了电子废弃物交投处置试点。扩建了放射性废物库，完成了核与辐射应急监控系统，进一步完善了危险废物安全处置体系。在化妆品、保健品等行业推行包装减量化，在星级宾馆推行一次性用品减量。

4. 工业污染治理

吴泾工业区环境综合整治以产业、产品结构和生产工艺调整及污染源治理为重点全面推进，环境质量恶化的势头已基本得到有效遏制，部分特征污染指标已逐步呈现下降趋势。保留工业区内已开发地块污水管网实现全覆盖，污水纳管处理率达到 86%。完成 120 套电厂锅炉等重点企业污染源在线监测仪器的安装并联网。企业实施清洁生产和工业区循环经济试点加快步伐。

5. 农业污染治理和农村环境保护

金山有机肥中心建成投入运行。推广有机肥 39 万 t，配方专用肥 8.2 万 t，秸秆机械化还田 450 万亩。累计有 28 个镇成功创建为全国环境优美乡镇。

6. 生态保护和建设

崇明环境基础设施建设进展取得重大突破。建成了新江湾城绿地、长风绿地等一批大型公共绿地，新增绿地 3 931 hm^2，市区绿化覆盖率达到 38%，人均公共绿地面积达到 12.5 m^2。郊区完成了 68 000 亩功能性造林工程，全市森林覆盖率稳定在 11.63%。世博园区生态建设按计划有序推进。

7. 政策法规和科技支撑

出台了燃煤电厂脱硫、郊区污水治理补贴、吴泾工业区综合整治等 7 项相关政策。修订了《上海市实施〈中华人民共和国大气污染防治法〉办法》，出台了《上海市医疗废物管理办法》。在黄浦江、苏州河水环境治理生态修复、典型行业清洁生产资源回用技术和节能降耗与污染控制技术方面加大了科技攻关力度。

第四节　第四轮环保三年行动计划（2009—2011 年）

一、总体情况

第四轮环保三年行动计划提出了“以人为本、治本为先、城乡一体、争创一流”的工作思路，强调以污染减排、保障世博为核心，加快建设资源节约型、环境友好型城市。计划更加突出污染源头预防、基础设施管建并举、环境管理机制政策创新、消除城乡环境差异、解决复合型环境污染问题等内容。

计划共实施水环境治理与保护、大气环境治理与保护、固体废物综合利用与处置和噪声污染控制、工业污染治理、循环经济和清洁生产、农业与农村环境保护、生态保护与建设七大领域任务；同时，加强政策、法制、科技支撑和环保能力建设。重点是进一步完善和提高污水治理、生活垃圾处理等环境基础设施的能力和水平，着力缓解机动车、扬尘、河道、噪声污染及工业区、农村环境等市民最关心的问题，着手控制臭氧、灰霾、水体富营养化等潜在环境问题，更加突出污染源头预防和环境管理机制政策创新。从区域上看，中心城区重点是控制机动车、扬尘、噪声等污染，郊区重点是污水收集管网完善和河道、工业区环境和农村环境的综合整治。整个计划共安排 260 个项目。

1. 总体目标

全面完成污染减排等“十一五”规划明确的各项环保目标任务，努力建成国家环境保护模范城市，使上海市的环保工作继续走在全国前列，以良好的环境质量为成功举办世博会创造条件，为“十二五”及今后发展奠定基础。

2. 具体目标

（1）基本形成环境综合决策体系，促进城市科学发展。初步建立比较完善的以环境容量指导城市建设和经济发展为方向、以战略环评和总量控制为手段的综合决策支撑体系。

（2）基本建成环境基础设施体系，保障城市环境安全。城镇污水处理率达到 83%（城镇生活污水处埋率达到 90%），污水收集系统覆盖所有城镇和工业区，建成区实现污水收集管网全覆盖，污水处理厂污泥得到安全处置；完成所有燃煤电厂脱硫和小机组关停；全市生活垃圾无害化处理率达到 85%以上，垃圾渗滤液达标处理，危险废物得到全面安全处置；环境基础设施基本实现规范化、专业化运行管理。

（3）进一步完善环境管理体系，提高城市管理水平。循环经济在重点领域形成特色和示范；环境经济政策发挥更大的激励作用；环境监察、监测、信息化能力达到全国先进水平，环保重点监管企业污染物排放稳定达标。

（4）完成污染减排目标，促进经济发展方式转变。2010 年二氧化硫排放总量控制在 38 万 t 以内，化学需氧量排放总量控制在 25.9 万 t 以内。启动氮氧化物、氨氮、总磷等污染物总量控制工作。

（5）进一步改善环境质量，提升城市生活品质。环境空气质量优良率稳定在 85%以上，力争达到 90%；饮用水水源地水质达标，全市河道基本消除黑臭；区域和交通干线噪声基本达到标准要求；重点地区和农村环境面貌有较明显的改善；人均公共绿地面积达到 13.1 m^2，绿化覆盖率达到 38.2%。

二、重点领域任务与措施

1. 水环境治理与保护

以污染减排和改善水质为核心，以完善污水处理系统为重点，全面推进水环境治理与保护。以保障饮用水安全为目标，进一步加强水源地建设与保护；按照“增加能力”和“提升标准”并举的原则，继续推进污水处理厂与收集管网建设，加快污水处理厂污泥处理工程建设，着力控制氮、磷污染，进一步提高全市污水处理能力和水平；按照“建管并举、重在管理”的要求，优化污水处理厂及其管网的运行和管理，控制面源污染；以淀山湖生态保护为重点，着力加强本市太湖流域水环境综合治理；进一步加大黑臭河道整治力度，加强水系沟通，持续改善水环境质量。目标是：到2010年，全面完成“十一五”COD减排目标，COD排放总量控制在25.9万t以内。到2011年，基本形成“两江并举、多源互补”的饮用水水源格局；污水收集系统覆盖所有城镇和工业区，建成区实现污水收集管网全覆盖，城镇污水处理率达到83%（城镇生活污水处理率达到90%）；污水处理厂污泥得到安全处置；巩固和提高河道整治成效，全市河道水环境面貌进一步改善，城镇化地区河道基本消除黑臭，本市太湖流域治理区域生态环境进一步改善。

（1）保障饮用水安全。对全市饮用水水源地实行分级管理，划定水源保护区，制定《上海市饮用水源保护条例》，对一级水源区实行隔离保护。到2011年底，基本建成青草沙水源地原水工程。开展黄浦江上游水源保障规划研究，实施黄浦江上游供水系统部分自来水厂深度处理工程，加快推进郊区供水集约化工程建设。

（2）提高污水处理设施建设和运行水平。

①推进污水处理厂建设。中心城区完成竹园第一污水处理厂升级改造工程（170万m^3/d）和白龙港污水处理厂扩建二期工程（80万m^3/d）。

郊区新建、扩建11座城镇污水处理厂（含太湖流域治理项目），增加处理能力37.6万 m^3/d。位于黄浦江上游地区的新建及扩建污水处理厂执行城镇污水处理厂污染物排放一级A标准，其余污水处理厂执行一级B标准。

②实现建成区污水收集管网全覆盖。中心城区完成西干线改造工程，建设白龙港片区南线东段输送干管和黄浦江过江管线工程。郊区建设与完善宝山北、闵行、浦东川南奉支线等21个配套污水收集管网项目（含太湖流域治理项目），并加快实施一、二级管网到达地区的三级管网建设和改造工程。

③污水厂污泥基本得到安全处置。选用成熟的污泥处理工艺，实施污水处理厂污泥处理工程。完成白龙港、竹园以及青浦、嘉定安亭、嘉定北区等8座郊区城镇污水处理厂污泥处理工程（含太湖流域治理项目），基本完成石洞口污水处理厂污泥处理完善工程。

④优化现有污水处理设施的运行和管理。进一步实施分流制雨污混接改造工程。做好中心城区部分污水处理厂调整、取消的准备工作。开展初期雨水治理规划研究，优化中心城区初期雨水调蓄池运行管理。提高污水处理厂运行管理能力，合理调控泵站运行，减少泵站放江现象。

（3）深化河道整治。沟通水系，优化泵闸调度和运行，提高河道的水动力条件，防止水体富营养化。以截污、疏浚和水系沟通为重点，进一步加大河道整治力度。全面完成366 km黑臭河道整治，继续开展郊区练祁河、潘泾、金汇港等6条（段）骨干河道的整治。同时，在完成蕰藻浜、淀浦河综合整治规划的基础上，启动相关项目前期工作。

（4）加强本市太湖流域水环境综合治理。根据国务院批复的《太湖流域水环境综合治理总体方案》，积极推进本市相关项目。

①完成青浦第二水厂三期扩建工程和青浦原水厂三期扩建工程，新建青浦三水厂一期工程，同步加快地区供水管网建设，尽早实现青西三镇集约化供水。

②关闭上海青浦有色金属材料厂、上海大迪洗涤有限公司等6家企业；治理上海联手针纺织物有限公司、上海标华拉丝厂等3家企业。

③扩建练塘污水处理厂，新建商榻污水处理厂，青西三镇累计完成约135 km管网建设。建设规模为200 m^3/d的城镇污水处理厂污泥规范化处理工程。

④大力推广有机肥，减少化肥农药使用量。累计完成68个自然村的生活污水治理任务。

⑤完成淀山湖内源控制工程，开工建设上海西郊淀山湖湿地修复工程和淀山湖及周边水系生态修复工程。

⑥完成淀浦河西段综合整治工程、斜沥港水系沟通工程、叶水路港调水泵站工程以及镇、村级河道水系沟通工程。

⑦在水体滞留区及蓝藻水华敏感区设置水质自动监测站，用于蓝藻水华预警和预报。在上海西郊淀山湖湿地修复工程区域范围内建设湿地生物监测点。

⑧实施《淀山湖蓝藻水华控制与预警关键技术集成与示范》重大攻关项目。

2. 大气环境治理与保护

以污染减排为主线，以机动车污染控制为突破口，全面推进大气污染治理。按照“上大压小”原则，继续实施燃煤电厂脱硫和小机组关停，并开展燃煤电厂氮氧化物控制试点工作；“新”“老”兼顾，着力推进机动车污染控制；以完善长效机制为重点，继续抓好扬尘污染控制；以实施加油站油气回收为重点，加强VOCs排放控制，切实解决与市民健康有关的环境问题。目标是：到2010年年底，全市所有燃煤电厂机组实施烟气脱硫，SO_2排放总量控制在38万t以内；新车在2009年提前实施“国IV”排放标准，全市出租车和中心城区公交车基本达到“国III”以上排放标准，全面实施在用车简易工况法I/M制度，机动车尾气排放达标率达到 90%以上；扬尘污染控制基本实现长效、常态管理；启动 VOCs 排放控制，全市所有加油站实施油气回收。

（1）继续推进并深化燃煤设施脱硫和脱硝。按照上海“十一五”期间燃煤电厂脱硫工程实施方案，完成所有燃煤机组脱硫工程和小火电机组关停，并加强脱硫设施的运行与监管。到 2009 年年底，完成宝山钢铁股份有限公司 1 台 350MW 机组脱硫工程。2010 年年底前，关停杨树浦电厂、吴泾热电厂、闵行发电厂等共 1249MW 小火电机组。制定全市电厂氮氧化物排放控制方案并启动一批示范工程。到 2011 年年底，实施上海电力股份 2 台机组空气分段燃烧器改造工程和上海申能股份 1 台机组 SCR 脱硝工程建设。加强标准规范和政策引导，完成全市 112 台每小时 10 蒸吨（含）以上工业锅炉二氧化硫治理达标工程。

（2）严格控制机动车污染。

①进一步提高新车排放标准和车用燃油质量。2009 年，上海市全面实施“国Ⅳ”排放标准。同时，2009 年 10 月前，全市实现“国Ⅳ”标准汽油 210 万 t/a 和柴油 600 万 t/a 的生产能力。

②加大公交车和出租车更新力度。到 2010 年年底，全市公交车辆全面达到“国Ⅱ”以上排放标准，中心城区公交车基本达到“国Ⅲ”以上排放标准，出租车达到“国Ⅲ”以上排放标准。

③支持新能源汽车试验运行。推广新能源环卫车，扩大“双电”公交客车试点，在世博会场途经区域配备若干“双电”公交线路。加大高污染车辆整治力度，达不到“国Ⅱ”排放标准的货运、渣土运输车辆，参照本市已经实行的对高污染车辆限制通行的时间、范围等有关规定实施；淘汰大卖场免费班车中的高污染车辆。

④全面推行在用车简易工况法 I/M 检测，通过完善年检制度，淘汰污染排放不合格的车辆。

⑤全面实施加油站油气回收。到 2010 年，完成 22 座储油库、224 辆汽油油罐车的油气回收工程和全市 823 座加油站油气回收处理装置改

造工作。

（3）强化扬尘污染全过程控制。根据《上海市扬尘污染防治管理办法》及相关技术规范，结合文明工地创建，着力强化扬尘污染的全过程监管，重点加强建筑工地、堆场、道路等各类扬尘污染控制，全面达到扬尘控制规范要求。

3. 固体废物综合利用与处置、噪声污染控制

坚持"减量化、资源化、无害化"的原则，城郊并举，进一步完善固体废物综合利用与处置体系。按照"创模"要求，继续加快生活垃圾收集、转运和处置设施的建设，完善危险废物安全处置系统。软硬结合，全面推进噪声污染控制工作。以整治交通干线敏感点为重点，缓解居民投诉集中、扰民现象严重的噪声污染问题。以规范夜间施工噪声管理为重点，进一步理顺噪声污染防治机制。目标是：到 2009 年年底，全市生活垃圾无害化处理率基本达到 85%；继续完善工业废物综合利用与处置体系。到 2011 年年底，工业固体废物资源化利用率达到 95%，危险废物得到全面安全处置。到 2010 年，城市交通干线噪声平均值和区域环境噪声平均值基本达到国家标准。到 2011 年，机动车、非机动车鸣号率控制在 3%以下。

（1）进一步提升城市生活垃圾无害化处理能力。继续推进生活垃圾收集与处置设施建设。到 2009 年，完成内河集装化垃圾转运系统建设；基本建成老港生活垃圾应急填埋场，完成老港生活垃圾填埋场 800 t/a 渗滤液处理设施扩能和老港生活垃圾污水永久排水通道工程，确保渗滤液处理效果达标、处理能力匹配和设施运营正常。到 2010 年，完成闸北环卫基地工程。到 2011 年年底，完成江桥生活垃圾焚烧厂技改扩能、老港生活垃圾填埋场 1、2、3 期封场和生态修复工程项目；启动老港污泥填埋场工程和生活垃圾综合焚烧厂工程。

（2）进一步完善城市危险废物利用与处置系统。按照"优化布局、

提升能力、集中处置、强化监管”的原则，继续完善本市危险废物收集和处置系统。2009 年，完成医疗废物安全处置设施的完善和扩能；到 2011 年年底，完善医疗废物集中收运、安全处置系统，加强管理能力建设，建成嘉定危险废物集约化综合处理基地。

（3）加强交通噪声污染治理。继续推进高速公路、城市快速干道沿线噪声综合治理工程。到 2009 年年底，完成高架道路沿线 461 个噪声敏感点、中环路沿线 33 个噪声敏感点、越江桥隧周边 3 个噪声敏感点和高速公路沿线 392 个噪声敏感点的治理。同时，开展部分铁路沿线噪声敏感点治理。

（4）理顺噪声污染防治机制。整章立制，进一步完善噪声污染防治机制。到 2010 年年底，完成《上海市固定源噪声管理办法》修订；加强夜间施工噪声管理，把工地噪声控制全面纳入工地文明施工管理中，在各类工地施工中推广降噪新型施工法；加强机动车和非机动车禁鸣执法与宣传，将机动车、非机动车鸣号率控制在 3%以下。

4．工业污染防治

以调整产业结构和完善环境管理体系为重点，加快淘汰环保劣势企业，深化工业污染防治，积极探索走新型工业化道路。以吴泾工业区和石化集中区域为重点，继续推进重点区域环境综合整治；以规范和完善工业区环境管理为核心，继续推进郊区工业区环境基础设施建设和工业集中区污水纳管，促进工业区的可持续发展。目标是：吴泾工业区环境综合整治按规划完成整治任务，区域环境质量达到相应功能区标准。到 2011 年，所有国家公告的工业区形成比较完善的环境基础设施体系和环境管理体系。加快产业结构调整步伐，解决一批工业“三废”污染问题。

（1）按照规划完成吴泾工业区环境综合整治。到 2009 年年底，关停上海焦化有限公司 2、3 号焦炉及煤焦油生产线；到 2011 年年底，完成上海焦化有限公司 5、6 号焦炉的治理，使焦炉产生的主要污染物在

2005 年基础上削减 50%以上；全面完成规划中配套的居民动迁安置及市政配套建设。

（2）推进石化集中区域污染治理工作。

①制定杭州湾北岸化工石化集中区域产业和城镇发展规划，并落实国家环境保护部关于上海市杭州湾沿岸化工石化集中区区域环境影响评价工作的意见。同时，开展金山卫地区化工集中区域综合整治。

②加强石化企业 VOCs 排放控制。到 2009 年年底，完成上海石化废水处理过程中废气的收集与处理，并增加火炬气回收能力；到 2011 年年底，完成高桥石化 3 号污水处理厂恶臭治理和液态烃、汽油氧化脱硫醇尾气治理等。

（3）继续完善工业区和工业集中区环境基础设施。积极推进宝山、闵行、浦东、嘉定、金山、松江、奉贤、南汇、青浦等区共 35 个国家公告的工业区环境基础设施完善工作，涉及污水处理设施建设、集中供热、绿化隔离带建设和居民动迁等措施。同时，推进宝山、浦东、嘉定、金山、松江、奉贤、青浦等区共 54 个工业集中区污水收集管网完善工程。

（4）推进污染产业结构调整。按照《上海产业结构调整指导目标》，进一步调整高污染、高能耗、低效益企业的产业、产品结构。对不符合上海城市经济发展规划、因环境问题导致厂群矛盾突出的区域进行产业结构调整，重点加强对宝山大场地区市属企业、金山石化地区、塘外工业区等产业结构调整工作。到 2011 年年底，完成 1 000 项污染企业、产业或产品结构调整和淘汰工作。

5. 循环经济和清洁生产

以循环经济示范为重点，点面结合，开展企业、行业、园区、社区、区域等多层次和领域的循环经济试点工作；建设生态工业示范园区，进一步推进清洁生产，促进制造业的可持续发展；以脱硫废渣综合利用、构建电子废物综合利用交投网络体系等工作为突破，着力加强资源综合利用，并引导其逐步向产业化、规模化方向发展。目标是：到 2011 年，创建一批国家级循环经济示范点和生态工业示范园区，形成点面结合的循环经济发展态势，基本形成电子废物三级交投回收利用网络体系框架，清洁生产从试点逐步转向推广。

（1）大力推进循环经济试点项目。推进上海化工区、莘庄工业区（园区），宝钢、伟翔（企业），宝山区、青浦区（区县），同济大学（社区）和崇明前卫村（农村）等循环经济试点项目。同时，以保障环境安全为前提，发展物质有序循环、能量多级利用的产业链，积极推进老港静脉产业园的规划及实施。

（2）开展工业园区生态化改造。重点推进金桥出口加工区、张江高新技术园区、漕河泾开发区、外高桥保税区、闵行开发区、上海化工区、青浦工业区 7 个生态工业示范园区的创建工作。

（3）着力推进电子废物等资源回收与综合利用。完成电子废物交投回收利用规划方案，制订相关实施办法与政策，完善综合处理和利用设施，提升处置技术含量，建立政府和民间共同参与的投资和运行机制，并建立监管机制；到 2011 年，基本完成电子废物三级交投网络建设，整合社会资源，完成 90 个电子废物交投网点，力争达到 1 万 t 交投收集量；加快实施脱硫石膏综合利用示范线等项目，促进脱硫石膏和粉煤灰的综合利用；进一步开展旧沥青综合利用，到 2011 年本市旧沥青混合料的利用达到 15 万 t；通过资本合作方式，做强做大在线收废回收网络，扩大废品交投覆盖面。

（4）大力推进清洁生产。以火电、钢铁、有色、电镀、造纸、建材、石化、化工、制药、食品、酿造、印染等重污染行业为主，以“双有双超”企业为重点，加快推进强制性清洁生产审核；以绿色设计、工艺改造、物料循环、污染治理等多种手段，在市、区县、各控股集团公司及企事业单位等层面，扩大清洁生产试点面。

6. 农业与农村环境保护

按照建设社会主义新农村和加快郊区现代化建设的要求，推进农村环境保护工作。加快发展循环农业和生态农业，采取有效措施削减畜禽养殖污染，减少化肥和农药使用量，开展水产生态养殖试点，为城市提供安全优质农产品。以村庄改造为切入点，加大力度解决农村突出环境问题，逐步改善农村人居环境质量，促进城乡统筹发展。目标是：全市粮食、蔬菜氮化肥亩均使用量减少10%，化学农药亩均使用量减少10%，提升规模化畜禽养殖场综合治理水平；综合改造300个村庄，逐步缩小城乡环境差异。

（1）进一步加强农业面源污染治理。在6个千亩核心基地开展农业面源污染防治示范建设，以160万亩粮田、50万亩蔬菜地为推广区域，以点带面，点面结合，推进化肥农药减量使用。推广绿肥种植60万亩；推广应用商品有机肥45万t；推广使用专用配方肥7.5万t；加强植保统防体系建设，推广1.5万台新型药械，全市稻麦病虫统一防治面积达70%以上；推广高效低毒低残留新农药品种，减少中高毒化学农药使用；加强秸秆禁烧和综合利用，开展秸秆禁烧专项检查活动，秸秆机械化还田面积达到480万亩次。

（2）继续推进养殖业污染综合治理。在闵行、浦东、南汇等30个规模化畜禽养殖场开展畜禽粪尿生态还田试点；在奉贤、松江、金山等10个规模化养殖场建设畜禽粪尿沼气工程；建设上海市浦南病死畜禽无害化处理站。在标准化水产养殖场，建设9 000亩人工湿地；在黄浦江上游、淀山湖、长江上海段、杭州湾北岸进行放流，每年放流鲢、鳙、鲤、鲫鱼种的数量为6万kg左右，夏片数量为5 000万尾左右，其他特色鱼种的数量为100万尾（只）。

（3）进一步加强农村环境综合整治。整合现有政策资源，制订村庄综合整治标准和配套政策，对农村环境进行综合整治，包括村沟宅河整治、生活污水治理、生活垃圾收集与转运、四旁林建设等，完成约 300 个村庄的综合改造。加快城乡结合部、外来人口集中居住区的公共厕所建设，新建公厕 450 座。按照自愿创建的原则，继续开展环境优美乡镇和生态村创建活动。

7. 生态保护与建设

按照建设生态型城市的目标和要求，以绿色世博和崇明生态岛建设为引领，全面推进生态保护与建设工作。以建设环境友好型世博园区为核心，推动生态环保技术和理念的应用与推广。按照建设现代化生态岛的要求，推进崇明三岛的生态保护和环境基础设施建设，保持崇明良好的生态环境。按照“完善布局、增强功能、注重民生、提升服务”的工作思路，推进绿地林地建设。目标是：通过资源节约型和环境友好型世博园建设，着力提升上海环保的国际形象；继续推进崇明环境基础设施建设，争取到 2010 年创建成为国家级生态县；优化城乡生态格局，提高绿化生态效益，逐步形成人与自然和谐相处的良好环境；2011 年年底，全市建成区人均公共绿地达到 13.1 m^2，绿化覆盖率达到 38.2%。

（1）大力推进绿色世博园区建设。按照“绿色、节能、环保”的理念，构筑资源节约和环境友好的世博园。

①建成后滩公园、白莲泾公园、世博公园等一批大型公园，以及浦西绿地、滨江绿地、中国园、龙华东路绿地等其他景观绿地，绿地面积达到 58 hm^2 以上。

②建设两座江水源热泵，在世博中心、中国国家馆和世博会主题馆等园区主要建筑上示范性地采用太阳能光伏发电技术，综合集成太阳能光伏发电、风力发电、主动式导光等技术对南市电厂主厂房进行综合改造，园区内采用新能源车辆作为公交客运工具，公共交通实现“零排放”。

③建设 30 t/d 的垃圾管道气力输送系统。

④建设世博园环境空气、噪声、水质、辐射监测系统，建立空气质

量预报预警系统以及数据采集与快速发布系统。

（2）继续推进崇明生态环境建设。以“环境优先、生态优先”为基本原则，建设现代化生态岛的要求。

①在完成崇明三岛环境本底调查、生态岛环境指标体系研究的基础上，建立生态环境评估监测网络。

②积极开展国家生态县创建工作，争取 2010 年年底前通过环境保护部验收。

③加强城桥新城、陈家镇中心社区、堡镇集镇等重点地区的绿地建设；建设生态林 1 500 亩。

④推广清洁能源，建设崇明北沿风电场。

（3）建设与完善全市绿地林地系统。①优化城市绿化格局。推进外环生态专项建设，建成并开放上海辰山植物园，基本建成普陀区武宁绿地、普陀区桃浦楔型绿地一期工程、卢湾区南园扩建工程等一批大型公共绿地，新增绿地面积 1 500 hm^2；大力推广屋顶绿化、垂直绿化、悬挂绿化等立体绿化，建成 30 万 m^2 屋顶绿化和 3 万 m^2 其他立体绿化。②推进郊区林业稳步发展。进一步完善以沿海防护林、水源涵养林、防污隔离林、通道防护林等生态公益林为屏障的林业发展格局，完成 5 万亩林地建设，重点是全面完成一级水源保护区内水源涵养林建设。同时，提高绿化林业防灾减灾能力。

（4）进一步加强自然生态保护。加强湿地和野生动物栖息地的保护、建设和管理，强化对生物多样性保护的监督管理，不断提高自然生态保护管理水平。

三、保障措施

1. 强化环保体制机制完善

进一步健全“两级政府、三级管理”的环保管理体制，完善左右协调、上下联动的工作推进机制，重在落实责任和形成合力。着力完善市和区县环境保护和建设协调推进委员会领导体制，建立和完善区域环境保护协调机制，进一步明确各部门环境保护职责，更好地整合全社会的资源和力量推进环境保护工作。按照“重心下移、条块结合、以块为主”的原则，着力完善区县和街道、乡镇政府环境保护机构，加强基层环境管理。

2．强化环境保护责任制

建立和完善环境绩效综合评估考核机制，重在责任追究。切实把环保工作落实情况、污染减排情况、环境质量状况等环境保护指标纳入各级政府领导班子和领导干部实绩考核，并将考核结果作为干部选拔任用和奖惩的依据之一。建立环境问责制，评优创先活动实行环境保护“一票否决”制。推进企业环保诚信体系建设，重在强化企业环保社会责任。根据企业环境行为划分环保诚信等级，实行分级管理。落实好企业环保违法信息强制公开制度，并鼓励企业制定并定期公布可持续发展报告或企业环保责任报告，营造“守信受益、失信惩戒”的氛围。

3．强化环境法治建设

进一步加快本市环保立法工作步伐，着力解决关系本市发展的环境保护重点、难点和市民关心的热点问题。加强对饮用水水源保护、辐射环境、固体废物、噪声、排污许可、循环经济等领域的立法研究工作。坚持有法必依、违法必究、执法必严，严格执行环保法律法规。加大环境执法力度，通过区域和行业限批、限期治理和联合执法等手段，严厉打击各类违法行为，加快淘汰污染严重的落后生产工艺和企业，进一步提高环境执法的强制力和威慑力。

4. 强化污染源头预防

进一步完善环境影响评价制度，继续加强规划和建设项目的环境影响评价工作，开展政策环境影响评价试点，强化从规划和政策的源头把环保的要求落实到经济社会发展全局中，在宏观决策层面协调好经济发展与环境保护的关系。严格实施环境准入制度，加快推进工业区环境保护规范化建设和管理，进一步推进工业向工业园区集中。坚持“源头节约、过程控制与末端循环并重”的原则，大力发展循环经济，推进清洁生产，从源头预防和减少污染产生。

5. 强化环境政策引导

进一步完善环保投入机制，加大对环境质量改善、环境监管能力建设等方面的投入力度。按照补偿治理成本原则，逐步提高排污费征收标准，扩大排污收费范围，逐步推进环境污染外部成本内部化，促进企业加强环境保护。加大污染减排、水源保护、大气污染治理、农村环境保护、废物综合利用、循环经济、清洁生产、重点工业区整治等方面的政策支持力度，探索污染排放总量有偿使用、排污权交易、环境污染责任险等机制，着力完善“污染者付费，生产者回收，开发者保护，得益者补偿”的环境经济政策体系。

6. 强化环境监管能力建设

按照国家和本市环境管理能力标准化建设的要求，进一步加强市和区县环境监测、监察、辐射监管、信息化、宣教等能力建设，进一步提升环境管理水平。继续加强环境质量监测和污染源监控，建立健全环保重点监管企业污染物在线监控系统，建设市、区县两级联动的环境管理信息平台，提高环境监管水平。启动市级环境应急中心和应急决策指挥系统建设，提高本市环境应急管理和应急响应水平。

7. 强化环境科技支撑

突出科研为环境管理与决策服务的宗旨，加大科技攻关力度，为计划的顺利实施提供技术保障。重点加强资源节约型和环境友好型城市建设、区域性灰霾治理等项目研究；积极开展清洁生产、电厂脱硫废渣、污水处理厂污泥等循环综合利用技术和河道生态修复、湖泊富营养化防治、垃圾渗滤液处置等关键技术攻关；开展崇明生态岛和世博园等技术集成推广应用；支持清洁能源和新能源技术开发。完善地方性环境标准和技术规范，形成政策环评、污染物总量审核、环境风险源识别和分级等技术规范。

8. 强化环境宣传教育

通过环保模范城区、生态区和绿色创建等工作载体，倡导公众从身边事做起，积极开展节能减排、绿色出行等环保实践活动，逐步形成绿色的生活和消费方式；加强学校环境教育，建设一批各具特色的环境教育基地，普及环保知识，推广环境文化；依托各新闻媒体，引导环保志愿者和环保民间组织积极参与，广泛开展形式多样的环境宣传教育活动；强化环境信息公开和社会舆论监督，形成全社会重视环境保护、参与环境建设的良好氛围。

四、主要成效

2000—2011 年，上海坚持“四个有利于”和“三重三评”的原则，滚动实施了四轮环保三年行动计划，分阶段地解决快速工业化和城市化进程中的突出环境问题，世博环境保障成效显著，环境基础设施体系和生态格局基本形成，重点区域环境整治效果明显，环境管理体系不断完善，城市环境质量持续提高。

第四轮环保三年行动计划的主要成效体现在六个方面：

1. 超额完成了“十一五”污染减排目标

化学需氧量和二氧化硫排放总量分别削减了27.7%和30.2%，位居全国前列。

2. 环境基础设施进一步完善

除重点减排工程外，青草沙水源地原水工程于6月全面投入运行，受益人口超过1 100万人，西干线改造总管工程贯通并进入切换调试，外高桥第一电厂1#机组布袋除尘器改造项目完成环保验收，医疗废物处置完善工程已建成投运，老港再生能源利用中心正加快建设。

3. 重点地区环境综合整治取得明显成效

“低碳世博”、“绿色世博”和良好的生态环境为上海世博会的成功举办提供了坚实保障。吴泾工业区环境综合整治规划相关工作基本完成；金山卫化工集中区域环境综合整治取得阶段性成果，基本完成居民动迁，21家企业完成了关停，15家企业实施了污染治理工程，建成了一批环境基础设施和污染源监控系统；宝山南大地区整治工作取得突破性进展，建立了市区联动推进机制，落实了启动资金，出台了结构规划，并先行启动了污染企业关停和拆除违章建筑等工作。

4. 污染防治工作进一步加强

太湖流域水环境综合治理项目进展顺利；完成了21座储油库、224辆油罐车、823座加油站油气回收处理装置改造工程；全市出租车和70%的公交车达到国III以上排放标准，全面推行“沪Ⅳ”成品油；工业区环境基础设施完善工作有序推进；461个高架道路沿线敏感点、3个越江桥隧噪声敏感点、392个高速公路噪声敏感点治理工作全面完成。

5. 生态保护与建设进一步加强

完成了 340 个村庄改造。其中，崇明县创建“国家生态县”工作通过了环境保护部的技术评估，生态环境预警监测评估体系建设全面开展，青浦区创建国家“环境保护模范城区”通过环境保护部验收，闵行区创建国家“环境保护模范城区”工作顺利通过市级预评估；8 个循环经济试点项目基本完成，脱硫废渣综合利用示范线建成；7 家生态工业示范园区创建有序开展，莘庄工业区、金桥出口加工区已通过国家验收；辰山植物园、卢湾南园滨江绿地等相继建成并对外开放。

6. 环境质量持续改善

全市河道水质总体保持稳定，环境空气质量优良率连续 3 年保持在 90%左右，空气中二氧化硫、二氧化氮和可吸入颗粒物等主要污染物浓度比 2008 年分别下降 41%、9%和 10%，全市区域降尘量较 2008 年下降了 16.6%。主要水体水环境质量基本保持稳定，建成区人均公共绿地面积达到 13.1 m^2，中心城绿化覆盖率达到 38.2%。金山卫化工集中区域环境空气中恶臭和 VOCs 总浓度有所下降。

第五节　第五轮环保三年行动计划（2012—2014 年）

一、总体情况

第五轮环保三年行动计划提出要深入贯彻落实科学发展观，围绕“创新驱动、转型发展”，坚持生态文明引领和以环境保护优化发展理念，把环境保护作为推动发展方式转变的重要着力点，按照“四个有利于”和“四个转变”（即发展战略从末端治理为主向源头预防、优化发展转变，控制方法从单项、常规控制向全面、协同控制转变，工作重点从重基础设施建设向管建并举、长效管理转变，区域重点从中心城区为主向城乡一体转变）的要求，以“削减总量、改善质量、防范风险、优化发展”为重点任务，立足治本，狠抓源头，持续加强环境保护和生态建设，进一步提高城市环境质量，加快建设资源节约型、环境友好型城市。

第五轮计划实施七大领域任务，分别为水环境保护、大气环境保护、固体废物处置和噪声污染控制、工业污染防治和产业结构调整、农业与农村环境保护、生态环境保护与建设、循环经济和清洁生产。同时，加强政策、法规、科研支撑和环保能力建设。重点是四大任务：

一是着力推进污染减排。按照国家要求，大力削减化学需氧量、氨氮、二氧化硫、氮氧化物四项主要污染物，并协同控制挥发性有机物（VOCs）、总磷和细颗粒物（$PM_{2.5}$）。在推进脱硫脱硝、污水处理及其副产品处置、畜禽污染治理等工程减排的同时，更加突出管建并举和结构减排。

二是着力强化环境风险防控。从构建全方位、全过程的环境风险防范体系出发，落实饮用水水源安全保障、化工石化行业风险防范、完善工业区环境基础设施、优化危险废物收集处置体系、土壤修复等工作任务，并强化重金属、核与辐射、危险化学品等风险控制。

三是着力解决市民关心的环境问题。继续加强河道整治、绿化建设、燃煤锅炉清洁能源替代、农村村庄改造、餐饮业油烟气整治、黄标车淘汰、噪声和扬尘污染控制，落实雨污水泵站改造、污水厂臭气治理、化工和干洗行业 VOCs 控制、生活垃圾分类收集和处置、宝山南大、金山卫和高桥石化区域整治等工作任务，进一步改善城市环境面貌、保障群众健康、缓解环境污染矛盾。

四是着力促进结构调整。坚持“工业向园区集中”战略，积极推进工业区块以外“六大区域、九大行业”的结构调整。按照生态农业发展要求，继续推进种植业、养殖业结构调整。深入开展循环经济和清洁生产，实施废弃物综合利用、中水回用、信息化回收体系建设等示范工程和项目，促进生产、生活和消费方式的转变。整个计划共安排 268 个项目。

1. 总体目标

基本完成污染减排等“十二五”规划明确的目标和任务，环保工作继续走在全国前列，为建设资源节约型、环境友好型城市奠定扎实基础。

2. 具体目标

（1）基本完成“十二五”污染减排目标任务。力争全面建成“十二五”重点减排工程，国家下达的化学需氧量、氨氮、二氧化硫、氮氧化物四项减排指标的排放量逐年下降，挥发性有机物、总磷和细颗粒物（$PM_{2.5}$）的排放量进一步下降。

（2）进一步完善环境基础设施体系。全市城镇污水处理率力争达到85%，基本完成建成区直排污染源的截污纳管，基本实现城镇污水处理厂污泥有效处理。全市所有电厂在全面脱硫基础上实现烟气脱硝。全市生活垃圾无害化处置率达到95%以上，危险废物、医疗废物得到全面安全处置。

（3）进一步提升环境保护优化发展的能力和水平。重点行业的污染排放得到有效控制，完成 2 000 项左右的企业结构调整和优化，工业企业逐步向 104 个工业区块集中，同时，这 104 个工业区块的已开发地块实现污水全部纳管。重点领域形成循环经济特色发展，再生资源回收和综合利用水平进一步提高。

（4）进一步提高环境风险防范能力和环境管理水平。饮用水水源安全得到保障，集中式饮用水水源地水质达标率达到90%左右。形成比较完善的风险源控制体系、辐射与危险废物监管体系和突发污染事故应急响应体系。环保能力建设达到全国先进水平，重点监管企业污染物稳定达标排放。

（5）进一步改善环境质量。环境空气质量优良率稳定在90%左右，重点整治河道的水质进一步提高，水体富营养化和大气灰霾、酸雨、臭氧等复合型污染得到初步控制。农村村庄改造率达到40%，重点地区环境污染矛盾得到缓解，郊区和农村环境进一步改善。全市森林覆盖率达到14%，建成区人均公共绿地面积达到13.4 m^2。

二、重点领域任务与措施

1. 水环境保护

以确保饮用水水源安全和改善水质为核心，推进化学需氧量、氨氮、总磷等多种污染物的协同控制，着力控制河道黑臭、富营养化等环境问题。以提高饮用水水源安全保障水平为目标，进一步加强水源地建设、供水集约化和风险防范；按照“治污为本、截污为先、泥水同步、管建并举”的原则，实施“截污纳管攻坚战”，继续推进污水处理厂和管网完善、污泥处理设施建设及其运营管理，进一步提高全市污水处理能力和水平；以河道整治、雨污混接改造、雨水泵站改造为重点，持续改善河道环境质量和面貌；以近岸海域受损生态系统修复为重点，推进海洋环境保护。

目标是：按照“十二五”总量控制要求，完成水环境污染减排重点工程。到2014年底，基本完成郊区供水集约化任务，基本实现饮用水水源安全保障达标建设目标，集中式饮用水水源地水质达标率达到90%；全市城镇污水处理率力争达到85%，基本完成建成区直排污染源的截污纳管，基本实现城镇污水处理厂污泥有效处理；巩固并提高河道整治成效，河道水环境质量和面貌持续改善。

（1）全面保障饮用水水源安全

①大力推进水源地建设和集约化供水。基本建成东风西沙水库及取输水泵闸工程、崇明岛原水输水系统一期工程，开工建设黄浦江原水系

统闵奉支线工程、陈行水源地嘉定原水支线工程，关闭 7 个区县的 34 座中小水厂。

②实施水源地环境整治。完成饮用水水源一级保护区内与供水设施和保护水源无关项目的清拆整治，完成饮用水水源一级保护区围栏建设工程，完成青草沙水库周边水系调整工程，完成饮用水水源二级保护区内污水处理厂排放口的关闭搬迁。

③完善饮用水水源地及原水水质监测能力建设。

（2）进一步完善污水处理系统

①提高污水处埋能力与处理水平。中心城区建成白龙港污水处理厂二期扩建工程（80 万 m^3/d），启动泰和污水厂工程（20 万 m^3/d）；郊区推进嘉定大众三期、松江西部二期、金山朱泾二期、金山廊下二期、金山枫泾二期、青浦华新二期、青浦白鹤二期、青浦朱家角二期、青浦商榻二期 9 座污水处理厂扩建升级工程和青浦徐泾污水厂一期升级改造工程，增加处理能力 22.35 万 m^3/d。黄浦江上游准水源保护区范围内的新建、扩建污水处理厂全面执行《城镇污水处理厂污染物排放标准》（GB 18918—2002）一级 A 标准；其他地区新建、扩建污水处理厂执行一级 B 标准。同时，扩建污水处理厂在实施扩建的基础上，对原有不同排放标准的污水处理设施实施升级改造。

②实现污水收集管网与城镇发展建设同步。中心城区续建白龙港片区南线东段输送干管和黄浦江过江管线工程。配合郊区新城建设，按照环境基础设施与城市开发建设同步的要求，进一步完善郊区污水处理厂配套管网，建设和完善浦东新区、嘉定、奉贤、松江、金山、青浦、崇明 7 个区县的一、二级污水收集管网，进一步完善城镇建成区污水收集系统。

③着力推进未纳管污染源截污纳管。各区县在完成未纳管污染源调查的基础上，完善工作推进机制，全面实施“截污纳管攻坚战”，力争到 2014 年底，基本完成建成区直排污染源的截污纳管。

④大力推进污水厂污泥处理和臭气治理。选用成熟的污泥处理工艺，完成竹园、石洞口、松江、金山 4 个污泥处理工程，确保污水处理厂污泥得到安全处置。完成白龙港污泥预处理应急工程。到 2014 年底，基本实现城镇污水处理厂污泥有效处理。开展污水处理厂臭气治理状况专项调查，编制中心城区污水处理厂臭气整治规划，适时启动相关整治工程。

⑤推进再生水利用试点工程。青浦第二污水处理厂新建 0.2 万 m^3/d 的中水回用设施。

（3）着力控制城市径流污染。启动雨污混接治理工程，完成徐汇漕河泾地区、吴中地区和浦东洋泾住宅小区的雨污混接改造示范工程建设。推进雨水泵站污水截流设施建设与改造工程，重点完成闵行、宝山、徐汇、虹口、长宁、闸北、杨浦等区 10 座雨水泵站的旱流截污改造，在完成中心城区雨水泵站污水截流情况调查的基础上，推进其他需要改造的泵站旱流截污改造。制定并完善泵站优化调度运行制度，控制泵站放江污染。

（4）深化河道综合整治与水生生态修复。继续开展骨干河道整治，以“提高水质、提升景观、改善生态、改善环境”为目标，完成张网港、砖新河、金汇港等 42 km 区域性骨干河道治理，进一步提高地区防洪除涝和水资源调度能力。继续推进界河整治，以“水清、岸洁、通畅、有绿”为目标，完成桃浦河、金山卫界河、俞泾塘等 35 km 界河整治，进一步改善界河水环境面貌。开展河道生态治理，以“河畅、水清、岸绿、景美、鱼游”为目标，稳步实施万平河、斜泾港、丰收河等 22 km 河道生态治理，全面提升河道生态环境水平。

（5）继续推进本市太湖流域水环境综合治理。按照《太湖流域水环境综合治理总体方案》的要求，继续实施《上海市太湖流域水环境综合治理实施方案》明确的相关任务，进一步完善青西三镇水环境基础设施，完成急水港生态治理试验段工程，继续开展淀山湖蓝藻水华预警监测。

（6）推进近岸海域环境治理与保护。按照本市“十二五”海洋规划的要求，实施金山城市沙滩水域水环境治理与保护工程、奉贤区典型海岸侵蚀岸段生态修复示范工程，逐步修复本市近岸海域典型受损的生态系统。

2．大气环境保护

以提高大气环境质量、保障群众健康为出发点，全面推进二氧化硫、氮氧化物、挥发性有机物（VOCs）、细颗粒物（$PM_{2.5}$）等多种污染物的协同控制，加强区域污染联防联控，着力控制酸雨、灰霾、臭氧等大气污染问题。全面实施电力、钢铁行业的烟气脱硫、脱硝和除尘改造，并进一步加强设施运行管理。结合天然气的推广使用，大力推进中小锅炉清洁能源替代。以旧车淘汰和新车提标为重点，进一步深化机动车污染控制。以点带面，开展石化、化工等重点行业 VOCs 污染控制。以完善长效监管机制为重点，进一步加强工业扬尘和餐饮业油烟气污染控制。

目标是：按照“十二五”总量控制要求，完成大气环境主要污染物减排重点工程。到 2014 年底，燃煤电厂实现全面脱硝，燃煤机组脱硫脱硝和高效除尘设施运行效率进一步提高，完成 1 000 台中小燃煤（重油）锅炉的清洁能源替代工作。机动车尾气排放达标率达到 90%以上。扬尘污染控制的长效管理机制进一步完善。重点行业、重点企业的 VOCs 排放量得到有效削减。全市环境空气质量优良率稳定在 90%左右。

（1）深化电力行业大气污染治理。完成电厂氮氧化物总量削减工程。完成 11 家电厂共计 907.4 万 kW 机组的烟气脱硝等相关技术改造，削减氮氧化物排放总量。提高燃煤电厂除尘效率，35 万 kW 及以下燃煤火电机组全面实施高效除尘改造，推进 60 万 kW 及以上机组高效除尘改造试点，确保达到国家新修订的排放标准。全面完成长兴岛第二电厂、上海石化自备电厂 5#、6#燃煤机组的烟气脱硫升级改造工程。加强燃煤机组脱硫脱硝设施的运行监管，提高电厂脱硫脱硝设施的稳定运行水平，确保脱硫脱硝效率和达标排放。

（2）继续推进燃煤锅炉和工业炉窑污染治理。大力推广使用清洁能源。继续加快天然气管网建设，完善天然气输配管网系统，实现全市管道气的天然气化。根据总量控制目标，推进1 000台中小燃煤（重油）锅炉的清洁能源替代工作。推进全市20 t以上燃煤锅炉除尘达标改造或清洁能源替代，确保烟尘达标排放。完成化工行业相关企业项目关停工作。

（3）深入推进机动车污染控制。在坚持公交优先战略的前提下，进一步加强机动车污染控制。做好新车提前实施国V排放标准的各项配套准备，同步配套供应相应标准的成品油。加强在用车污染控制，基本建成本市营运性车辆简易工况法检测网络，加大机动车尾气污染整治和路检执法力度。全面推行机动车环保标识管理，2013年年底前完成标识发放工作。加快黄标车（国Ⅰ以下汽油车和国Ⅲ以下柴油车）淘汰步伐，淘汰全部财政拨款的黄标车，优先淘汰2005年以前注册的运营黄标车，累计淘汰15万辆，并适时扩大黄标车限行范围。

（4）加强大气面源污染控制。

①加大城市扬尘治理力度。借鉴网络化管理经验，中心城区推进实施建筑工地扬尘污染在线监控系统。强化建筑工地扬尘污染控制，提高建筑工地文明施工达标率，力争中心城区文明施工达标率达95%以上，其他区域达90%以上。力争全市商品混凝土搅拌站、砂石料堆场和拆房工地除尘设备安装率、除尘率达80%；加强城市道路扬尘污染控制，提高道路保洁率，城市快速路、高速公路路面机械清扫每天不少于1次，中心城区道路冲洗率达到75%以上，郊区县主要道路冲洗率达到40%以上。

②加强挥发性有机污染控制。结合长三角区域大气污染联防联控工作，开展部分重点行业VOCs污染控制试点示范。上海石化、高桥石化、上海赛科、华谊集团四大化工企业建立VOCs泄漏检测与修复技术

（LDAR）示范，试点开展VOCs总量控制。制定干洗行业VOCs污染控制规范并开展专项整治。在石油化工、制药、涂装和印刷等重点行业推进VOCs废气治理示范工程。继续完善加油站、油罐车油气回收系统的管理和维护，并建立长效管理机制。

③加强餐饮油烟气污染控制。对环境影响较大、居民投诉较多的餐饮单位，加强油烟气治理设施的监管，并加快研究实时监控的方法，在取得试点经验的基础上予以推广。

3. 固体废物处置和噪声污染控制

按照“减量化、无害化、资源化”的原则，以提升能力和完善体系为重点，进一步推进固体废物综合利用和安全处置。城郊并举，推进生活垃圾分类收集。以“一主多点、就近消纳、资源共享”为布局原则，加快老港固体废弃物综合利用基地和各区县生活垃圾处理设施建设。推进渗滤液安全处置和达标排放。按照“完善体系、优化布局、提升能力、强化监管”的原则，提高危险废物安全处置能力和水平。防治结合，加强轨道交通、机动车和建筑施工等噪声污染控制。

目标是：到2014年底，城市生活垃圾分类回收和无害化处理能力进一步提升，全市生活垃圾无害化处置率达到95%以上；危险废物无害化处置率达到100%，医疗废物无害化率达到100%；轨道交通噪声扰民现象有所缓解，机动车、非机动车鸣号率控制在3%以下。

（1）加快形成生活垃圾分类收集、运输和处置体系。继续推进生活垃圾源头减量和无害化处理设施建设。生活垃圾分类收集工作在试点基础上进一步在全市推广，同步健全城市化地区生活垃圾分类运输处置体系。继续推进老港固体废物综合利用基地建设，推进老港再生能源利用中心一期、老港内河、老港渗沥液应急排放管道、老港一、二、三期封场及生态修复二期、老港清运河整治及改造、老港北侧防污染隔离林等工程建设；着力推进区县生活垃圾处理设施建设，建设金山、奉贤、嘉定、松江、崇明（三岛）、浦东、青浦 7 座生活垃圾处理设施。进一步完善生活垃圾密闭压缩中转设施，完成闵吴码头集装化改造，建成闸北环卫基地。

（2）进一步完善危险废物和工业固废综合利用与处置体系

①继续推进危险废物综合处置基地建设。完成危险废物填埋场二期扩建、医疗废物应急处置系统等工程建设。

②完善崇明岛危险废物处置系统。完成崇明危险废物焚烧处置系统、崇明危险废物专区填埋库等工程建设。

③强化对危险废物转运环节的管理。完善全市危险废物专业运输体系，启动医疗收运处置系统物联网示范工程建设。

④推进重点地区危险废物处置设施建设。完成上海化工区有害废料焚化处理项目扩建、上海临港产业区工业废物资源化利用与处置示范基地等项目。

⑤推进重点企业和工业区提升固废自行利用处置能力建设。推动上海宝钢、上海石化实施固废源头减量措施并提升固废自行处置利用能力，在金桥出口加工区、外高桥保税区等有条件的工业区推进工业固废集中收集试点。

（3）加强噪声污染治理。在对现状进行评估分析的基础上，研究制定轨道交通环境综合治理方案并推进实施。进一步加强机动车和非机动车禁鸣执法，将机动车、非机动车鸣号率控制在 3%以下。加强社会噪声管理，进一步规范文明施工，努力减少建筑施工噪声污染。加强交通噪声控制，开展低噪声路面试点工作。

4．工业污染防治和产业结构调整

坚持“以环境保护优化发展”的思路，把促进结构调整和布局优化放在更加突出的位置，全面加强工业污染防治。按照“工业向园区集中”的原则，以重点区域、重点行业为切入点，着力推进工业区块外企业的结构调整；以宝山南大和金山卫化工集中区为重点，继续深化区域环境综合整治和污染治理；以规范和完善环境管理为核心，继续推进工业区环境基础设施建设，促进工业区可持续发展。

目标是：到2014年年底，完成2 000项左右企业结构调整项目，104个工业区块外现状工业企业逐步向工业区块集中；104个工业区块的已开发地块实现污水全部纳管，工业区环境质量监测体系初步建立。宝山南大地区、金山卫化工集中区域的环境面貌得到明显改善，高桥石化地区的污染治理力度进一步加大。

（1）加大产业结构调整力度。积极推进104个工业区块外现状工业用地的转型发展。聚焦外环线以内、郊区新城、大型居住区、虹桥商务区及其拓展区、饮用水水源保护区、崇明生态岛六大区域，调整淘汰化工石化、医药制造、橡胶塑料制品、纺织印染、金属表面处理、金属冶炼及压延、非金属矿石制品、皮革鞣制、金属铸锻加工九类行业以及重点风险企业特别是涉及重金属和大气污染的行业及企业。全市完成2 000项左右企业结构调整项目。

（2）完善工业区环境基础设施建设。按照工业区环境规范化管理的要求，以推进污水纳管、工业固体废物集中收集、环境监控系统建设为重点，进一步完善工业区环境基础设施。继续推进工业区块污水管网建设，实现12个区县104个工业区块已开发地块污水全部纳管。推进工业区范围内及工业区周边受影响居民搬迁，完成上海化学工业区 1 km环境风险控制区域内现有居民的搬迁工作，完成奉贤化工分区、金山化工分区区域内居民搬迁工作。推进工业区环境监测体系建设，在吴淞、上海石化、上海化工区、高桥石化、吴泾、宝钢、老港和星火8个大型工业区块及金山二工区、上海化工区奉贤分区建设环境空气特征因子自动监控系统。推进工业区隔离绿带建设，上海化学工业区周边基本形成隔离绿带。

（3）继续按照规划推进南大地区环境综合整治。按照南大地区控详规划和《南大地区环境整治实施方案》提出的目标要求，继续推进南大地区环境综合整治，促进区域和谐发展。重点是：到 2014 年年底，动迁 10 家制造、机械、印刷企业，关停 30 家皮革、化工、仓储企业，完成结构绿地建设，在滚动开发建设的同时，完成受污染土壤修复工作。

（4）深化金山卫化工石化集中区环境综合整治。在巩固区域整治成果的基础上，根据《金山卫化工集中区域环境深化整治实施计划纲要》，积极探索区域环境污染长效监管机制，并开展恶臭和挥发性有机物污染的溯源工作。

①加强工业区综合整治。到 2014 年年底，金山第二工业区完成 7 家企业废气综合整治，完成金山卫镇污水处理厂二期扩建工程，推进污水管网维护和主要雨水口应急设施及主要河道应急水闸建设。

②加强石化企业污染治理。到 2012 年年底，上海石化完成含油污水预备处理装置二期扩建和硫黄装置尾气处理工程；到 2013 年年底，上海石化完成二号排海口延伸段和催化裂化装置烟气脱硫工程；到 2014 年年底，上海石化完成乙烯项目废碱液处理装置扩建工程，完善恶臭治理设施，提升企业自身的大气特征因子监测能力。

（5）加大高桥石化地区污染治理力度。按照市政府关于加快高桥石化地区产业转型升级的要求，进一步加大高桥石化地区化工企业污染治理力度，缓解区域环境矛盾。到 2012 年年底，高桥石化完成自备电厂锅炉烟气除尘系统优化改造和炼油污水处理场、酸性水均质罐区、炼油液化气脱硫醇尾气等恶臭治理；到 2013 年年底，高桥石化完成炼油污水系统清污分流和炼油区域天然隔油池改造以及炼油区域污油罐区、化工区域聚醚污水处理场及化工一部、化工二部、化工四部等的恶臭综合治理；到 2014 年年底，高桥石化完成炼油厂催化烟气脱硫工程建设。

5. 农业与农村环境保护

按照建设社会主义新农村和城乡一体化的要求，全面推进农业与农村环境保护工作。以推进农业污染减排和发展生态农业为目标，倡导种养结合模式，科学使用化肥农药，深入推进畜禽养殖场污染治理，大力推进农业废弃物资源化利用，切实减少农业面源污染；以村庄改造为抓手，推动环境保护基础设施和服务向农村延伸，着力加强农村污水和生活垃圾处理设施建设，切实改善农村人居环境质量，促进城乡统筹发展。

目标是：到 2014 年年底，完成农业源总量减排阶段目标，化学需氧量、氨氮排放量在 2011 年的基础上分别减少 7%、8%，农田秸秆资源化综合利用率达到 85%，农业地区农村村庄改造率达到 40%。

（1）大力推进养殖业污染治理。按照国家和本市的污染减排工作要求，以粪尿综合利用和治理为重点，严格控制规模化畜禽养殖场污染物排放，并以规模化场的治理带动散养户整治。以实现干粪采集处理、设置雨污水集泄管网、建造污水处理设施、建设绿化隔离带等为主要内容，重点完成 25 家畜禽养殖场标准化建设。建设 10 家畜禽场沼气工程。在全市规模化畜禽养殖场启动排污申报制度试点。建成崇明动物无害化处理站。在黄浦江、淀山湖、杭州湾等上海段水域继续做好渔业资源增殖放流活动，放流苗种 2 亿尾（只）以上。

（2）继续推进种植业面源污染防治。按照“源头减量、过程拦截、末端治理”的原则，着力推进化肥、农药减量，切实减少种植业面源污染。重点是：三年累计推广绿肥种植 90 万亩、有机肥 54 万 t；推广绿色防控技术，三年累计推广新型植保机械 5 000 台、高效低毒低残留农药及生物农药 150 万亩次；推进农业节水节肥，以滴灌、渗灌技术为主，完成 3 万亩经济作物水肥一体化；以农业园区、特色农产品基地为重点，推进农业面源污染控制综合技术示范区建设；开展典型区域农业环境监测，评估农业面源污染防治效果。

（3）大力推进农业废弃物综合利用。加强政策引导，建立和完善秸秆收集利用体系，以用作新型建材、食用菌基料、有机肥辅料、压型成燃料棒等为重点，建设5个农作物秸秆综合利用示范工程。继续推进秸秆机械化还田，以二麦、水稻秸秆为重点，推广秸秆机械化还田580万亩次。健全长效管理机制，禁止秸秆露天焚烧。推进蔬菜废弃物综合利用，以废弃物翻耕设备、粉碎设备，小型运输设备为主，完成50个蔬菜基地农业废弃物资源利用设备配套。

（4）加大农村环境综合整治力度。对规划保留的农村居民点实施改造整治，以农村生活污水收集处理、基础设施建设、村容环境整治、公共服务设施配套完善为重点，完成300个村庄改造，受益农户6万户。各区县结合产业结构调整、生态乡镇创建等工作加强农村分散中小企业治理与监管，推进环境风险大、厂群矛盾突出、污染周边环境、产业和工艺落后的分散小企业的关停整治。

6. 生态环境保护

以提升城市生态服务功能为目标，积极落实《上海市基本生态网络规划》，全面推进生态保护与建设工作。加强多层次、成网络、功能复合的基本生态网络建设，充分发挥绿地、林地、耕地、湿地的综合生态功能，加强生态保护，维护生态安全，努力营造良好的绿色生态环境。加快推进崇明生态岛建设，进一步完善环境基础设施体系，推动生态建设和低碳发展。点面结合，继续推进各级生态示范创建工作，完善长效管理机制。

目标是：构建与生态宜居城市相匹配的绿地、林地、湿地基本生态网络空间系统，到2014年底，全市新建各类绿地3 000 hm^2，建成区人均公共绿地达到13.4 m^2，全市森林覆盖率达到14%。崇明岛生态环境质量进一步提升；创建21个国家级生态乡镇、生态村。

（1）进一步完善全市绿地林地系统

①积极推进外环生态专项建设。按照“十二五”基本建成外环生态专项的目标，重点推进宝山、普陀、嘉定、闵行、徐汇、长宁、浦东新区 7 个区的外环生态专项建设，完成建绿 400 hm^2 以上。

②推进楔形绿地、防护绿地建设。推进宝山大场公园一期、浦东东沟牡丹园等楔形绿地建设；结合工业区综合整治，推进吴泾工业区等绿化隔离带建设。

③推进新城、新市镇、大型居住区公共绿地建设。继续推进沿苏州河、黄浦江岸线公共开放空间建设，建设普陀 6A 地块公共绿地、黄浦西藏路大吉路绿地、闸北中兴绿地、浦东川杨河生态绿廊、浦东外高桥市民公园等公共绿地和浦东周康航、闵行浦江鲁汇等大型居住社区结构绿地。

④积极推进立体绿化和林荫道建设。重点推进机关事业、学校、医院等单位的公共服务设施的立体绿化建设，新增立体绿化 30 hm^2；推进 80 条林荫道建设。

⑤推进生态公益林建设。结合林业健康发展政策措施，新增生态公益林 3 万亩。

（2）继续推进崇明生态岛建设。严格实施《崇明生态岛建设纲要》，稳步推进生态岛建设。加快实施饮用水水源工程，推进堡镇、崇西水厂和自来水管网建设；开展 2 个再生水回用试点工程；完成东平国家森林公园二期改造工程；完善崇明岛生态环境预警监测评估体系，开展生态环境监控平台建设。

（3）进一步加强自然生态保护。加强湿地和野生动物栖息地的保护、建设和管理。控制外来物种入侵，继续推进东滩互花米草生态控制与鸟类栖息地优化工程。完成全市生态环境调查与评估工作，分析上海城市化过程中的生态系统演变规律及发展趋势，为进一步提升生态系统服务功能、保障城市生态安全提供科学依据。

（4）大力推进各级生态创建。以点带面，充分发挥示范引领效应。积极开展国家级生态文明示范区、国家生态区建设，全市创建 21 个国家级生态乡镇、生态村。

7. 循环经济和清洁生产

按照“减量化、再利用、再循环”的原则，进一步推进循环经济与清洁生产。加强示范引领，推进生活垃圾、工业、城建、农业等废弃物综合利用试点项目，创建国家和市级生态工业示范园区。强化科技推动，推进废弃物源头减量，提升废弃物资源化利用水平和能力，构建符合本市经济社会发展水平的再生资源回收体系。全面推进清洁生产，不断扩大行业覆盖面，进一步鼓励和促进工业企业清洁生产。

目标是：到 2014 年年底，构建符合本市经济社会发展水平的再生资源回收和利用体系，生活垃圾资源化利用率达到 60%，工业固体废弃物综合利用率超过 96%，建设废弃物资源化利用率达到 20%左右。推进 1 000 家企业清洁生产审核。建设一批国家和市级生态工业示范园区。

（1）大力发展循环经济

①推进循环经济示范项目建设。加强资金投入和政策支持，推进本市国家“城市矿产”示范基地项目建设，提高废旧玻璃回收利用规模。推进闵行区餐厨垃圾资源化利用和无害化试点工作，探索餐厨垃圾回收利用模式和处理处置途径。推进白龙港资源综合利用示范工程，探索粉煤灰、脱硫石膏、污泥、废钢渣等工业废物的集中化综合处理模式。深化汽车零部件再制造试点等再制造工作。

②大力推进各类废弃物源头减量和综合利用。提高废旧玻璃、废旧服装综合利用水平和能力。进一步推进粉煤灰、脱硫石膏等工业废弃物综合利用项目，建设一批技术优先、处置量大、环境和社会效益突出的工业固废利用项目。推进 30 万 t 道路旧沥青混合料、450 万 t

混凝土的回收利用。构建全市资源综合利用统计监测评价平台，建立固废资源利用产业创新技术联盟和道路旧沥青混合料回收利用管理体系。

③构建信息化的城市废弃物回收网络体系。依托物联网技术，进一步规范提升电子废弃物等资源回收体系建设，建立并完善政府、企业、社区等多元回收主体参与的城市废弃物回收网络体系。

（2）大力推进清洁生产。进一步贯彻执行《中华人民共和国清洁生产促进法》，从源头上控制和减少污染物的产生，逐步由末端治理向污染预防和生产全过程控制转变，并不断扩大清洁生产试点面。以火电、钢铁、电镀、建材、石化、化工、制药等重污染行业为主，以“双有双超”企业为重点，加快推进清洁生产审核。三年推进企业清洁生产审核1 000 家，为“十二五”实现重点行业、规模以上工业企业清洁生产全覆盖奠定基础。

（3）开展生态工业园区创建。按照生态学原理和清洁生产要求，重点推进张江高新技术园区、漕河泾开发区等创建国家级生态示范园区，推进青浦工业区等创建市级生态示范园区。同时，出台市级生态工业园区建设指标体系与管理办法。

三、保障措施

1. 完善体制机制

进一步完善以环保协调推进委员会为核心的环保体制和环保三年行动计划推进机制。加强基层环保工作，完善乡镇、街道环境管理责任体系，健全上海化工区、外高桥保税区、国际旅游度假区环保机构和区县级辐射、危险废物环境监管机构。强化污染减排责任制，健全污染减排指标分解和跟踪考核机制。

2. 强化环境法治

制定出台社会噪声污染防治、固体废物污染防治等地方政府规章，制定涉铅行业污染控制等地方标准和加油站挥发性有机物排放控制、危险废物物化处理及综合利用、村庄改造、建筑垃圾资源化利用、绿色施工等相关技术规范，开展环境突发性事故应急管理、土壤污染防治等立法调研，完善主要污染物排污许可证制度。加大执法力度，重点加强重金属、危险化学品、沿江沿河化工企业风险源等的日常监督和执法检查，继续开展整治违法排污企业保障群众健康环保专项行动，对环境法律法规执行和环境问题整改情况进行督察，严厉查处各类环境违法行为。

3. 完善环境经济政策体系

强化政策引导效应，制定出台主要污染物超量减排、挥发性有机物减排、污染源截污纳管、中小锅炉清洁能源替代、黄标车淘汰、污泥处理设施建设、生活垃圾源头减量和处理设施建设、资源综合利用、林业发展等相关激励和补贴政策。完善环境价格机制，提高氮氧化物等主要污染物排污收费标准，研究制定机动车尾气简易工况法检测收费标准，完善与垃圾分类收集相适应的生活垃圾处理收费制度，探索排污权有偿使用和转让机制。探索资源环境补偿机制，研究出台跨区县处置生活垃圾环境补偿办法，进一步完善生态补偿制度，健全水源保护和其他敏感生态区域保护的财政补贴和转移支付机制。

4. 强化科技支撑

围绕污染减排工作，积极推进本市主要污染物总量控制指标体系、主要污染物排污许可证制度和主要水污染物减排统计核算等研究工作。围绕环境质量改善和管理水平提升，积极推进工业企业废水排放监管体系、水环境中总磷控制、$PM_{2.5}$ 污染控制对策、建设工程扬尘和噪声污染实时监控、机动车实时排放空气污染预警等研究，筹建环境保护部城市土壤污染防治工程技术中心和复合型大气污染研究重点实验室。围绕环境风险防范，积极推进水源地保护与水资源再利用、长江口突发污染事故应急响应、重点化工区域环境风险评估和防控对策等研究。围绕城市低碳发展，积极推进崇明岛碳足迹评估、温室气体排放源监测技术、废弃物资源化循环利用等研究。

5. 完善污染源头控制机制

严格实施环境影响评价和“批项目、核总量”制度，把主要污染物排放总量控制指标作为新、改、扩建项目环境影响评价审批的前置条件。进一步推进工业向工业园区集中，104 个工业区块外原则上不得新建、扩建工业项目。推行生产者责任延伸制度。大力发展循环经济，全面推行重点企业清洁生产审核，推广应用清洁生产技术，推进资源综合利用，从源头上预防和减少污染产生。

6. 推进环保监管能力建设

按照国家和本市环境监管能力标准化建设的要求，继续加强市和区县环境监测、监察、信息、应急、辐射安全监管等能力建设。重点加强地表水水质、$PM_{2.5}$、重金属、土壤环境质量、持久性有机污染物、环境激素等监测能力，建设二噁英重点实验室，开发 $PM_{2.5}$ 日报预报和灰霾预报系统。着力推进环保信息化建设，建设营运性车辆尾气排放在线监测系统，完善环保重点监管企业污染物在线监控系统，构建市、区县两级联动的环境信息管理共享平台，推进物联网技术在危险废物监管中的使用。进一步提升环境风险防范和应急能力，建设饮用水水源地水质和重点化工区域大气质量监控及预警系统，建设市级环境应急中心，健全市、区县和重点企业三级预案体系，强化市和区县的辐射及危险废物监管、环境应急监测等能力建设。

7. 强化公众参与和监督

进一步加强环境宣传教育，继续开展绿色创建活动，普及环保知识，倡导市民形成绿色低碳的生活和消费方式，逐步营造全社会珍惜环境、关心环保、参与环保的氛围。培育、壮大环保志愿者队伍，帮助民间环保组织开展环保实践活动，鼓励、引导和支持公众及其他社会组织参与环保。注重信息公开，定期公布环境保护工作进展、环境质量状况和污染物排放等情况。强化重大决策和建设项目公众参与，完善环境保护举报制度，加强环境保护的社会监督。完善企业环保诚信体系建设，继续推行重点企业环境行为评估和上市公司环保核查机制，鼓励企业发布可持续发展报告或企业环保责任报告。

第五章　区域性规划

第一节　长三角（上海市）环境保护规划

一、规划背景

长江三角洲（以下简称“长三角”）地处我国沿海、沿江两大发达地带的交汇部地区，是我国经济、科技、文化最为发达的地区之一。长三角区域在经济社会高速发展的同时，却也面临着生态环境的沉重压力，主要表现在：人口密集，经济社会活动强烈，水资源危机和水污染问题严重，形成“水质性缺水”状况；能源紧缺，同时需求日益增大，能源结构性问题日渐突出，煤烟型污染日趋严重；土地资源有限，人地矛盾加剧，区域生态系统脆弱，生态环境不断恶化；城市环境问题突出，工业化、城市化加快，导致了“城市病”，环境复合型污染加剧，如汽车尾气污染、热岛效应、光化学烟雾等；区域性、流域性的环境问题开始显现，区域环境质量逐渐趋于“一荣俱荣、一损俱损”的局面。

长三角（上海市）环境保护规划以科学发展观统领经济社会发展全局，以“建设生态文明，构建资源节约型、环境友好型社会，走生产发展、生活富裕、生态良好的文明发展道路，整体促进区域可持续发展”为主线，针对长三角区域环境问题，通过加强上海本地区环境保护与生态建设，加快落实总量控制和节能减排工作，强化区域环境合作与统筹管理，逐步实现上海本地区和长三角区域生态环境的整体改善。规划定位以社会、经济、环境协调统筹发展为基点，建立区域可持续发展的总体规划框架，从环境保护与生态建设、区域可持续发展的角度提出对经济社会发展的要求，对经济社会发展中的重大问题进行有针对性的分析。

二、规划目标

规划以整个长江三角洲区域 16 个城市群为背景，研究区域性环境问题。规划以近期（“十一五”期间）为基本规划期，展望到中长期（2015—2020 年），对重大问题展望到更长期限。体现整体促进区域可持续发展，在上海自身建设小康社会和率先基本实现现代化的过程中，全面融入长江三角洲区域，促进整个区域社会、经济、环境的整体协调发展。规划的编制过程中遵循与“十一五”规划密切衔接原则，区域整体可持续发展原则以及宏观性和战略性原则。

规划的总体目标是，以科学发展观为指导，加快落实节能减排措施，加强区域环境保护合作和统筹管理，加快上海市建设资源节约型、环境友好型社会推进步伐，在切实改善本市环境质量基础上，实现区域环境整体协调改善，促进长三角区域社会、经济、环境的整体协调发展。近期 2010 年目标以污染治理为主，并初步建立区域环境合作与统筹制度，达到本地区生态环境恶化趋势得到基本控制的目标；中长期分别展望到 2015 年和 2020 年，以完善区域环境合作平台和机制，实现区域环境统筹管理为主；以解决重大区域生态环境问题，明显改善区域环境质量为主；以促进区域社会、经济与环境的协调发展为主。

三、上海主要任务

长三角环境保护规划针对区域生态安全格局、水环境保护、大气环境保护、环境监管、优化发展和区域协调机制建设六大领域提出了规划方案。尤其是确定了长三角联动机制，为两省一市在污染联防联控方面奠定了有利的支撑和技术基础。

生态格局方面，上海通过对本地区自然湿地、水源保护区、自然保护区、水土流失敏感区等生态敏感目标识别并分析后，结合生态服务功能重要性分析，在环境功能区划和生态功能区划基础上，提出上海区域发展空间环境管制方案。

水环境保护规划方案中提出到 2010 年，上海市基本建成生态型城市框架体系，形成较为完善的环境基础设施基本格局，稳步提高城镇污水处理率、工业区污水集中处理率；严格控制水源地污染源，提高全市饮用水水源水质达标率；通过总量控制全面改善主要水体水质，2010 年，COD 排放控制在 25.9 万 t 以内。到 2020 年，环境质量达到同类型国际化大城市水平，基本形成生态型城市体系，建成人与自然和谐相处的可持续发展区域。通过进一步完善全市基础设施建设，水环境污染得到全面控制。确保重点污染源稳定达标排放，城市发展更和谐；环境污染得到有效治理，污染物排放总量与环境承载力相匹配，城市环境更安全；环境监管体系不断完善，城市管理更科学；自然生态系统健康发展，人居环境舒适安全，城市生活更美好。其行动方案包括：基于环境容量的污染物总量控制方案；“十一五”上海市化学需氧量总量控制指标分配方案；黄浦江上游水源地保护方案；长江口水源地保护方案；东太湖—淀山湖水污染控制方案。此外，针对区域层面包括长三角、太湖流域，提出了包括区域标准体系、跨界管理体系、环境经济及补偿体系为核心的区域性水环境保护对策建议。

大气环境保护规划方案提出 2010 年，通过“十一五”大气环境规划和第三轮环保三年行动计划，使上海市大气污染物排放总量控制在国家规定的范围之内，城市环境空气质量的优良率继续稳定在 85%以上；全面落实中央“国民经济和社会发展第十一个五年规划”和“第十届全国人民代表大会第四次会议”提出的发展指标，到 2010 年，单位 GDP

能源消耗比“十五”期末降低 20%，主要大气污染物排放总量减少 10%的目标。到 2010 年将全市 SO_2 排放总量控制在 38 万 t 以内，烟尘排放量控制在 11.4 万 t，工业粉尘 2.1 万 t。到 2020 年，按照基本建成生态城市体系，实现天蓝地绿水清和污染全面控制的要求，在经济增长的同时，单位 GDP 能耗进一步下降，主要大气污染物排放量出现拐点，呈明显下降趋势；环境空气质量实现国内一流，并接近国外主要大城市空气质量同期水平，全年空气质量优良率达到 90%以上。其行动方案包括：“十一五”上海市二氧化硫总量控制指标分配方案；电厂烟气脱硫方案；燃料含硫量控制方案；基本无燃煤区建设方案；控制重点固定污染源氮氧化物污染方案；机动车污染控制方案；扬尘污染控制方案；餐饮业油烟控制方案。针对区域性大气环境保护提出包括市外大气污染源控制和建立区域大气污染防范联动机制建议。

环境监管规划方案目标为 2010 年，地表水环境监测方面，重点加强集中式水源地和上游来水水质监测和通量监测，上游来水监测水量达到 90%以上，同时进一步加强饮用水水源地水质监测，并优化现有地表水质量监测网络；大气环境监测方面，建立区域环境空气质量监测网络，增强对复合型污染特征因子的深度监测能力；监测能力方面，全面实施环境监测站标准化建设，进一步加强环境监测实验分析能力。加强环境预警和突发性污染事故应急监测能力，提高环境事故应急监测、指挥装备水平；区域环境信息共享方面，启动长三角区域环境信息标准化建设，建立区域环境信息共享平台。到 2020 年，地表水环境监测方面，重点加强长江口水质监测和地表水自动化监测能力；大气监测方面，重点建立不同尺度监测网络双向反馈机制及区域空气质量预报体系，并建立突发性空气污染事故协作监测机制；信息共享方面，实现长三角环境空气质量预报/预警、长三角流域水质监控和长三角生态状况跟踪监测等几大体系的建设。其行动方案包括了以跨省界断面、集中式饮用水水源地和骨干河道为主的区域地表水环境质量监测和以环境空气质量监测网络建设、日报信息共享机制、不同尺度监测网络双向反馈机制及区域空气质量预报体系为核心的区域环境空气质量监测，并提出区域环境信息共享平台建设和环境监测能力建设规划。此外，针对环境安全保障，提出了提高突发性区域环境污染事故应急反应能力的建议。

促进和优化经济可持续发展对策主要包括加快产业结构优化与布局调整、加强能源节约利用、促进资源有效利用、提高清洁生产与发展循环经济等建议。

区域环境合作与统筹管理对策方面提出建立区域环境合作平台。包括加强区域污染联合防治，重点解决水环境跨界污染；开展重大产业带区域环境影响评价，引导区域产业布局与结构优化；明确省界水质监控断面与水质目标，建立区域环境监测网络；实行区域发展空间环境管制，加强对重要生态功能区的联合保护；统一区域环境标准，完善区域市场准入机制；建立区域环境信息共享平台，实现区域环境信息共享；建立区域环境风险预警与应急体系，加强区域环境事故联合防范；逐步构建区域生态补偿机制，实现市场调控；提高区域环境保护意识，推动公众参与等九项联动机制建议。

第二节 上海市太湖流域水环境综合治理实施方案

一、规划背景

2007 年 5 月底，太湖蓝藻暴发引发无锡百万人饮水危机。党中央、国务院高度重视，温家宝总理等国务院领导作出重要批示，国务院先后在无锡市两次召开太湖及“三湖”污染治理工作座谈会，明确提出“坚持高标准、严要求，一定要把‘三湖’根治好”的要求。根据国务院的部署，国家发改委会同国家环保总局、建设部、水利部、农业部、财政部等部委，以及江苏、浙江、上海二省一市开展了《太湖流域水环境综合治理总体方案》的编制工作。

上海市政府高度重视太湖流域水环境综合治理工作，由杨雄副市长和姜平副秘书长分别担任国家总体方案编制领导小组和工作小组的副组长，同时专门成立了以姜平副秘书长为组长，市环保局局长任常务副组长，市发展改革委、市水务局、青浦区分管领导任副组长的推进小组，下设由各相关委办局联络员组成的推进小组办公室，共同参与《上海市太湖流域水环境综合治理专题调研报告暨实施方案》的编制工作。

二、规划目标

该方案明确以邓小平理论和“三个代表”重要思想为指导，深入贯彻落实科学发展观，坚持以人为本，按照构建社会主义和谐社会的要求，正确处理经济发展与环境保护的关系，把太湖流域水环境综合治理摆到更加突出、更加紧迫、更加重要的位置，执行最严格的标准，采取综合措施，创新工作机制，统筹各方力量，坚持不懈地对太湖流域水环境进行全面系统、科学严格的治理，努力遏制水体恶化趋势，确保城乡饮水安全，形成流域生态良好、人与自然和谐相处的宜居环境。

针对上海境内的区域，实施方案提出近期（2012 年）治理目标是通过采取一系列综合治理和生态建设措施，进一步削减污染物排放总量，杜绝工业企业一切违法排污现象，工业污水排放全面达到国家和地方最严格的标准，淀山湖和太浦河水质优于上游来水，区域内生态环境进一步改善。具体指标包括：区域内饮用水水源地水质不劣于上游来水；区域内无引发饮水安全问题的恶性污染事件发生；完善污水处理设施和污水收集管网，区域内集镇生活污水处理率达到 90%以上，农村生活污水处理率达到 60%；区域内城镇污水处理厂全面达到国家一级 A 标准；区域内工业企业污水排放全面达到国家和地方最严格的标准；重点工业污染源及城镇污水处理厂全面安装在线监控设备；区域内城镇污水处理厂污泥全部得到有效处置。

远期（2020 年）治理目标是通过持之以恒的综合治理和生态建设，使区域水环境与水文化相协调，人与自然和谐共处，基本恢复江南地区湖光水色的自然风光，实现经济、社会与环境保护全面协调发展。具体指标包括：完善污水处理设施和污水收集管网，农村生活污水处理率达到 80%；区域内城乡垃圾收集和达标处理率达到 100%。

三、上海主要任务

1. 水环境综合治理的主要任务

保障饮用水安全、污染物总量控制和水质目标、调整产业结构、强化工业点源污染治理与清洁生产、统筹城乡污水处理、防治农业面源污染、加强生态修复及建设、节水减排建设、完善监测和执法体系以及强化科技支撑 9 个领域，并针对各领域提出具体实施工程项目，确保规划目标的完成。

针对上海，为防止淀山湖蓝藻暴发，确保饮用水安全，近期主要采取以下主要措施：

（1）制定淀山湖蓝藻暴发应急预案。制定包含淀山湖蓝藻预警监测、应急调水、拦截、喷洒药剂、机械打捞和处置等方面内容的蓝藻暴发应急预案，建设一支应急队伍，购买必要的机械打捞设备。

（2）开展污染源普查，采取必要的禁磷限氮措施。抓紧开展本区域污染源普查工作，建立污染源数据库，重点排查化工企业和化学品仓库、垃圾堆场。对排放氮、磷的工业企业和污水处理厂进行调查，强化污染源的全面达标排放管理，采取有效手段控制氮、磷排放总量。制订削减主要污染物（COD、氮、磷）的工作目标、减排规划和年度计划，纳入上海市“环保三年行动计划”和青浦区环境保护规划，并向社会公布。全面治理磷污染。禁止销售、使用含磷洗涤剂，城镇污水处理厂尾水、纳入工业区污水处理厂的工业企业纳管污水和直排环境的工业企业尾水中磷的浓度均执行国家一级标准。

（3）实施水资源合理调度，提高水体自净能力。优化淀浦河水资源调度方案，增强淀浦河行洪、排涝、引排水、航运和生态环境等综合功能。进一步实施内塘“退渔还河”措施，沟通水系，提高区域水环境自净能力，为水资源调度创造良好的基础条件。研究制定更加有效可行的太浦河泵闸联合调度方案，积极推动太浦河泵站运行由应急调度向常规调度转变，增加枯水期和黄浦江高潮位时的太浦河来水量，改善黄浦江上游水源地水质。

（4）完善自来水应急处置和净化措施。完善自来水突发公共卫生事件应急预案，进行必要的物资储备，减少、控制和消除污染事故可能造成的危害。进一步优化太北片、太南片水资源调度方案，加大水资源调度力度，调水引流、改善自来水原水水质。逐步关、停、并、转原水水质差、制水工艺和设备落后的小型乡镇水厂，建设集约化水厂，提高饮水安全保证率。

（5）完善船舶污染事故应急反应机制和处置预案。加强各类船舶管理，实施太浦河危险化学品禁运。加大船型结构调整力度，加快船型标准化进程，完善船舶污染物接收处理系统，严格禁止各类水泥船、挂桨机船、运载有毒有害化学品及其他污染严重的船舶进入本区域水域。进一步完善船舶污染事故应急反应机制，制定和完善本区域各级船舶污染事故应急预案，制定码头和装卸站点溢油和化学品应急计划和应急方案、配备必要的应急设备；加强船舶污染事故应急培训和演习，提高船舶污染事故应急反应能力。加快推动船舶污染损害赔偿机制，全面实施船舶强制保险，建立船舶污染损害赔偿基金，提高污染事故处置水平。

（6）加强水质监测和预警。加大淀山湖大朱厍港、千墩港口、急水港桥、白石矶桥和太浦河、大蒸港等来水断面的水质监测频率，全面了解来水水质变化。加强淀山湖湖区的水质预警监测，尤其是在藻类易发的春、夏两季，对氨氮、总氮、总磷、叶绿素-a 及藻类种类、数量等富营养化指标，增加监测点位密度和预警监测频次。依托区域内的水文、水质监测网络和数据平台，建立水文、水质综合信息数据库系统，为建设区域水环境监控信息平台、实现水环境监测数据共享打下基础。

（7）加强区域河道保洁管理。充实专职河道保洁队伍，完善长效管理机制。全面清理河道漂浮垃圾，针对本区域水葫芦、浮萍等浮叶植物的生长特点和空间分布规律，科学开展水葫芦和浮萍打捞作业，确保河面整洁。

2. 中长期综合治理的主要任务

（1）抓紧制定严格的污水限排标准。以 COD、氮、磷三项污染物作为主要控制对象，积极制定或修订重点污染行业的上海地方排放标准，并保证标准及时颁布、有效实施。抓紧编制并推进实施“农业面源富营养化物质控制技术规范”，控制本区重要的氮、磷排放源。积极推行农业节水和用水标准。

（2）实施总量控制，削减污染排放。生活污染减排方面，通过完善集镇区污水管网收集系统，提高生活污水纳管率，实现集中处理、达标排放。推进农村人口集中居住，加快农村生活污染综合治理。进一步完善农村生活垃圾收集、处理处置系统建设，实现村收集、镇转运、区处理，基本消除农村环境脏、乱、差现象。农业面源污染减排方面，禁止使用国家农业部公布的高毒、剧毒农药，控制农药、化肥使用量和流失量，推进有机农业、设施农业清洁生产，实现种植业生态化。实施测土施肥，建立农业科技站，由专人负责，向农民提供无偿技术服务，帮助农民进行精准施肥和农药使用。禁止畜禽养殖，继续严格执行畜禽禁养标准，巩固禁养成果。对于零散分布的农村散养户，严格控制饲养总量，结合农村庭院生态工程，实现粪尿综合利用。禁止所有开放性水域水产养殖，禁止精养鱼塘换水直排河道，严格控制精养鱼塘饲养规模和养殖密度。做到科学养殖、精确投料，定期清理池底沉积的饵料。逐步推行健康养殖、标准化养殖，逐步削减本区域水产养殖污染物排放量。修建河道堤防、缓冲带，防止农田径流直排河道；建设隔离带和湿地，减少流入河道的污染物量。工业污染减排方面主要以加快产业调整、推进清洁生产进行源头污染控制，以推行企业排污许可证制度做好过程管理，并积极创造条件，逐步实行按排放浓度阶梯式计量收费，建立按污染程度收费机制，发挥经济杠杆在污染减排中的作用。

（3）加强生态修复，提高自净能力。通过沟通区域内骨干河流，充分利用上游来水和下游潮水，加快水体有序流动，提高水体的自净能力和水环境容量，有效改善本区域水环境质量。实施淀山湖底泥污染区域的清淤工程和环淀山湖河道底泥清淤工程，对镇村中小河道实行全面轮疏，近期重点疏浚回淤严重及黑臭河道、人口相对密集的城镇或村落区域河道、边界河道。加强生态修复技术的研究，制定综合评价和整治修复方案，通过采取湖泊生物控制、人工鱼巢建设、放养滤食鱼类、底栖生物移植和植被修复等措施，努力恢复已遭破坏或退化的重要生态功能，实现有效养护和合理利用生物资源的目标。恢复湖泊湿地的原有特性，针对原有湿地遭受破坏的原因，采取退耕造林、退渔还湖、减少点源和非点源污染、迁移富营养沉积物、清除过多草类、恢复完整生物链、生物调控等措施。

（4）调整产业结构，优化城乡布局。提高环境准入门槛，严格限制氮、磷排放企业进入本区域。根据区域内总量指标分配，通过排污许可证制度控制污染物总量。加快产业结构调整，淘汰劣势企业，鼓励发展以休闲旅游、生态居住等以良好自然生态环境为依托的环境友好型产业。分批实施工业企业清洁生产，2010 年前完成所有工业企业的强制性清洁生产审核。开展农村环境综合整治，全面推进清洁家园建设，加强对农村污水、垃圾的处理处置和管理；积极创造条件，按照国家级生态村建设标准，大力推进中心村建设进程。

（5）依靠科技进步，强化科技支撑。开展太浦河清水走廊可行性研究，联合江浙两省，共同开展太浦河清水走廊可行性研究，为保障沿河地区饮用水安全提供科技支撑，重点研究太浦河上游来水量、太浦河禁航的可能性和区域污染控制的有效措施。开展水污染控制关键技术研究，根据本区域的污染特点，以控制氮、磷排放为重点，突破农业面源污染治理、分散型生活污染治理和生态修复等关键技术。太湖流域环境公共信息平台建设研究，有利于对流域内的水体统一进行监测布点、采样、分析，有利于环境信息实现共享，有利于联合治污、科学治污。深入开展水系调整和水资源调度研究，扩大引流调水能力，提高河流生态用水量。继续加强淀山湖富营养化防治研究，摸清淀山湖藻类等浮游生物发生、发展规律，提高淀山湖富营养化防治技术的针对性和有效性，防止蓝藻暴发。

（6）提高监测能力，加强执法监管。完善的监测和执法体系是加强水污染综合治理的重要手段，现行的以手工监测为主的方式难以满足实时监控、预警预报和强化执法的需求。要建立有效的监测和执法体系，重点是在水源地、淀山湖和上游来水河流建立水质自动监测站；对污水日均排放量在100 t以上或被列为重点污染源的排污企业实施在线监测；健全环境监管体系，加大执法和监管力度，查处违法排污行为。

第三节　长江口及毗邻海域碧海行动计划

一、规划背景

长江口及毗邻区域人口密集、科技和文化教育事业发达，自然资源丰富、区位优势显著，孕育了最具经济活力的长三角沿海、沿江经济带。该区域经济基础良好，是我国东部沿海社会经济的核心，在我国社会经济发展中占有重要位置。

根据长江口及毗邻区域生态环境状况调查结果，长江口及毗邻海域主要面临以下4个方面的环境问题：近岸海域污染严重，海水劣四类比例居高不下；赤潮灾害频繁发生，面积逐渐扩大，损害严重；海洋生态环境恶化，生物多样性偏低；海岸带生态系统遭破坏，非污染损害严重。导致以上问题的主要原因包括：

1. 沿海及上游地区的社会经济发展增加生态环境压力

近二十年来，尤其是1995年以来长江流域上游地区及沿海苏、沪、浙地区社会经济快速发展给河流及海洋环境造成了巨大压力。1995—2004年，长江流域GDP增加了2.67倍、化肥施用总量增加了23%、生活废水排放量从1998年的59.6亿t增加到2004年的81.4亿t。2005年，由陆源排放进入长江口及毗邻海域的污染负荷达到COD_{Mn} 224.5万t、总氮137.6万t、总磷8.2万t，分别占入海污染物总负荷的99%、97%和93%。

2. 污水处理厂处理能力不足

江、浙、沪三省市共有城镇污水处理厂176座，2005年实际处理污水947.2万m^3/d，纳入污水处理系统的污水仅占污水总量的38%，污水处理能力总体上仍有较大的缺口，建成的污水处理厂利用效率偏低，且污水处理厂的除磷脱氮能力仍然不足。

3. 区域综合管理体制不健全

长江口及毗邻海域的陆源污染来自沿海苏、沪、浙三省市以及长江流域江苏段上游19省市。2005年长江流域上游江苏段、最终进入海域的污染物占长江口及毗邻入海污染物总量的65%左右，约为沿海三省市污染物入海总量的2倍。因此上游污染排放是海域生态环境恶化的重要因素。然而，跨区域的上、下游流域综合管理目前仍难以有效开展，表现为上、下游和邻近地区各自为政，环境争端现象普遍。

4. 海陆统筹管理难实现

长江口及毗邻区域环境保护涉及海域、陆域，须海陆统筹，共同防止污染。然而，“十五”及“十一五”期间，全国流域水污染防治方面主要强调 COD_{Cr} 和氨氮两个指标的排放总量控制，而海域环境污染控制重点关注的是磷、氮的排放总量。因此，海陆总量控制指标难以衔接，海陆兼顾的总量控制难以实施，海陆一体的综合管理难以实现。

5. 部门协调管理问题突出

根据《中华人民共和国海洋环境保护法（1999 年修订）》规定，长江口及毗邻海域的环境保护涉及环保、海洋、交通、渔政、林业、军队等部门，各部门按照法律所赋予的权限进行管理。由于部门间缺乏联合工作机制和组织协调机制，实际工作中存在部门与地方、部门与部门之间工作重复、交叉的现象，难以进行区域的统一协调和有效管理。

6. 法律法规体系仍不完善

目前，长江口及毗邻区域近岸海域整体上已初步形成了较系统的近岸海域环境管理法律法规体系，然而，地方性的法律法规多由各省市各自行制定，尚无针对长江口及毗邻区域的跨行政区的法律法规，缺乏实施区域性综合管理的法律基础。

7. 环境监督管理能力尚不足

长江口及毗邻地区的环境监督管理、环境监测、环境科学与技术的研发等基础工作仍然薄弱，无法及时跟踪污染物排放情况的变化，无法全面反映环境质量状况和变化趋势，未能满足环境保护的需求。目前，长江口及毗邻地区仍存在陆源污染治理水平低、历史欠账多的问题，直排企业污染物仍未得到全面控制和有效治理、非点源污染仍然严重，主要污染物入海量尚未得到有效控制。同时，作为环境统一监督管理部门，国家及地方环保部门的监测能力仍有不足。入海通量的监测工作尚未全面展开；对代表性海域，如赤潮发生区的海洋生态动态监控缺乏；对有毒有机物等特殊指标均未进行定期监测。

二、规划目标

规划提出的核心是实施陆海兼顾的环境综合整治，进行海洋生态建设，遏制海域环境的恶化趋势，改善海域环境质量，增强海洋生态系统服务功能，确保沿海地区社会经济的可持续发展。规划编制原则中将区域、流域、海域三个层面相结合，突出河海统筹，海陆兼顾的思想为最终实现与流域规划紧密结合，陆海统筹，及地表水、海区各类功能区的全面达标打下坚实基础。

行动计划总体目标是充分协调长江口及毗邻海域碧海行动计划与相关流域环境保护规划的关系，形成与流域规划协调的海域入海总量控制体系和监督体系；建立保护海洋生态环境的长效运行机制。认真落实重点流域的水污染防治规划和主要污染物减排任务，有效削减主要污染物的排放总量，减少污染物入海总量，降低长江口及毗邻海域富营养化程度，使近岸海域的污染恶化趋势得到有效抑制，海域环境质量得以不断改善，逐步满足海域各类功能利用的总体环境要求，构建海岸带可持续生态系统，不断提高海岸带生态系统服务功能，使海洋资源得到有效开发和利用，长江口及毗邻地区获得可持续发展条件。

行动计划的目标包括三个阶段，近期（2007—2010 年），中期（2011—2015 年），远期（2016—2020 年）；针对各阶段均提出三类控制目标，包括以流域污染总量控制、陆域污染总量控制和入海污染总量控制为基础的污染物总量控制目标，以 COD_{Mn}、无机氮、活性磷酸盐浓度等海洋环境因子为主的海域水质目标和以基础设施建设、污染源控制、环境事故防控、监测体系完善为主的环境管理控制目标。

上海市根据计划制定了近、远期行动目标。其中近期（2007—2010年）行动目标包括：

1. 污染物点源排放总量控制目标

到2010年底，无机氮削减量0.6万t；活性磷酸盐削减368 t；COD_{Cr}削减4.8万t；氨氮削减率为10%。石油类实施长江口及杭州湾船舶及相关作业油类污染物“零排放”计划；建成足够的港口、船舶废弃物接收处理处置设施；建立环境污染、溢油与赤潮灾害监测及应急处理体系；石油类污染物排放得到有效控制，陆源油类入海量在2005年的基础上持续减少。

2. 陆源污染控制目标

2010年底前，工业污染源稳定达标率维持在到95%；上海市城镇污水处理率达到80%；新增污水处理能力180万t/d。

3. 海域污染控制目标

2010年，海洋废弃物倾倒总量控制在4 000万m^3以下。远期（2011—2020年）方案目标包括：继续减少陆域污染源排放量，针对总氮、总磷提出进一步控制的要求。地区污水处理厂在达到二级生化处理的基础上达到一级A的排放标准；加强污水处理厂污泥处理处置，结合污水系统布局，污泥处置集约化、处理分散化，分期、分步实施，污泥做到同步处置处理，满足处置要求；控制陆域面源排放，通过完善改造垃圾堆场、垃圾焚烧厂等基础设施达到城镇生活垃圾无害化处理率95%；推动海洋生态养护进程，保护海洋生物群落，重点保护自然生态保护区和濒危物种。

三、上海主要任务

行动计划确定的水质、总量、通量目标控制体系全面涵盖了改善环境所需要的不同方面，因此在近期规划任务中将目标任务中包括了以区域、流域、海域相结合的总量污染控制方案，包括强化工业源达标控制、推动清洁生产和循环经济；推进城市生活污染源治理，提倡绿色消费；重视和加强陆域非点源控制；完善基础设施建设，提升沿海区域环境治理水平等。针对上海市提出的计划任务包括：

1．完善环境基础设施，保障经济社会持续发展

加强城镇污水处理厂及其配套管网建设与完善，推进生活垃圾无害化处置设施建设，重点开展工业区环境基础设施建设，合理规划布局环境治理设施，确保工程效益得到充分发挥，促进经济社会发展与环境保护相协调。到 2010 年，全市城镇污水处理率达到 80%以上，工业区污水集中处理率达到 90%以上。

2．控制环境污染排放，加强环境管理力度

严格实施污染物排放总量控制，实行排污许可制度；严格执行污染物排放标准，加大污染治理力度；积极采取有效措施，降低污染物排放水平，做到增产减污，削减排放总量。到 2010 年，全市环保重点监管工业企业污染物稳定达标排放，全市主要污染物排放总量实现控制目标。

3．加强生态环境保护，促进人与自然和谐

以生态功能区划为基础，依据生态敏感性、资源环境承载力、经济社会发展强度和潜力，确定优化开发、重点开发、限制开发和禁止开发的四类主体功能区的空间范围和功能定位。围绕生态型城市建设目标，全面提升城市生态服务功能，提高生态承载力，改善人居生态环境质量；

积极推进社会主义新农村建设，加大农村地区环境保护力度，实施农村小康环保行动计划；加强自然保护区和重要生态功能保护区的建设与管理，保护生物多样性。到 2010 年，建成区绿化覆盖率达到 38%，人均公共绿地达到 13 m^2，全市森林覆盖率达到 12%以上。

4. 推动循环经济发展，建设环境友好型城市

强化资源节约和环境友好的意识，按照建设国家循环经济试点城市的要求，有序推进本市循环经济发展，切实转变经济增长方式，实施产业结构战略调整，全面推行清洁生产，提高环境准入标准，提高资源利用效率。到 2010 年，全市万元 GDP 用水量和综合能耗较“十五”期末分别降低 16%和 20%左右。

中长期实施方案中对“十二五”、“十三五”期间提升海域环境质量、削减区域污染总量、加强流域风险防控等方面的工作进行了布置。远期上海市的主要任务及措施包括：

（1）加强陆域污染整治

继续完善污水处理、垃圾处理等基础设施的建设，彻底改变环境基础设施滞后经济发展的现象。到 2020 年，城市污水处理率进一步提高，配套设施比较完善，平均运行负荷均达到 85%以上；脱氮、脱磷效率基本保证达到《城镇污水处理厂污染物排放标准》（GB 18918—2002）规定的一级 A 标准。污水处理收费制度健全，市政公用事业相关经济政策配套完善。城镇生活垃圾无害化处理能力满足环境保护需求，到 2020 年沿海城镇垃圾无害化处理率达到 95%以上。

继续推进上海化学工业区、漕河泾开发区等国家级循环经济试点园区建设，并选择一批有条件的工业园区开展试点，建设宝钢等循环经济试点示范工业企业。遵照自愿、择优的原则，鼓励创建一批环境友好企业。全市保留工业区和六大支柱产业基地内企业率先开展清洁生产，对污染物排放浓度严重超标或超过排放总量的重污染企业和使用、生产、

排放有毒有害物质的企业，依法开展清洁生产强制性审核。积极推广高效、节能、简便的污水处理新工艺，实施处理后的中水回用和废水资源化计划，企业资源利用效率较高，60%以上的企业实现清洁生产。切实促进居民转变用水观念，推广节水工程技术，稳步提高居民用水效率。推广普及城市生活垃圾处理减量化、资源化、无害化技术，使固体废物资源化利用水平稳步提高。清洁生产、综合利用工艺的推广使许多“三废”成为资源，高效、完善的生态工业园区普遍建立。到 2020 年，随着环境保护工作的深入和管理工作的加强，各地的污染源按照总量控制指标削减污染物的排放。各种污染物的排放全面达到总量控制的要求。

开展农村环境综合整治，推进村镇环境基础设施建设，试点示范并逐步推广农村生活污水治理、生活垃圾处置技术。巩固和提高国家环境优美乡镇建设水平，继续推进环境优美乡镇创建工作。制定和颁布生态村建设标准和考核办法，推进郊区生态村建设。继续实施非点源污染综合治理工程。生态农业得到推广普及，积极研制开发、高效、缓释、少流失的清洁化肥、农药，减少氮磷流失对河口及海洋污染影响。通过各种水污染控制规划的实施使非点源污染基本得到控制，其对海域环境影响显著减轻。

（2）深入开展海上污染控制

到 2015 年，对所有交通运输船舶要求必须安装油水净化器或更先进的除油装置，船舶防污设备全部达标；船舶海上作业规范化；健全海区监视系统，加大处罚力度，使所有交通运输船舶达到污染物“零排放”的目标。2020 年以前，1 000 t 以上海军舰艇增设生活污水储存舱，所有舰艇装设生活污水排放系统，并在港口建设相应的接收处理系统。强化监督管理，实施船舶、舰艇、石油平台及其相关活动的“零排放”计划，杜绝污染物直接进入海域，积极预防溢油污染事故的发生。有计划地完善特殊航行区建设，保证海上交通安全。建立健全有关法律法规，做到有法可依，用法律规范海上作业行动。使用船舶污染物处理自动监控技术和设备，对船舶排污实施有效监督管理。对违规船舶依法从重处罚。加强海上溢油及有毒化学品的泄漏等污染事故应急能力的建设。进一步完善突发性事故应急处理中心的快速反应机制。建立溢油应急响应系统，建立海上溢油应急示范区工程，建立油污染灾害防治基金。到2015年各海区实现环境监视立体化，应急措施现代化，建立一支海上应急力量。

（3）完善自然保护区生态建设

完善4个自然保护区的管护设施和各项管理制度，加强自然保护区联合执法检查和日常管理。以九段沙自然保护区为重点，积极申报国家环保总局优先建立的80个基础设施完备、管理达到同期国内先进水平的国家级自然保护区。建设对崇明东滩等受损的湿地生态系统功能进行补偿和修复。

第四节　长江中下游流域环境保护规划

一、规划背景

长江中下游流域包括长江流域自三峡库区以下至长江口的广大区域，流域面积约77.2万km^2，涉及广西、湖南、湖北、河南、江西、安徽、江苏、浙江、陕西、上海10省（区、市），共66个市（州）505个县（市、区）。根据污染状况及汇水特征，将长江中下游流域划分为长江干流、长江口、汉江中下游、洞庭湖、鄱阳湖、丹江口库区及上游、太湖和巢湖8个控制区。丹江口库区及上游、太湖和巢湖3个控制区作为全国水污染防治的重点流域，分别编制水污染防治规划；湘江流域重金属污染防治制定专项方案。本规划区域包括长江干流、长江口、汉江中下游、洞庭湖和鄱阳湖5个控制区，流域面积约63.3万km^2，涉及广西、湖南、湖北、河南、江西、安徽、江苏、上海8省（区、市），共

55个市（州）408个县（市、区）。

长江中下游流域是我国人口密度最高、经济活动强度最大、环境压力最严重的流域之一，流域水环境问题日渐突出，饮用水水源和水生生态安全面临考验。主要问题包括城镇污水处理水平有待进一步提高、工业结构性污染突出、农业源污染影响严重、流动源污染对水环境形成较大压力。湖泊生态安全水平下降以及近岸海域污染严重。

二、规划目标

该规划突出以骨干工程为依托，以机制创新为保障。核心目标是全面提升流域及近岸海域水污染治理水平和环境监管水平，重点保障饮用水水源地水质安全，解决突出的流域水环境问题，努力恢复江河湖泊的生机和活力，促进流域经济社会的可持续发展。

流域规划编制中更加注重分区控制，突出重点。针对流域内不同区域的经济社会发展水平和水环境问题，划分具有不同污染防治特点的控制区，分区确定规划任务和治污工程。

长江中下游流域规划（2011—2015年）的总体目标是：产业结构和布局进一步优化，污染治理不断深入，水污染物排放总量持续削减，水环境管理水平进一步提高，重金属污染治理取得明显成效，饮用水水源地水质稳定达到环境功能要求，水环境质量保持稳定并有所好转，重点湖泊水库富营养化趋势得到遏制，长江口及毗邻海域富营养化程度降低，近岸海域环境质量不断改善，流域和河口海岸带生态安全水平逐渐提高。具体目标分为水质目标和总量控制目标。其中，水质目标提出48个考核断面中，15个水质达到Ⅱ类，20个水质达到Ⅲ类，7个水质达到Ⅳ类，6个水质达到Ⅴ类。海洋功能区和近岸海域环境功能区水质达标率达到40%以上，近岸海域生态安全得到有效保障。总量控制目标提出流域及流域内各省（区、市）的主要污染物总量控制目标根据国家“十二五”主要污染物总量控制计划，结合各省水环境质量改善总体需求以及限制排污总量意见等另行确定。

上海市水质指标涉及考核断面包括黄浦江吴淞口断面和长江口朝阳农场断面，其中吴淞口水质按照功能区要求为Ⅴ类（总氮不考核河道），朝阳农场水质目标为Ⅲ类。总量控制指标主要涉及5项减排工程。

三、上海主要任务

规划对上海市提出的主要工作包括加强饮用水水源地保护、提高工业污染防控水平、推进污水和生活垃圾治理设施建设及稳定运营、控制船舶流动源污染、加强农业面源污染综合治理和水生生物资源养护和加强长江口及近岸海域污染防治及生态建设六个主要方面。

饮用水水源地保护工作包括：评估水源地风险水平，制定风险控制对策。加强水源地在线监测，提升预警监测能力。落实水源保护区管理要求，严化环境监管。

提高工业污染防控水平方面包括：加大工业结构调整力度，深入推进工业污染。积极推进清洁生产，大力发展循环经济。加强工业园区的环境管理，提高园区污染防治水平。严格环境准入，强化项目审批。加强环境基础管理，加大环境执法力度。

推进污水和生活垃圾治理设施建设及稳定运营方面主要包括污水和生活垃圾两大部分任务。其中污水治理设施建设及运营情况包括启动污水处理厂提标工作，污水处理整体能力提升，以及污水管网和污泥收集处理工程，并加强对污水处理设施的日常监管。在生活垃圾治理设施建设及运营方面包括生活垃圾无害化处理能力的提升以及垃圾分类收集处置场所的建设内容。

控制船舶流动源污染的主要工作包括：加强内河水域船舶污染物回收工作，加强危险品船舶日常安全监管工作，继续推进船舶污染责任保险试点和防污染备案管理。

加强农业面源污染综合治理和水生生物资源养护方面的核心工作

（包括农业源污染总量控制），大力推进本市郊区特别是纯农业地区的环境综合整治以及增值放流等工作。

加强长江口及近岸海域污染防治及生态建设，主要加强对杭州湾沿岸直排企业和污水处理厂的监管以及完成近岸海域相关规划编制和执行。

规划中上海市涉及的5个骨干工程，计划总投资10.18亿元，包括南汇污水处理厂扩建工程、青浦第二污水处理厂三期扩建工程、松江污水处理厂三期扩建、奉贤区东部污水处理厂扩建工程和黄浦江上游水源保护区农业面源综合治理工程。

本规划参照国家重点流域水污染防治规划的考核办法，由环境保护部会同国务院有关部门对规划实施情况进行考核，重点是考核断面水质达标情况和规划项目建设情况。对考核不达标的地方暂停项目环评审批，暂停安排中央环保补助资金。各相关省（区、市）要根据本地实际情况，合理确定考核断面，加大对考核断面水质和规划项目建设情况的考核力度。自2012年起，每年进行规划年度考核，重点为规划骨干工程的实施情况和规划目标的完成情况。2013年对规划执行情况进行中期评估与考核，根据考核评估情况对规划骨干工程项目进行适当调整。2016年对规划执行情况进行终期评估与考核。

第五节　重点区域大气污染防治“十二五”规划（上海）

一、规划背景

当前我国大气环境形势十分严峻，在传统煤烟型污染尚未得到控制的情况下，以臭氧、细颗粒物（$PM_{2.5}$）和酸雨为特征的区域性复合型大气污染却日益突出，区域内空气重污染现象大范围同时出现的频次也日益增多，严重制约社会经济的可持续发展，威胁人民群众的身体健康。

根据《中华人民共和国大气污染防治法》与《中华人民共和国国民经济和社会发展第十二个五年规划纲要》，制定《重点区域大气污染防治“十二五”规划》。规划范围为京津冀、长江三角洲（以下简称“长三角”）、珠江三角洲（以下简称“珠三角”）地区，以及辽宁中部、山东、武汉及其周边、长株潭、成渝、海峡西岸、山西中北部、陕西关中、甘宁、新疆乌鲁木齐城市群，共涉及 19 个省、自治区、直辖市，面积约 132.56 万 km^2，占国土面积的 13.81%。

二、规划目标

该规划以保护人民群众身体健康为根本出发点，着力促进经济发展方式转变，提高生态文明水平，增强区域大气污染防治能力，统筹区域环境资源，实施多污染物协同减排，努力解决细颗粒物、臭氧、酸雨等突出大气环境问题，切实改善区域大气环境质量，提高公众对大气环境质量满意率。

在规划编制过程中，突出经济发展与环境保护相协调、联防联控与属地管理相结合、总量减排与质量改善相统一、先行先试与全面推进相配合的原则。规划目标按照重点区域进行分别要求，到 2015 年，重点区域二氧化硫、氮氧化物、工业烟粉尘排放量分别下降 12%、13%、10%，挥发性有机物污染防治工作全面展开；环境空气质量有所改善，可吸入颗粒物、二氧化硫、二氧化氮、细颗粒物年均浓度分别下降 10%、10%、7%、5%，臭氧污染得到初步控制，酸雨污染有所减轻；建立区域大气污染联防联控机制，区域大气环境管理能力明显提高。京津冀、长三角、珠三角区域将细颗粒物纳入考核指标，细颗粒物年均浓度下降 6%；其他城市群将其作为预期性指标。

上海市环境质量指标为到 2015 年二氧化硫、二氧化氮、可吸入颗粒物和细颗粒物的年均浓度较 2010 年分别降低 11%、9%、10%和 6%。排放污染控制指标为工业烟粉尘削减 5%，重点行业挥发性有机物排放削减18%。

三、上海相关任务

规划将突出大气环境污染治理的特点，提出产业、能源、环境相结合，污染总量、环境质量相衔接的规划体系，主要包括以下内容：

1．统筹区域环境资源，优化产业结构与布局

（1）明确区域污染控制类型。京津冀、长三角、珠三角区域与山东城市群为复合型污染严重区，应重点针对细颗粒物和臭氧等大气环境问题进行控制，长三角、珠三角还要加强酸雨的控制，京津冀、江苏省和山东城市群还应加强可吸入颗粒物的控制。对重点控制区，实施更严格的环境准入条件，执行重点行业污染物特别排放限值，采取更有力的污染治理措施。

（2）严格环境准入，强化源头管理。依据国家产业政策的准入要求，提高"两高一资"行业的环境准入门槛，严格控制新建高耗能、高污染项目，遏制盲目重复建设，严把新建项目准入关。严格控制高耗能、高污染项目，建设重点控制区，禁止新、改、扩建除"上大压小"和热电联产以外的燃煤电厂，严格限制钢铁、水泥、石化、化工、有色等行业中的高污染项目。严格控制污染物新增排放量，把污染物排放总量作为环评审批的前置条件，以总量定项目。实施特别排放限值，新建项目必须配套建设先进的污染治理设施，火电、钢铁烧结机等项目应同步安装高效除尘、脱硫、脱硝设施，新建水泥生产线必须采取低氮燃烧工艺，安装袋式除尘器及烟气脱硝装置，新建燃煤锅炉必须安装高效除尘、脱硫设施，采用低氮燃烧或脱硝技术，满足排放标准要求。

（3）加大落后产能淘汰，优化工业布局。严格按照国家发布的工业行业淘汰落后生产工艺装备和产品指导目录及《产业结构调整指导目录（2011年本）》，加快落后产能淘汰步伐。优化工业布局统筹考虑区域环

境承载能力、大气环流特征、资源禀赋，结合主体功能区划要求，加快产业布局调整。

2. 加强能源清洁利用，控制区域煤炭消费总量

（1）优化能源结构，控制煤炭使用。大力发展清洁能源优化能源结构，加快发展天然气与可再生能源，实现清洁能源供应和消费多元化。实施煤炭消费总量控制，严格控制区域煤炭消费总量。扩大高污染燃料禁燃区加强“高污染燃料禁燃区”划定工作，逐步扩大禁燃区范围。

（2）改进用煤方式，推进煤炭清洁化利用。加大热电联供，淘汰分散燃煤小锅炉。新建工业园区要以热电联产企业为供热热源，不具备条件的，须根据园区规划面积配备完善的集中供热系统；现有各类工业园区与工业集中区应实施热电联产或集中供热改造，将工业企业纳入集中供热范围。改善煤炭质量，实施煤炭的清洁化利用，降低大气污染物排放。

3. 深化大气污染治理，实施多污染物协同控制

（1）深化二氧化硫污染治理，全面开展氮氧化物控制。燃煤机组全部安装脱硫设施；确保燃煤电厂综合脱硫效率达到90%以上。加快燃煤机组低氮燃烧技术改造及脱硝设施建设，单机容量 20 万 kW 及以上、投运年限20年内的现役燃煤机组全部配套脱硝设施，脱硝效率达到85%以上，综合脱硝效率达到 70%以上；对新型干法水泥窑实施低氮燃烧技术改造，配套建设脱硝设施。新、改、扩建水泥生产线综合脱硝效率不低于 60%。积极开展燃煤工业锅炉、烧结机等烟气脱硝示范。在京津冀、长三角、珠三角地区选择烧结机单台面积 180 m^2 以上的 2～3 家钢铁企业，开展烟气脱硝示范工程建设。

（2）强化工业烟粉尘治理，大力削减颗粒物排放。深化火电行业烟尘治理燃煤机组必须配套高效除尘设施。强化水泥行业粉尘治理水泥窑

及窑磨一体机除尘设施应全部改造为袋式除尘器。深化钢铁行业颗粒物治理现役烧结（球团）设备机头烟尘不能稳定达标排放的进行高效除尘技术改造。积极推进工业炉窑颗粒物治理，积极推广工业炉窑使用清洁能源，加强工业炉窑除尘工作，安装高效除尘设备，确保达标排放。

（3）开展重点行业治理，完善挥发性有机物污染防治体系。开展挥发性有机物摸底调查，针对石化、有机化工、合成材料、化学药品原药制造、塑料产品制造、装备制造涂装、通信设备计算机及其他电子设备制造、包装印刷等重点行业，开展挥发性有机物排放调查工作，建立挥发性有机物重点监管企业名录。开展大气环境挥发性有机物调查性监测，完善重点行业挥发性有机物排放控制要求和政策体系尽快制定相关行业挥发性有机物排放标准、清洁生产评价指标体系和环境工程技术规范；加快制定完善环境空气和固定污染源挥发性有机物测定方法标准、监测技术规范以及监测仪器标准；加强挥发性有机物面源污染控制；建立含有机溶剂产品销售使用准入制度，实施挥发性有机化合物含量限值管理。建立有机溶剂使用申报制度。全面开展加油站、储油库和油罐车油气回收治理，加大加油站、储油库和油罐车油气回收治理改造力度。大力削减石化行业挥发性有机物排放石化企业应全面推行 LDAR（泄漏检测与修复）技术，对泄漏率超过标准的要进行设备改造；石化企业有组织废气排放逐步安装在线连续监测系统，厂界安装挥发性有机物环境监测设施。加强表面涂装工艺挥发性有机物排放控制积极推进汽车制造与维修、船舶制造、集装箱、电子产品、家用电器、家具制造、装备制造、电线电缆等行业表面涂装工艺挥发性有机物的污染控制。同时开展挥发性有机物收集与净化处理。

（4）加强有毒废气污染控制，切实履行国际公约。推进排放有毒废气企业的环境监管，对重点排放企业实施强制性清洁生产审核；开展重点地区铅、汞、镉、苯并[*a*]芘、二噁英等有毒空气污染物调查性监测。完善有毒空气污染物的排放标准与防治技术规范。积极推进大气汞污染控制工作深入开展燃煤电厂大气汞排放控制试点工作，积极推进汞排放协同控制；实施有色金属行业烟气除汞技术示范工程；开发水泥生产和废物焚烧等行业大气汞排放控制技术；编制重点行业大气汞排放清单，研究制定控制对策。按照《蒙特利尔议定书》的要求，完成含氢氯氟烃、医用气雾剂全氯氟烃、甲基溴等约束性指标的淘汰任务，加强相关行业替代品和替代技术的开发和应用，强化国家、地方及行业履约能力建设。

（5）强化机动车污染防治，有效控制移动源排放。促进交通可持续发展，大力发展城市公交系统和城际间轨道交通系统，城市交通发展实施公交优先战略；加大和优化城区路网结构建设力度；推广城市智能交通管理和节能驾驶技术；鼓励选用节能环保车型，推广使用天然气汽车和新能源汽车，并逐步完善相关基础配套设施；积极推广电动公交车和出租车。开展城市机动车保有量（重点是出行量）调控政策研究，探索调控特大型或大型城市机动车保有总量的政策研究。推动油品配套升级，加快车用燃油低硫化步伐，颁布实施第四、第五阶段车用燃油国家标准。加强油品质量的监督检查，全面保障油品质量。完善机动车环保型式核准和强制认证制度，加强车辆环保管理，全面推进机动车环保标志核发工作。加速黄标车淘汰，严格执行老旧机动车强制报废制度，强化营运车辆强制报废的有效管理和监控。开展非道路移动源污染防治，开展非道路移动源排放调查。积极开展施工机械环保治理，推进安装大气污染物后处理装置。

（6）加强扬尘控制，深化面源污染管理。积极创建扬尘污染控制区，控制施工扬尘和渣土遗撒，开展裸露地面治理，提高绿化覆盖率，加强道路清扫保洁，不断扩大扬尘污染控制区面积。加强秸秆焚烧环境监管，禁止农作物秸秆、城市清扫废物、园林废物、建筑废弃物等生物质的违规露天焚烧。推进餐饮业油烟污染治理，严格新建饮食服务经营场所的环保审批；推广使用管道煤气、天然气、电等清洁能源；饮食服务经营场所要安装高效油烟净化设施，并强化运行监管；强化无油烟净化设施露天烧烤的环境监管。

4. 创新区域管理机制，提升联防联控管理能力

（1）建立区域大气污染联防联控机制。在全国环境保护部联席会议制度下，定期召开区域大气污染联防联控联席会议，统筹协调区域内大气污染防治工作。建立区域大气环境联合执法监管机制，加强区域环境执法监管，确定并公布区域重点企业名单，开展区域大气环境联合执法检查，集中整治违法排污企业。建立重大项目环境影响评价会商机制，对区域大气环境有重大影响的火电、石化、钢铁、水泥、有色、化工等项目，要以区域规划环境影响评价、区域重点产业环境影响评价为依据，综合评价其对区域大气环境质量的影响，评价结果向社会公开，并征求项目影响范围内公众和相关城市环保部门意见，作为环评审批的重要依据。建立环境信息共享机制，围绕区域大气环境管理要求，依托已有网站设施，促进区域环境信息共享，加强区域大气环境质量预报，实现风险信息研判和预警。建立区域重污染天气应急预案，构建区域、省、市联动一体的应急响应体系，将保障任务层层分解。

（2）创新环境管理政策措施。完善财税补贴激励政策，加大落后产能淘汰的财政支持力度。加大大气污染防治技术示范工程资金支持力度。开展高环境风险企业环境污染强制责任保险试点。完善挥发性有机物等排污收费政策。研究制定扬尘排污收费政策。全面推行排污许可证制度，排放二氧化硫、氮氧化物、工业烟粉尘、挥发性有机物的重点企业，应在 2014 年底前向环保部门申领排污许可证。继续推动排污权交易试点，针对电力、钢铁、石化、建材、有色等重点行业，探索建立区域主要大气污染物排放指标有偿使用和交易制度。实施重点行业环保核查制度，如火电、钢铁、有色、水泥、石化、化工等污染物排放量大的行业。实行环保设施运营资质许可制度，推进环保设施的专业化、社会化运营服务。实施环境信息公开制度，各地要实时发布城市环境空气质

量信息，定期开展空气质量评估，并向社会公开。

（3）全面加强联防联控的能力建设。建立统一的区域空气质量监测体系，加强大气环境超级站建设。开展移动源对路边环境影响的监测。加强各地监测站对挥发性有机物和气态汞的监督性监测能力建设。进一步加强市级大气污染源监控能力建设，依托已有网络设施，完善国家、省、市三级自动监控体系。全面推进重点污染源自动监测系统数据有效性审核，将自动监控设施的稳定运行情况及其监测数据的有效性水平纳入企业环保信用等级。推进机动车排污监控能力建设，加快机动车污染监控机构标准化建设进程，推进省级和市级机动车排污监控机构建设。强化污染排放统计与环境质量管理能力建设逐步将挥发性有机物与移动源排放纳入环境统计体系。研究开展颗粒物无组织排放调查，细颗粒物污染严重城市要进行源解析工作。

第六章　区县级“十二五”环境保护规划

至2011年末，上海共有16个区和1个县（中心城区为8个区，郊区为8区1县）。在上海市环境保护和生态建设“十二五”规划总体框架的指导下，各区县根据自身的区域特色和发展阶段，编制本地区环境保护“十二五”规划。总体上，各区县的环境保护“十二五”规划聚焦“污染减排、环境整治、风险防范、优化发展”四大方面，更加强化环境保护优化经济发展的作用，更加强调解决损害群众健康的环境问题，更加突出环保机制、体制、法制以及经济政策等方面的保障作用。在环境基础设施体系相对比较完善、工业企业数量相对较少的中心城区，主要工作集中在扬尘污染控制、噪声污染防治、餐饮业油烟气整治、河道整治、绿色创建和宣传、环境风险防范等方面。郊区以缩小城乡差异为核心，继续加快水、大气、固体废物等环境基础设施建设，工作主要集中在产业结构调整、工业区环境综合整治、绿地林地建设、生态治理和修复、农业与农村环境保护等方面。

一、黄浦区环境保护“十二五”规划

1.“十一五”环境保护工作回顾

“十一五”期间，黄浦区在环境保护工作中取得的主要成效有：区域环境质量状况明显改善，2010年大气中二氧化硫、二氧化氮和可吸入颗粒物三项污染物均值达到空气质量二级标准；城区噪声达到环境功能区标准；产业能级不断优化，黄浦江沿线的江南造船厂等一批重污染工业企业实施了关闭和搬迁，居民住宅小区和商务楼宇二级生化设施异味扰民问题得到根治；创建本市首批“扬尘污染控制区”；放射诊疗机构做到一户一档，医疗废物100%得到集中安全处置，全区固体废物收集、转运、安全处置和综合利用的架构体系已形成；共创建成市级绿色社区6个，市级绿色学校9个，市级安静居住小区2个。

但是，当前黄浦区存在的主要环境问题仍需引起重视。机动车等流动污染源对环境质量的影响较大，特别是机动车尾气排放未能得到有效控制；旧区改造、市政道路建设仍将不断推进，扬尘防治形势不容乐观；餐饮业油烟污染和娱乐业噪声扰民现象成为近年来环保投诉的焦点；因城市规划布局不合理造成的遗留污染问题和一些潜在的污染矛盾将逐步显现。

2. 规划目标和指标

（1）规划目标。到2015年，基本建成资源节约型和环境友好型城区。全区总体环境质量处于全市中心城区先进水平。主要污染物排放得到有效控制，环境安全得到有效保障，环境质量得到有效提升，努力建成与国际化大都市相适应的环境综合决策体系、环境基础设施体系和环境执法监管体系，为建设经济发达、环境优美、和谐宜居的新黄浦奠定良好的环境基础。

（2）环境指标。进一步提高环境质量。环境空气质量优良率稳定在90%左右；区域降尘量控制在6.5 t/（km^2·月）以下；全面完成市政府下达的主要污染物总量减排指标，污水纳管率保持在100%；化学需氧量、氨氮排放总量在2010年的基础上再削减10%；交通和区域噪声进一步降低，达到相应功能区标准。

进一步优化经济发展。建立严格的项目引进审核机制，建设项目环境影响评价执行率和“三同时”执行率达到100%；禁止新增工业企业、废品回收项目，推动现有工业企业搬迁，严控低端餐饮、娱乐、沐浴等行业的准入。

进一步保障环境安全。危险废物和医疗废物得到集中安全处置，生活垃圾分类收集；危险废物规范化收集率保持 100%；加强放射性同位素使用单位和射线装置单位的监管，制定区辐射事故应急预案，定期开展应急演练，建立环境监管长效机制。

3. 主要任务和措施

（1）提高质量方面

①水环境保护。对全区下水管道情况、有二级生化处理设施的商务楼宇情况和已改直排情况开展调研，提出直排纳管改造推进的相关意见，逐步推进直排纳管改造工作。配合本市河道整治与生态修复工程，做好苏州河（黄浦段）环境综合整治，强化对日晖港剩余河道的综合整治。确保工业废水 100%达标排放。做好南市自来水厂备用取水口周边水质检测，保证备用水源的安全。

②大气环境保护。推进建设工地扬尘污染在线监控系统建设，强化对各类施工主体防尘抑尘措施的监督，降低颗粒物污染；加强氮氧化物排放控制，建立年度检测、路面监管、停放地抽查“三位一体”的管理体系，全面推行在用车 I/M 检测，淘汰全部财政拨款的黄标车。探索餐饮单位的在线监控，推行餐饮单位油烟气定期清洗制度，减少餐饮油烟扰民问题。

③固体废物综合利用与处置。扩大生活垃圾分类的覆盖范围，着力降低人均生活垃圾处理量，生活垃圾密闭化运输率保持在 100%。强化危险废物环境无害化处置能力，保持全区医疗废物规范化处置全覆盖，进一步健全危险废物监督管理网络。

④生态环境建设。全面推进生态保护与绿地建设，以提高城市的生

态服务功能为重点，增加点状绿地和块状绿化，推进垂直绿化、屋顶绿化等空间绿化。继续推进绿色创建活动，加强环保宣传，积极营造崇尚生态文明的舆论氛围。

⑤噪声污染防治。重点整治交通噪声污染和规范建筑施工噪声管理。巩固扩大“安静居住小区”的创建成果。加强交通噪声治理。以整治建筑工地夜间施工、餐饮娱乐业噪声以及交通干线敏感点为重点，加强机动车禁鸣和防噪、降噪措施。推进市政道路降噪措施建设，优化公交线路和站点建设，减少公共交通噪声影响。

⑥辐射污染防治。以强化能力建设和防范风险为重点，着力建设专业化、现代化的核与辐射环境监管体系。依托市区两级监管体制，建立核技术利用单位信息库，形成电子化的监管对象信息。加强辐射安全执法能力建设和辐射应急能力建设。

（2）优化发展方面。构建环保主动预防体系，发挥优化经济发展作用。根据“一带、两街、五大功能区”布局，以环境影响评价为抓手，积极支持区重点项目，开辟“绿色通道”，加快环评审批速度。以环境标准、总量控制为手段，区域内禁止新增工业企业和废品回收站点，严控低端餐饮、娱乐、沐浴等行业的准入，限制低端服务业无序增长，推进规模小、分散在居民区的工业小企业搬迁或向工业楼宇集中，切实控制污染增量。积极推进污染减排，努力探索低碳发展模式。坚持“绿色发展、循环利用、低碳宜居”的方针，倡导绿色低碳的生产方式、消费模式和生活习惯，探索世博低碳环保的新工艺、新技术运用于外滩金融集聚带建设。加快调整和淘汰劣势企业、劣势产品和落后工艺，推广资源节约、节能低碳技术，加快企业节能降耗的技术改造，重点推广建筑行业节能。

（3）防范风险方面。摸清环境风险源底数，健全重点风险源档案。强化对辐射源和危险废物收运的监督管理，并重视废弃源、企业搬迁等历史遗留问题的解决。要严格有毒化学品进出口企业登记预审制度。加强应急处置建设，完善突发环境事件应急预案，逐步建立以“主动预防、快速响应、科学应急、长效管理”为核心的环境应急管理体系，维护中心城区环境安全。

（4）保障措施。巩固环保体制机制，强化环保责任制度。按照“重心下移、条块结合、以块为主”的原则，建立和完善左右协调、上下联动的环境保护工作推进机制。进一步完善环境绩效综合评估考核机制，将考核结果作为干部选拔任用和奖惩的重要依据。加强环境法治建设，强化环境执法监督。组织年度整治违法排污企业、保障群众健康专项行动，对违法企业进行曝光。完善中后期管理，对未按规定履行环评报批手续即投入运行的项目，一律责令其停止建设，并依法进行处罚。加大政府财政投入，完善环境经济体系。将环境保护投入纳入区财政支出的重要内容，加大在污染减排、环境基础设施和环境监管能力等公益事业方面的投入。引导社会资金投入环境保护和建设，完善政府、企业、社会多元化的环境投融资机制。按照“污染者负担”原则依法开征排污费，重点向污染重和群众关注的污染源倾斜。

二、静安区环境保护和建设“十二五”规划

1.“十一五”环境保护工作回顾

“十一五”期间，静安区环境保护工作取得了一系列成效。区域环境质量明显改善。区域环境空气质量优良率均大于89%，二氧化硫、二氧化氮、可吸入颗粒物指标年平均值均优于国家二级标准。区域降尘量逐年减少，区域环境噪声平均值达到了国家二类区标准。新建公共绿地11.3万m^2，绿化覆盖率达到20.2%。全区排水管网覆盖率、污水纳管率均达100%。居民区生活垃圾分类收集覆盖率达95%。强化了环保日常管理的“监管、监察、监测”三监联动，有效解决了一批长期困扰民生的环境难点问题，2010年信访投诉比2005年减少73.2%。以深入开展“八个绿”（小区、学校、饭店、商厦、医院、机关、楼宇和家庭）为主

的绿色环保单位创建活动为载体，建成市级和区级绿色环保单位101家。

但是，当前静安区存在的主要环境问题仍需引起重视。餐饮、娱乐业、社会文化活动、楼宇的中央空调、风机及机动车等产生的噪声污染已成为区域环境主要污染源。一些中低档餐饮业毗邻居民住宅过近，餐饮业油烟气污染成为城市环境顽疾。“十二五”期间，区域旧区改造、城市基础设施建设将加快发展，建设工地、拆迁工地、道路施工等带来的扬尘污染依然是影响空气质量优良率的重要因素。生活垃圾分类收运系统还未完全建立，分类收集效果不尽人意。

2. 规划目标和指标

规划目标：2015年，静安区初步建成与“国际静安”目标要求相匹配、与上海国际化大都市相适应的中心城区。具体表现为：产业结构进一步优化，基础设施进一步完善，环境污染进一步控制，生态建设进一步加强，市民环保理念进一步提高，环境质量达到国家相应功能的标准要求。

表6-1　静安区“十二五”时期环境保护的主要指标

分类	序号	指标	单位	目标
环境质量	1	API（空气质量指数）	达到二级以上天数	≥90%
	2	PM_{10}（可吸入颗粒物）	mg/m^3	≤0.08
	3	二氧化硫年平均值	mg/m^3	≤0.03
	4	二氧化氮年平均值	mg/m^3	≤0.05
	5	区域降尘	t/（km^2·月）	≤8
	6	区域环境噪声平均值（昼间）	dB（A）	≤60
	7	区域环境噪声平均值（夜间）	dB（A）	≤50
环境生态建设	8	新建公共绿地	m^2	25 000
	9	城市绿化覆盖率	%	20.85
	10	人均公共绿地面积	m^2	1.62
	11	危险废物处置率	%	100
	12	生活垃圾分类收集覆盖率	%	100
	13	环境保护投资指数	%	≥3

3. 主要任务和措施

（1）大气环境保护。加强对锅炉废气污染的管理。做好“无燃煤区”的巩固工作，健全清洁能源长效管理机制，加大对燃油（气）锅炉的监管力度，鼓励清洁能源替代。做好“扬尘污染控制示范区”的巩固工作，健全扬尘污染控制和监管机制。全面推行市政施工、建筑工地和绿地建设的扬尘规范化管理和防治，将扬尘污染防治工作纳入施工单位诚信考核体系。加强对运输车辆的全封闭监管，推行机械化冲洗清扫道路，减少二次扬尘。严格审批新建餐饮业项目，对影响环境的餐饮单位依法处罚。完善在用车检测制度，确保机动车尾气达标排放。

（2）声环境保护。加强对建筑工地的噪声污染管理。建筑工地要大力推广先进施工工艺和配套设施，降低施工噪声。加强夜间施工的规范化审批和监管，加大对夜间违法施工行为的处罚力度。加强对交通噪声污染的治理，全区道路车辆违法鸣号率控制在 3%以下。推广低噪声材质铺设路面，及时修复坑洼、破损路面。做好“环境噪声达标区”的巩固工作，积极开展“安静居住小区”的创建工作。

（3）固体废弃物综合利用和处置。加强危险废物的管理。坚持危险废物处置“五联单”制度，推进企事业单位产生的电子废物、危化品废弃物等要全部规范回收和处置，进一步健全危险废物处置监督管理网络。健全医疗废弃物的监督管理制度和集中收集处置机制。推行生活垃圾分类投放和分类收集工作，小区内分类垃圾箱普及率和使用率达到100%。规范废弃食用油脂和餐厨垃圾收集和处置系统。推广使用再生产品，推行废弃物减量化，提高资源利用率。

（4）辐射污染源防治。加强辐射污染源的管理。完善辐射污染事故应急预案，确保区域内无重大辐射污染事件发生。严格辐射安全许可证的审核和发放。强化辐射安全执法能力和监测能力建设，建设专业化、现代化的核与辐射环境监管体系，提高核与辐射安全的应急、监控和处置能力。

（5）生态环境建设。加强绿化建设，坚持实施精品绿化发展战略，营造总量适宜、分布合理、植物多样、景观优美的绿化生态和景观环境。加强市容景观建设，优化城区景观风貌，推广 LED 等节能光源，并采用分级控制，做到环保节能。加强节能减排工作，推进低碳经济，优化产业结构，大力推进现代服务业发展。加强生态型住宅示范小区建设，推进建筑节能工作，引入屋顶太阳能工程。加强政策扶持力度，引导和鼓励企业采取各种环保措施，推进节能降耗。

（6）宣传和绿色创建。充分运用《静安时报》、局门户网站、大型宣传屏和工作简报等媒体广泛开展环保宣传，积极推动全社会树立低碳生活、绿色环保理念，促进“资源节约型、环境友好型”城区的建设。建立与中心城区相适应的环保宣传教育与公众参与机制，重点加强对党政机关公务员、中小学校学生、企事业单位职工和社区居民等人群的环境宣传和培训。深入推进绿色环保单位创建工作，加强绿色办公、绿色消费和绿色生活的引导，促使节能降耗工作得到有效落实。

4．保障措施

（1）推进环保管理机制建设，完善环境保护和建设推进委员会的职能，健全“政府监管、单位负责”的环境监管体制，不断提升区域环境监管实效。加强环保工作绩效考核。以实施环保三年行动计划为重点，建立环保工作目标责任制度，把完成环境保护各项任务指标纳入区年度目标绩效考核体系。

（2）加强环境综合管理信息化建设，完善信息资源共享机制，推进环境管理部门之间的工作联动。主动为企业和公众提供环保信息服务，区环保门户网站要及时发布环境保护工作动态、环境保护政策法规、环境空气质量等信息，满足公众的知情权。

（3）将环境保护和建设资金保障纳入政府财政预算的重要内容，并根据区域经济增长状况逐年增加。加强对环境保护和建设专项资金使用的监督管理，确保环保专项资金使用取得最大的效益。

三、徐汇区环境保护“十二五”规划

1.“十一五”环境保护工作回顾

“十一五”期间，徐汇区在环境保护工作中取得的主要成效有：环境质量稳步改善，空气质量达到或优于二级的天数占全年的比例保持在85%以上，二氧化硫、氮氧化物和可吸入颗粒物等主要污染物浓度总体呈下降趋势。水环境质量呈现趋好态势，截污纳管率达95.1%，全面消除黑臭。实现环境噪声功能区达标。推进区域污水管网建设，以接管盲区改造和分流制地区雨污混接治理为重点，加快完善本区污水收集和处置系统。建立健全固体废弃物的安全处置网络，工业固体废物综合利用处置率达到100%，生活垃圾无害化处理率达到100%。到2010年底，绿化覆盖率达到27.4%。

但是，当前徐汇区存在的主要环境问题仍需引起重视。一是压缩型城区结构特征日渐明显，资源与环境的约束将逐步显现，对产业结构和能源结构调整的需求日渐迫切；二是传统污染问题仍将集中在噪声、扬尘和空气污染等方面，危化品运输、放射性同位素和挥发性有机物管理等环境风险将成为影响城区环境安全的重要因素；三是城区建设力度仍将加大，指导思想由“建管并举”向“管建并举”调整与人民群众不断改善环境质量的期待之间仍有差距，对环境管理的长效化和常态化提出了更高要求。

2．规划目标和指标

总体目标：到2015年，结合国家可持续发展先进示范区建设，基本建成资源节约型和环境友好型城区。主要污染物排放得到有效控制，环境安全得到有效保障，环境质量得到有效提升，建成与国际化大都市一流中心城区相适应的环境综合决策体系、环境基础设施体系和环境执法监管体系，推动城区向“高端产业、低碳发展”转型，城区的可持续发展能力得到明显提高。

表 6-2　徐汇区“十二五”环境保护指标

类别	序号	指标	单位	目标	类型
环境质量	1	环境空气质量达到或者优于二级的天数占全年的比例	%	90	约束性
	2	城区河道水质	/	总体达到V类水标准	约束性
	3	区域环境噪声	/	功能区划达标	约束性
	4	人均公共绿地面积	m^2	5.78	约束性
	5	绿化覆盖率	%	28	约束性
污染减排	6	化学需氧量排放总量削减	%	完成市政府下达指标	约束性
	7	氨氮排放总量削减	%		约束性
	8	二氧化硫排放总量削减	%		约束性
	9	氮氧化物排放总量削减	%		约束性
	10	总磷排放总量削减	%		预期性
	11	挥发性有机物（VOCs）排放总量削减	%		预期性
	12	城区截污纳管率	%	≥97	约束性
环境安全	13	生活垃圾无害化处理率	%	95	约束性
	14	医疗废物集中处置率	%	100	预期性
	15	危险废物无害化处置率	%	100	预期性
	16	工业固体废物资源化利用率	%	95	约束性
	17	环保重点监管企业污染物稳定达标排放率	%	99	约束性
优化发展	18	单位生产总值二氧化硫排放强度下降率	%	35	预期性
	19	单位产值工业固废产生量	t/万元	≤0.35	预期性
	20	区级财政环保投入比例	%	3	预期性

3. 主要任务和措施

（1）水环境保护。推进截污盲点区域改造。结合土地开发建设，对华泾陆家宅、北杨村、关港等地区等存在截污盲点的区域加快改造。加快改造田林和漕河泾排水系统市政雨水泵站污水旱流放江，重点推进长桥和梅陇地区的雨污混接普查。完善区域雨、污水收集处理体系，减少城区地表径流污染负荷，优化收集干管系统。加强对龙华、长桥污水处理厂等尾水直排河道的水环境重点企业的污染源监管工作，确保重点污染源稳定达标排放率达到99%以上。推进长桥自来水厂使用青草沙水库优质长江原水的切换工作。

（2）大气环境保护。推进能源结构调整。以滨江地区的良友海狮油脂、上海沥青混凝土二厂等污染企业为重点对象，推进燃煤锅炉的清洁能源替代工作。加强扬尘污染控制。完善后世博扬尘污染控制联动机制。大力开展对建筑工地、道路、堆场等扬尘污染的治理和控制力度，通过移动视频监控等手段强化长效管理，巩固“扬尘污染控制区”创建成果。完善新污染因子的环境监测和处置体系建设。针对漕河泾开发区电子制造业存在的挥发性有机物无组织排放状况，开展环境监测和生物治理体系构建试点工作。开展餐饮油烟气和异味等传统环境问题的专项整治。

（3）声环境保护。加强区域环境噪声污染整治。扩大“环境噪声达标区”、“安静居住小区”的创建成效和范围。对餐饮、娱乐等容易造成社会生活噪声矛盾的项目严格依法审批并加强监管。以整治交通干线敏感点为重点，加强路网规划，合理疏导交通流量，加强道路禁鸣监测点位监测，加大对禁鸣的宣传教育和纠处力度，严控超载超速和高音鸣号。严控建筑工地夜间施工审批，加大对夜间违法施工的处罚力度。

（4）固体废物综合利用和处置。完善城区生活垃圾收集、运输和处置系统。逐步提高生活垃圾、餐余垃圾、通沟污泥等的生化处理技术水平和集中处置程度。优化生活垃圾运输和处置布局，完善徐浦大桥城市垃圾转运点建设。推进生活垃圾减量化，推进关港地区垃圾处置和再利用中心、餐余垃圾处置点及通沟污泥处置点建设。强化医疗废物、危险废物管理，合理利用并无害化处置固体废物，提高处置综合利用率。

（5）辐射污染防治。建立和完善辐射安全监管体制。摸清底数、排查隐患，建立核技术利用单位信息库，形成电子化的监管信息系统，对放射性同位素的销售和使用等环节建立可控的监管体系。开展构建医疗机构放射性同位素监管模式的工作试点。不断提高仪器的装备性能和监测水平，提升环境监管、监察、监测人员的业务能力。严格控制各种类型的辐射安全许可，完善行政许可的流程和规范。

（6）环境保护优化发展。推进产业结构和布局调整。严格环境准入制度，发挥规划和区域环评的作用，优化滨江、南站商务区等功能区的开发建设。重点推进优化产业布局、提升产业结构和技术水平，控制产业污染核心。实施重点区域环境综合整治。推进华泾地区工业企业向工业园区集中，对布局不合理、污染矛盾突出的企业进行转型或调整。支持优势产业发展，淘汰“两高一资”的企业。加强工业污染防治。以产业结构调整和完善环境管理体系为重点，推动工业企业和都市型工业园区的技术升级改造和环保基础设施建设。

4．保障措施

（1）加大政府环保资金投入。确保区级财政环保投入的比例，加大政府在污染减排、环境基础设施和环境监管能力等方面的投入。引导社会资金投入环境保护和建设，完善政府、企业、社会多元化的环境投融资机制。按照“污染者负担”原则，完善与总量控制相配套的排污收费制度，促进外部环境成本内部化。

（2）完善环保工作体制机制。巩固现有合力推进环境保护工作机制，建立健全左右协调、上下联动的环境保护工作推进机制。完善环境绩效综合评估考核机制，将考核结果作为干部选拔任用和奖惩的主要依据之一。发挥环境宣传的主渠道作用，提高舆论引导和监督能力。注重信息公开，完善企业污染信息披露制度，强化重大决策和建设项目公众参与。推进企业环保诚信体系建设。

（3）加强环境监管能力建设。加强规划和建设项目环境影响评价，在宏观决策层面协调好经济发展与环境保护的关系。根据区域产业和功能定位，充分发挥环保项目审批的源头控制作用，严控新污染的产生。完善重点风险源监管体系，构建以“主动预防、快速响应、科学应急、长效管理”为核心的环境应急管理体系，维护环境安全。通过技术升级，优先构建先进的环境监测预警体系，推进环境监测标准化能力建设达标。

四、长宁区环境保护“十二五”规划

1.“十一五”环境保护工作回顾

“十一五”期间，长宁区环境保护工作取得了一系列成效。环境基础设施不断完善。完成北新泾等 6 座泵闸和田度固废综合处置场建设。建成绿地 57.7 万 m^2，绿化覆盖率达 33%。共截污纳管污染源 149 个，综合整治河道 24 条，关停改造燃煤锅炉 35 台。全区行政事业单位的电子废弃物 100%得到综合利用和安全处置。环境质量稳中有升。全区 80%以上河道基本消除黑臭。环境空气质量优良率连续五年来均保持在 85%以上。区域环境噪声连续五年达标。创建节能减排社区 56 个、节能减排单位 30 个、资源节约型家庭 101 个，金菊小区被列为“上海市联合国首批环境友好型城市示范项目”。

但是，当前长宁区存在的主要环境问题仍需引起重视。传统的大气扬尘、河道水质、交通噪声等环境污染还未完全控制，复合型和区域型环境污染特征愈加明显，酸雨、雾霾、臭氧等污染日益加剧。危险废物、电子废物、核与辐射安全管理处置难度日渐增大，中心城区餐饮业商住混杂、规划滞后而导致环境矛盾突出。协调推进、综合联动的环保工作格局没有完全形成。

2．规划目标和指标

规划目标：水环境达标率80%以上，重点河道达到V类标准；环境空气质量API指数达到和优于二级的天数占全年天数的90%以上，主要环境空气质量指标优于国家二级标准；PM_{10}年平均浓度控制在0.08 mg/m^3；SO_2年平均浓度控制在0.02 mg/m^3；NO_2年平均浓度控制在0.05 mg/m^3；区域降尘控制在8 t/（km^2·月）以内；环境噪声达到相应功能区标准；机动车鸣号率平均值控制在3%以内；绿化覆盖率达到34.7%。

主要指标：总量控制方面，二氧化硫、烟尘、氮氧化物分别控制在100 t/a、10 t/a 和 60 t/a。环境管理方面，生活垃圾无害化处置率达到100%，工业危险废物处置率达到 100%，医疗废物集中处置率达到100%，不发生重大辐射与危险废物安全事故。环评审批率、可验收项目竣工验收率保持在100%。重点企业污染物稳定排放达标率达到90%以上、设施运转完好率达到95%以上。学校环境教育普及率达到100%。

3．规划主要任务和措施

（1）水环境保护。实施河道水系沟通，继续完善“两纵五横，大系统、小循环”的区域河网水系，开展夏家浜等河道疏浚工程，开展午潮港等水利设施维护整治。加强配套设施建设，推进陆家浜等泵闸改造。实施河道景观建设，提升苏州河等河道护岸绿化景观。重点开展纵泾港、绥宁河等河道整治，对绥宁河、联泾港等河道进行河道深化治理及水体生态养护。推进闲置的二级生化水处理设施改造，逐步由居民小区向商务楼改造拓展。协调推进虹桥机场东工作区废水直排企业纳管改造或达标治理，雨污水分流改造以及污水处理站改造。

（2）大气环境保护。加大投入补贴力度，推进剩余9台燃煤锅炉清洁能源替代改造及脱硫设施改造工作。力争全区所有街道（镇）建成无燃煤街道（镇）。对现有的燃煤、燃油、燃气锅炉实行脱氮（硝）改造，对全区氮氧化物排放实行总量控制。强化扬尘污染源头发现机制，充分利用城市网格化管理平台，规范施工工地扬尘监管。建设环保便民工地，做好扬尘样板工程向全区的推广工作。推行餐饮油烟社会化管理，引进先进的油烟净化技术与设施，并逐步向企业推广。建立健全公安、环保联动的长效执法机制，严格控制机动车冒黑烟现象。区属单位公务用车、运输车辆达到国Ⅳ标准。

（3）声环境保护。严格噪声污染源源头控制。对居民反映强烈的固定噪声污染源开展集中整治，加大防噪降噪工程治理力度。严格建筑工程夜间施工审批，夜间施工单位必须采用低噪声设备。加强对机动车鸣号率的执法监管。实施交通干道防噪降噪。对重点市政道路尤其是高架道路两侧建设立体绿化、道路绿化等“生态墙”。对新建道路建设低噪声路面，配套建设隔声降噪工程。

（4）固体废物综合利用和处置。推广生活垃圾分类收集，生活垃圾全部实现集装化运输。生活垃圾中转站、粪便污水与处理厂、生活垃圾压缩站等渗沥液就近规范排放，确保收运规范优良率95%以上。加强危险废物产生单位的监管，做好危险废物的申报、登记和审核工作，确保危险废物零排放。重点做好医疗废物转移联单月报、ODS年度使用申报工作，完善医疗机构医疗废物收集储存设施标准化建设。严格依照《长宁区电子废物回收管理暂行办法》，拓展回收监管范围，引导居民规范电子废物收集处置。工业固体废物综合利用率99%以上。

（5）核与辐射污染防治。制定《长宁区放射性污染防治实施办法》，编制《放射性污染事故应急预案》。严格辐射安全许可证的核发与审查。完善核与辐射安全监管体系，加强对Ⅳ、Ⅴ类放射源销售、使用单位和Ⅲ类射线装置等的监管，加强移动探伤作业活动现场的监管；加强核与辐射安全管控，定期对放射源和射线装置单位进行检查，严把放射性同位素生产、销售、使用、运输、贮存、处置六大环节，防止放射性污染安全事故的发生。

（6）生态环境建设。围绕生态型城区的建设要求，全面提升城区生态服务功能和人居生态环境。借鉴世博经验，加大屋顶绿化、道路绿化和社区绿化面积。采取“碳补偿”技术，通过发展绿色交通、建设低碳建筑、发展环保技术等措施，推进上海市长宁区低碳发展实践区建设。推进环保优势产业发展，鼓励和引导企业采用绿色环保新材料、新技术、新工艺。全区 11 家重点单位全部实行清洁生产审核。努力把虹桥临空经济园区建成园林式、生态型的精品园区。加大虹桥交通枢纽生态环境建设力度，减少枢纽对周边环境的影响。

（7）环境监管。加强污染源网格化和分级监管，重点加强水污染、大气污染、噪声污染、放射性同位素源、射线装置及汽修厂矿物油等有毒有害特殊污染源的监管。重点企业建立规范的“一企一档”、其他企业建立规范台账。通过环保“倒逼”产业结构转型促进产业结构优化升级、合理布局，减轻环境负荷。严格执行“三同时”竣工验收制度，以“三监联动”为有效工作平台，加强建设项目的中后期管理。每年组织打击违法排污企业保障群众健康的专项环保行动。

（8）环保宣传。发挥报刊、广播、电视以及网络的媒体宣传和舆论导向作用，积极扩大环保的影响面。更好地发挥环保志愿者、民间组织的作用，形成政府、企业、社会相互合作参与的环境保护新格局。开展各类绿色创建活动，以世博最佳实践区“低碳理念”为蓝本，争创 5 家市级安静居住小区、10 家区级安静居住小区。完善原有的上海动物园、天山水质净化厂、区环境监测站以及位于本区的大专院校和街道社区等教育实践基地。开发环境教育系列教材，组织开展各类竞赛、实践活动。

4．保障措施

（1）加强组织保障机制。成立长宁区环境保护协调推进委员会，相关部门、街道（镇）负责落实环保“十二五”规划相关项目任务。由区环境保护协调推进委员会办公室负责督察督办，建立定期的工作任务执行情况跟踪制度。

（2）建立联防联控机制。建立统一规划、监测、监管、评估、协调的环境污染联防联控工作机制，不断完善左右协调、上下联动的工作推进机制，重在落实责任和形成合力，初步形成与区域经济发展相适应、较为完备的环境管理体系，集区域合力、破环境难题。

（3）完善督办考核机制。由区政府建立干部环保绩效考核机制，将“十二五”规划任务完成情况列入领导干部政绩考核体系中。建立环境问责制，评优创先活动实行环保“一票否决”。加强基层环保工作，完善街道（镇）环境管理责任体系。建立企业环保诚信体系建设，强化企业环保社会责任，落实企业环保违法信息强制公开制度。

（4）增强财力保障机制。加大环境保护投入，相关经费纳入公共财政重点保障范围。按照“三重”原则，政府财政投资集中投向“治本”的污染治理工程。重点投向生态建设领域，提升区域整体环境质量。

五、普陀区环境保护“十二五”规划

1．“十一五”环境保护工作回顾

“十一五”期间，普陀区环境保护工作取得了一系列成效。减排工作稳步推进。总共停用燃煤锅炉 22 台，清洁能源替代燃煤锅炉 15 台，对原桃浦工业区内 23 家污染严重的工业企业实行了“关停并转”，创建“上海市扬尘污染控制区”。区域空气质量优良率连续五年高于 85%。区域水环境质量大为改善，水环境功能区达标率从 2006 年的 29.8%提升至 2010 年的 48.6%。区域声环境质量达到国家二级标准，通过“环境噪声达标区”复验。绿化覆盖率达到 23.5%。生活垃圾无害化处置率达 100%，一般工业固废综合利用、处置率高于 99%，危险工业固废无害化处置率为100%，医疗废物集中处理率为100%。创建绿色小区42个、生态家园1个、安静居住小区5个、绿色学校34所，新设立区级环境教育基地5个。

但是，当前普陀区存在的主要环境问题仍要引起重视。地表水水质总体不稳定，部分河道水质为劣V类。区域平均降尘量偏高，道路扬尘居高不下，道路冲洗能力明显不足。全区特别是减排设施布局基本形成，进一步污染减排的空间有限。全区870余家工业企业中有36%散布在集中工业区块以外，企业环保设施不健全，厂群矛盾较多。“十二五”期间，因城市规划布局不合理而造成的污染历史遗留问题和一些潜在的污染矛盾将更为显现。

2. 规划目标和指标

规划目标：到2015年，全区基本建成生态型城区框架体系，区域发展更和谐；主要污染物排放得到有效控制，环境安全得到有效保障，环境面貌得到有效提升，基本建成环境综合决策体系、环境执法监管体系和环境安全保障体系。

表6-3　普陀区环境保护“十二五”规划指标

类别	序号	指　标	2010年现状	2015年目标	类型
环境质量	1	地表水环境功能区达标率	48.6%	≥60%	预期性
	2	环境空气质量优良率	92.3%	≥90%	预期性
水环境保护	3	城镇污水二级生化处理率	80%	≥85%	预期性
	4	COD排放总量削减	10 390 t/a	完成市下达目标	约束性
	5	氨氮排放总量削减	1 863 t/a	完成市下达目标	约束性
	6	工业企业废水治理设施稳定运行率	95%	≥95%	约束性
	7	工业废水一类污染物排放单位的排放达标率	100%	100%	约束性
	8	桃浦污水处理厂污泥有效处理率	98%	100%	约束性

类别	序号	指　标	2010 年现状	2015 年目标	类型
大气环境保护	9	二氧化硫排放总量削减	688.8 t/a	完成市下达目标	约束性
	10	氮氧化物排放总量削减	—	完成市下达目标	约束性
	11	VOCs 排放总量削减	—	5%	预期性
	12	区域平均降尘量	7.26 t/（km^2•月）	＜7.8 t/（km^2•月）	预期性
	13	PM_{10} 年日均浓度下降	0.079 mg/m^3	10%	约束性
	14	重点工业企业工艺废气、工业粉尘排放达标率	95%	≥98%	约束性
	15	300 座以上的大中型餐饮单位油烟净化率	100%	100%	约束性
固体废物利用与处置	16	生活垃圾无害化处理率	100%	100%	预期性
	17	危险废物无害化处理率	100%	100%	预期性
	18	医疗废物收集和集中处置率	100%	100%	约束性
	19	工业固体废物综合利用率	91.3%	≥91%	约束性
噪声污染防治	20	区域环境噪声平均值	日间 56.6 dB（A） 夜间 48 dB（A）	日间≤60 dB（A） 夜间≤50 dB（A）	约束性
	21	上海市“安静居住小区”创建	现有 10 个	新创 5 个	约束性
	22	区域内机动车平均鸣号率	3%	＜3%	约束性
工业污染防治	23	重点监管企业污染物排放稳定达标率	95%	95%	约束性
	24	工业地块区域环评和跟踪评价执行率	—	≥80%	约束性
	25	重点企业清洁生产审核执行率	—	≥90%	约束性
	26	工业地块内企业数占全区工业企业比例	64%	增加 10%	预期性
生态建设	27	建成区绿化覆盖率	23.5%	24.7%	约束性
	28	人均公共绿地面积	6 m^2	6.4 m^2	约束性
优化发展	29	单位区级增加值二氧化硫排放强度	0.16 kg/万元	下降 35%	预期性
	30	环保投入占区级增加值的比重	4.1%	≥3%	约束性
宣传教育	31	区级绿色小区	现有 89 个	新创 10 个	约束性
	32	区级环境教育基地	现有 8 个	新建 2 个	预期性

3. 主要任务和措施

（1）水环境保护。开展河道整治工作，重点实施真如港综合整治与景观营造。实施桃浦镇东环水系整治工程。对桃浦河、新槎浦等6条河道进行疏浚，实施凌家浜与新泾沟通工程、梅川地区雨污分流改造工程。在曹杨、真光、真江东等市政雨水泵站前设置截流设施，实现初期雨水截流。规范工业企业污水治理设施的日常使用，杜绝工业废水直排河道的行为。加强对桃浦污水处理厂污水处理设施的运行管理，确保在线监测系统正常运行。

（2）大气环境保护。督促长风生态商务区内 2 家燃煤锅炉使用单位实施搬迁。加强对桃浦生产性服务业功能区工业企业的管理，促进功能区内产业结构调整，减少功能区内集中供热（蒸汽）的用量。对全区 6 台 20 t/h 以上工业燃煤锅炉逐步开展低氮燃烧改造。加强道路保洁，加大保洁的频次。规范所有建设工程全面实行扬尘规范化控制措施。开展 VOCs 污染控制工作，对区内有 VOCs 排放的单位开展调查摸底工作，对洗衣厂（店）内的干洗机增加净化装置，确保加油站油气挥发物达标排放，300 座以上的大中型餐饮单位油烟净化率达到100%。

（3）固体废物处置和利用。推行生活垃圾源头分流，投放和收集分类。加强管理与执法力度，重点企业危险废物转移计划备案率达100%；确保危险废物在单位内部暂存期间的环境安全。鼓励企业通过推行清洁生产，促进循环经济。引导企业通过技术改造，减少工业固体废物的产生。开展高危企业装置拆除后危废处理监控。推进实验室危险废物处理处置体系建设，完善学校、医院的实验室危险废物处理处置体系。探索建立危废转移交换信息平台，全程监管企业危险废物处置情况。

（4）噪声污染防治。加强区域环境噪声污染防治与噪声污染源的日常监管和治理，注重缓解居民投诉集中、扰民现象严重的噪声污染矛盾。对夜间施工作业实施严格审批制度，引导建设单位视工地周边噪声敏感点的分布情况合理安排工期，减少夜间施工天数和持续时间。扩大安静居住小区的创建范围。每年创建 1 个上海市“安静居住小区”。每隔 3 年对已创建成功的“安静居住小区”进行复验。做好道路禁鸣宣传。

（5）工业污染防治。提升工业区环境管理水平。推进工业区基础设施建设，探索保留工业区工业固废收储新模式。跟踪长风生态商务区内工业企业的搬迁进度与桃浦生产性服务业功能区内污染企业“关停并转”进程。结合污染减排工作与创模工作要求，建立并完善 71 家重点工业企业、90 家汽修单位、81 家印刷单位、83 家医疗机构、3 家高校实验室的“一厂一档”资料。完成 15 家重点企业的清洁生产审核。积极推进规划环评。以重点行业、重点地区为突破，推进管理前移、源头治理，推进结构减排。实施企业产业结构调整，大力推进工业企业向工业园区集中。逐步实施“批项目，核总量”制度。

（6）生态环境建设。加快公共绿地建设，新增公共绿地 40 万 m^2、专用绿地 50 万 m^2，调整改造公共绿地 60 万 m^2。结合重点区域、重点地段改造，推进长风生态商务区工业遗址园等公共绿地建设，以及普陀区生态专项工程建设。结合市政道路规划，在新建道路、轨道交通 13 号线等配套建设中发展公共绿地。对真光、祥和、长寿公园进行改造。对重点地区、路段进行景观面貌提升，大力发展屋顶绿化和墙体装饰特色绿化。

（7）辐射污染防治和环境风险防范。完善全区核与辐射监管体制，建立核与辐射监管信息化系统。规范新建辐射项目的审批、核发辐射安全许可证等工作。建立、编制本区《存在环境安全隐患的工业企业名录》和与之对应的《环境风险源信息库》，加强环境风险控制重点区域、重点行业的监管、重点环节的监管。提升风险源单位的环境突发事故防范和应急处置能力。定期组织环境突发事故的典型案例分析、实战演练。

4. 保障措施

（1）建立环境监管新机制。完善环境污染源监管工作会商制度，构建“三监”联动平台，不断加大对污染源的管理力度。建立考核评估机制，实行环境保护绩效考核。完善区政府环境保护目标责任制度，强化党政领导干部环保绩效考核。加强基层环保工作，推进网格化管理。加大政府在环境基础设施和环境监管能力等公益事业方面的投入力度。强化对环境保护专项资金使用绩效和项目后续管理，提高财政性环保资金的投资效益。

（2）加强执法监管和污染预防。组织专项执法行动，加大企业环境监督力度，依法关闭污染严重的企业，对违反国家和本市产业政策的污染项目以及环境违法行为，依法予以严厉处罚。突出污染预防，加强建设项目环境管理。加强对建设项目环保设施“三同时”现场检查和监督管理，确保建设项目得到全过程的有效监管。

（3）提高全社会环境保护意识。开展全民环保科普活动，普及环境宣传教育。鼓励和促进公众参与影响环境的重大项目决策。充分发挥舆论导向和监督作用，定期公布环保违法企业名单，公开曝光污染环境、破坏生态的违法行为。

六、闸北区环境保护“十二五”规划

1.“十一五”环境保护工作回顾

“十一五”期间，闸北区环境保护工作取得了一系列成效。共推动44家排污企业实施关停、搬迁或产业结构调整。不断完善雨污水收集系统，完成志丹泵站截流设施改造。推进苏州河闸北段防汛墙改造，完成西泗塘、走马塘截污纳管等工程，城市生活污水集中处理率达到90.6%。开展苏州河环境综合整治三期工程。完成彭浦公园、闸北公园等改造，绿化覆盖率达到22.9%。医疗废物集中收集率达100%，危险废物无害化处置率100%。环境质量稳中趋好。重点河道水质基本消除黑臭，环境空气质量优良率连续五年保持在85%以上，二氧化硫、氮氧化物和可吸入颗粒物等主要污染物浓度呈下降趋势，2006年建成“扬尘污染控制区”，2009年通过“环境噪声达标区”复验。

但是，当前长宁区存在的主要环境问题要引起重视。一是环境问题结构将更加复杂，压缩型、复合型的污染矛盾，特别是酸雨、灰霾等区域性环境问题受外部和本地双重污染，改善难度较大。二是闸北作为中心城区，又处在大规模建设时期，噪声、扬尘和餐饮业污染仍较集中；三是环境风险依然存在，危险化学品运输、辐射源管理等风险将成为影响区域安全的重要因素；四是公众对环境更高的诉求与自身能力建设相对滞后的矛盾仍将凸显。

2. 规划目标及指标

规划目标：到“十二五”末，环境污染基本得到控制，环境质量明显提高，主要河道水质、城市环境空气及声环境等主要监测指标达标率稳步提高；环境基础设施基本完善，城区生活垃圾全部得到无害化处理；积极推动服务优化产业结构，完成市下达的污染物总量控制指标，重点行业在发展中实现减排目标；环境安全得到保障，危险废物全部妥善处理处置，形成比较完善的风险源控制监管体系和突发污染事故应急处置机制；城市生态建设继续加强，人居环境得到较大程度改善，为建设宜居城区打好基础。

表 6-4　闸北区“十二五”环境保护指标

类别	序号	指 标	单位	2015 年目标	类型
环境质量	1	环境空气质量优良率	%	90 以上	预期性
	2	地表水环境功能区达标率	%	80 以上	预期性
污染减排	3	化学需氧量排放总量削减	%	10	约束性
	4	氨氮排放总量削减	%	10	约束性
	5	二氧化硫排放总量削减	-	燃煤、重油等高污染燃料的锅炉二氧化硫实现“零排放”	约束性
	6	氮氧化物排放总量控制	-	与 2010 年基本持平	约束性
环境安全	7	城镇污水处理率	%	95 以上	约束性
	8	生活垃圾无害化处理率	%	100	约束性
	9	医疗废物集中处置率	%	100	预期性
	10	危险废物无害化处置率	%	100	预期性
	11	工业固体废物综合利用率	%	90 以上	预期性
	12	重点污染源稳定达标排放率	%	95 以上	预期性
	13	绿化覆盖率	%	23.51	约束性
	14	机动车环保检测覆盖率	%	80 以上	预期性
优化发展	15	单位生产总值 SO_2 排放强度	%	下降 35	预期性
	16	单位生产总值 COD 排放强度	%	下降 35	预期性
	17	单位工业增加值工业固体废物产生量	t/万元	＜0.35	预期性
	18	环保投入相当于地区生产总值比值	%	3	预期性
绿色低碳实践	19	创建区级绿色小区	个	50	约束性
	20	创建区级绿色家庭	户	1 000	约束性
	21	建设区级环境教育基地	个	5	约束性

3．规划主要任务措施

（1）水环境保护。不断完善水环境基础设施。以骨干河道带动全区河道整治，加强水系沟通，全区河道基本消除黑臭。开展泵站改造试点，减少雨天放江污染冲击负荷。拆除北上海物流园区内的排涝泵站，改善走马塘、西泗塘水体。加强河道整治与生态修复。对市北高新园区内现有水系进行调整，改建东茭泾东岸国药物流段防汛墙及沿河景观建设，在彭越浦局部河段进行生态河道试点。规范工业企业污水治理设施的日常使用，加大对工业废水中含一类污染物排放企业的监督管理，杜绝工业废水直排河道的行为。

（2）大气环境保护。推进能源结构调整。加大对燃煤锅炉使用单位的管理，推进企业实施产业结构调整和天然气、煤气等清洁能源的替代使用。全区煤炭使用总量实现“零增长”，新建、改扩建工业锅炉、炉窑必须采用低氮燃烧技术；现有工业锅炉、炉窑逐步实施低氮燃烧改造，全区 10 t 以下分散燃煤锅炉全部实施清洁能源替代。通过宣传、指导、监管，对区内有 VOCs 排放的干洗业、汽修业等行业推进减排工作。以巩固扬尘污染控制区创建工作为抓手，完善条块管理制度，实现长效管理。提高道路保洁的频次，规范工地防尘措施。整治无证经营餐饮业，优化餐饮业规划布局，严格审批新建项目。

（3）固体废物综合利用与处置。推进生活垃圾的高效处置。加强生活垃圾无害化处置及固废的综合利用，完善城市生活垃圾收集系统。建成区环卫基地，解决生活垃圾、粪便收集转运。加强餐厨垃圾和废弃食用油脂的回收、处置和管理，控制垃圾收运车“线状”滴漏。不断提高危险废物处理处置水平。建立重点监管危险废物产生企业的固体废物产生申报登记、贮存规范、转运合法和处理处置无害化环境评估及监督管理体系。加强重点监管危险废物产生企业和环境风险高位企业的固体废物申报登记和审核。支持工业固废资源化利用和无害化处置。

（4）工业污染防治。加快推进产业结构调整。结合旧改和收购储备土地工作，积极促成排污企业搬迁或产业结构调整，推进医药制造、木质板材及家具制造等行业全部退出。深入推进清洁生产，加强工业污染源监管。对污染源排放情况实行动态管理，以排污许可为抓手，加强工业企业污染排放管理。完成 8 家重点企业的强制性清洁生产审核及评估验收。开展污染源普查成果开发，对企业按照行业类别进行分类管理。发挥项目前期审批的导向作用，提高工业园区的环保管理深度。

（5）噪声污染治理。加强区域环境噪声污染防治。对各类新建项目严格执行环境影响评价制度。抓好“环境噪声达标区”的巩固，对现有的噪声超标源进行治理。继续开展市级“安静小区”的创建活动。严格夜间施工审批手续，强化建筑工地的环境管理。加强交通噪声治理。开展交通噪声防治试点工作，探索建立交通干道的降噪措施。

（6）区域优化发展。对苏河湾规划开展环境战略调研，提出苏河湾建设的环境影响缓解措施，提出污染物排放总量控制方案和环境管理、监测计划，形成规划、建设中统筹生态、环保、经济一体化发展的策略。严格控制低端餐饮、娱乐、沐浴等行业的准入，限制低端服务业的无序增长，在中部区域打造优质绿色小区。在市北高新技术服务业园区开发建设上，实施绿色节能战略，引入欧洲 LEED 认证，打造符合国际标准的节能楼宇。加快产业结构调整，逐步做大做强节能环保产业，推进市北高新技术服务业园区创建国家级综合类生态园区。

（7）生态环境建设。积极推进各类绿地建设，继续增加绿化覆盖率。建成中兴绿地二期，积极推进浙江北路绿地、彭越浦 2 号楔形绿地建设，形成区域休闲、娱乐和观景的新亮点。打造城市生态空间，积极改善生态环境质量。健全完善公共绿地、居住区绿地管理制度，提高绿地养护水平；推广屋顶绿化、垂直绿化等立体绿化的建设。

（8）环境风险防范。建立风险源单位信息库。建立更加完备的放射性污染源详细档案和动态数据库。加强环境风险控制重点行业、环境风险控制重点环节的监管，加强对放射源和危废的申报、登记、储存、转运、处置的过程监管。完善环境风险应急防范制度。加强对环境风险源的日常监督管理和宣传教育，促进各风险源单位对环境风险防范工作建立机制、制定预案、落实措施。配置与区环境风险实际情况相匹配的风险防范和应急处置设备、物资，提升环境突发事故防范和应急处置能力。

4．保障措施

（1）强化环保推进机制。完善区环境保护和环境建设协调推进委员会的决策机制，确保规划的有效实施，将环保工作中的重大问题和重点目标任务作为区政府重要工作，纳入年度考核目标。

（2）提升监管水平。转变环境保护管理理念，把执法、管理、服务、解忧有机统一，变“管理惩罚式”为主为“服务指导式”为主。完善环保执法联动机制，加大环境执法力度。强化污染源头防治。加强规划环评和建设项目环评，开展政策环境影响评价试点。提高环境监管水平。以网格化管理为基础，逐步推进环境监察全覆盖。以精细化监察为抓手，准确掌握辖区内污染源的动态变化。

（3）提高环境意识。制定和实施长期环境教育计划，加强环境警示教育，设立青少年环境教育基地。完善环境状况报告制度，定期公布环境信息。完善信访管理和处理工作，接受公众监督。在相关环境管理和决策制度中，逐步引入公众参与程序。结合节约资源和固体废物管理计划的实施，引导公众养成利于环境保护的消费习惯。

（4）加强能力建设。打造数字环保监管体系，构建环境保护信息化管理系统，实现信息共享，提高环境管理水平和应急响应能力。打造区域污染事故应急处理体系，重点提高应急监测能力和监督执法装备水平，确保能够快速识别、及时处置重大突发环境污染事件。

（5）建立激励政策。将环境保护投入纳入政府财政支出的重要内容，加强在环境基础设施、污染减排、环境监管能力等方面的投入。推行有利于环境保护的经济激励政策，制订燃煤锅炉清洁能源替代、循环经济等补贴或激励政策。开拓资金渠道，引导社会资金投入环境保护和建设，完善政府、企业、社会多元化的环境投融资机制。

七、虹口区“十二五”环境保护规划

1.“十一五”环境保护工作回顾

“十一五”期间，虹口区环境保护工作取得了一系列成效。大气环境质量稳步改善，主要环境空气质量指标达到国家二级标准。2010 年环境空气质量优良率为 91.0%。2010 年底地表水水质达到 V 类水标准，区域噪声符合二类标准。建成合流三期污水管网，基本实现城镇污水纳管集中处置，新建小型生活垃圾压缩站 6 座。完成苏州河三期综合整治工程和虹口港水系综合整治，实施 12 项积水改善工程。创建“上海市扬尘污染控制达标区”，通过“上海市环境噪声达标区”复验。通过 1 家区级绿色医院、9 个区级绿色小区、3 家国家级绿色饭店及 1 个市级安静小区等绿色创建。

但是，当前虹口区存在的主要环境问题仍要引起重视。“十二五”期间，随着城市化程度的提高，区域流动人口、机动车还将持续增长，污水、废气和垃圾等废弃物将进一步增加，对环境容量带来更大挑战。扬尘污染、噪声扰民、餐饮油烟废气污染和生态系统受损等问题仍将困扰城市生态发展。压缩型、复合型和区域性的污染特征将更加明显，区域环境质量改善难度增大。虹口作为上海市中心城区，环境风险防控和安全保障的压力进一步增大。

2. 规划目标和指标

规划目标：到 2015 年，虹口区建立起与国际化大都市相适应的环境综合决策体系、环境基础设施体系和环境执法监管体系，使城市环境安全得到有效保障，环境质量和城区生态得到有效改善，城市可持续发展能力得到有效提升，基本建成资源节约型、环境友好型城区。

表 6-5 虹口区"十二五"环境保护指标

类别	序号	指标	单位	2015 年目标
环境质量	1	环境空气质量优良率	%	90 左右
	2	地表水环境功能区达标率（国控断面，扣除上游来水影响）	%	80 以上
污染减排	3	化学需氧量排放总量削减	%	10.0
	4	氨氮排放总量削减	%	12.9
	5	二氧化硫排放总量削减	%	13.7
	6	氮氧化物总量削减	%	17.5
环境安全	7	城镇污水处理率	%	85 以上
	8	污水处理厂污泥处理率	%	85 以上
	9	生活垃圾无害化处理率	%	95 以上
	10	医疗废物集中处置率	%	100
	11	危险废物无害化处置率	%	100
	12	工业固体废物综合利用率	%	90 以上
	13	环保重点监管工业企业污染物排放稳定达标率	%	95 以上
	14	全区绿化覆盖率	%	20.38
	15	机动车环保监测覆盖率	%	80 以上
优化发展	16	单位生产总值 SO_2 排放强度	%	下降 35
	17	单位生产总值 COD 排放强度	%	下降 35
	18	单位工业增加值工业固体废物产生量	t/万元	＜0.35
	19	环保投入相当于全区生产总值比值	%	3

3．主要任务与措施

（1）水环境保护。开展北部地区地下管网调查，全面完成居民生活污水和工业生产废水的截污纳管，推进商住楼二级生化处理设施的纳管改造。完成虹口港翻水泵站建设，推进城市径流污染控制。对分流制系统泵站进行旱流截污，对混接地区进行雨污混接改造。将市政泵站纳入污染源监管体系，对泵站放江量和放江水质进行监控。推行在线监测，加强对工业废水预处理的管理，确保废水稳定达标排放。通过技术改造，将曲阳污水处理厂排放标准由二级提高为一级 B 以上标准，加强污水处理厂污泥无害化处置和脱氮除磷工作措施。

（2）大气环境保护。加大能源结构调整力度，推广使用清洁能源，全面实施清洁能源替代，力争创建“无燃煤区”。加强大气环境重点企业监管。对可不外迁重点监管企业推进清洁生产，对工业锅炉、炉窑逐步实施低氮燃烧技术改造，实施更加严格的排污收费政策，推动排污企业自觉控制二氧化硫、氮氧化物、VOCs 的排放。通过监测加强建筑工地、道路等场所的扬尘污染控制。坚持公交优先，实施机动车限行，规定重型运输车运输路线和时段。公交行业国Ⅲ标准以下车辆全部更新为低排放车辆，在用车逐步更换为清洁能源车辆。严格审批新建项目，督促餐饮业定期清洗和更换设备。

（3）声环境保护。加强固定源噪声日常监管以及新型噪声源的治理，对重点区域、重点项目等实施专项监测与报告制度。严格夜间施工作业的审批，道路管线施工过程中，推广采用移动式隔声棚作业方式。加强道路交通噪声监管和交通干线噪声敏感点的综合整治，加强机动车、非机动车禁鸣执法。重点实施市政道路交通噪声防治措施，通过规划拆建、设置缓冲带、安装防噪声设施、房屋功能转换等措施逐步解决交通噪声扰民现象。创建市级安静居住小区 2 个。

（4）固体废物综合利用和处置。完善生活垃圾的分类收集，健全废品回收渠道，提高资源化利用率。加强多功能的集装箱压缩中转站运输系统建设，提高渗滤液、臭气治理水平。加强产生源单位固体废物分类收集、贮存的规范性。通过推进清洁生产审核、促进循环经济，淘汰落后产能。完善危险废弃物监管与风险防范体系，对重点产生源单位进行危险废弃物审核和清洁生产审计。加强对废机油、电子废物、有毒有害重金属废物等危险废物的资质回收，严格执行"五联单制度"。加强对医疗机构的监管力度，确保辖区内所有医疗废弃物实现规范化收集处置。

（5）环境安全监管。加强辐射监管力度。按照市区两级职责分工，形成有效的联动监管机制，对区内 41 家有放射性同位素、放射源及射线装置单位严格监管。构建区级环保应急指挥中心并纳入区应急指挥系统。加强危废、辐射及其他突发事件应急处理能力建设，建立健全危险废物、辐射污染事件应急预案与响应体系，提升应急处置环境突发事件现场决策能力和水平。建立危险品 GIS 预警预报系统，逐步实现对重点环境风险源的常态化监管、全过程管理。

（6）生态城区建设。通过建设屋顶绿化、立体绿化，新辟公共绿地，优化行道绿化，提高绿化覆盖率。推进"一区一街一圈"重点区域的生态环境建设，将低碳理念融入北部新建居住区的规划中。加快产业结构调整步伐，推动北部地区产业升级和能耗高、污染重的重点监管企业向工业园区搬迁。加强节能环保领域的国内外合作，通过技术和机制创新，减少碳排放，发展低碳经济。创建低碳生活的实验区、绿色人居的示范区、国家卫生城区。

4．保障措施

（1）完善协调推进机制。充分发挥区环保三年行动计划领导小组的组织协调作用，建立项目任务执行情况跟踪制度与协调推进例会制度，形成条块结合、分工负责推进各项工作的格局。继续把项目的实施情况纳入各级领导班子和领导干部综合考核评价体系。落实企业环保违法信息强制公开制度，推进企业环保诚信体系建设。

（2）强化污染减排体系建设。设立辐射监管机构，提高本区辐射监管与应急处置能力。组建虹口环保信息中心，提升本区环境管理和决策水平。积极开展环境监测、监察标准化能力建设，提高环境应急预警和现场快速监测决策水平。

（3）强化污染源头防治。强化环境影响评价和“三同时”制度，严格执行“批项目、核总量”，推进工业企业向市工业园区集中。大力发展循环经济，推进清洁生产。通过限批、限期治理和联合执法等手段，严厉打击违法行为，加快淘汰污染较大的落后生产工艺和企业。

（4）深化环保科研引领。重点围绕我区“一区一街一圈”发展战略，开展相关区域低碳发展、生态建设课题研究，鼓励产业园区开展对可再生能源、废物综合开发利用。推进上海节能环保综合服务区建设，充分发挥花园坊节能环保产业园引领示范作用，加快培育节能环保产业市场，形成节能环保服务业集聚区。

（5）完善环境经济体系。加大政府在污染减排、环境基础设施、环境监管能力等公益事业方面的投入。推行环境经济政策，尝试建立“超量减排”激励机制，建立排污权有偿使用和转让机制。采用“以奖代治”、“以奖代补”等形式，聚焦关键领域和重点项目。积极探索利用绿色税收、绿色信贷、绿色证券和绿色保险等经济手段鼓励排污企业降低污染物排放和降低环境风险。

（6）加大环保宣传力度。尝试与小型非营利环保组织合作，扎根社区与基层，构建有利于政府管理与“背后”主导的宣传教育机制。发挥环境教育基地作用，继续开展各种绿色创建、安静居住小区创建、污染减排等实践行动，倡导低碳生产、生活和消费方式。加大环境信息公开力度，强化重大决策和建设项目审核与审查的公众参与，逐步构建全社会共同参与的环境公共管理体系。

八、杨浦区环境保护与生态建设“十二五”规划

1．“十一五”环保工作回顾

“十一五”期间，杨浦区环境保护和生态建设工作取得了一系列成效。环境质量稳中趋好。环境空气质量均达到国家二级标准，河道综合水质总体改善。区域环境噪声达到国家二类标准。全区绿化覆盖率达到28%。全区 27 座雨水泵站基本实现旱流截流，污水纳管率达到 85%。生活垃圾无害化处理率达到 100%，工业固废综合利用率达 98.5%，危险废弃物安全收集与处置率达 100%。累计完成燃煤（重油）锅炉的淘汰与清洁能源替代共 93 台，污染企业关停与搬迁 60 家。建成节能 50%标准的建筑面积近 400 万 m^2，可再生能源利用总建筑面积近 30 万 m^2。累计创建无燃煤街道 7 个、安静小区 13 个、绿色学校 28 个以及区级绿色小区 24 个、市级绿色小区 2 个。创建成为扬尘污染控制区、基本无燃煤区，新江湾城街道被评为“联合国环境友好型城区建设”示范项目。

但是，当前长宁区存在的主要环境问题仍要引起重视。扬尘污染仍将是主要环境问题之一，汽车尾气、饮食业油烟气、交通噪声与施工噪声等综合性污染问题日益突出。区域内使用、运输和存储危险品企业形成潜在的环境风险较高，对外交通的扩展使危险品运输的频率增加、环境安全事故的概率增加。城市排水系统雨污混接较为严重、旱流截流倍数较低，城市排水系统建设与完善的不确定性因素增加。

2．规划目标和指标

规划目标：到 2015 年，初步建成资源节约型、环境友好型城区。建立起与创新型城区相适应的环境综合决策体系、环境基础设施体系和环境执法监管体系，区域环境安全得到有效保障，区域环境质量得到有效改善，区域可持续发展能力得到有效提升。

表 6-6 杨浦区环境保护“十二五”规划指标

类别	序号	指标	单位	2010 年	2015 年	类型
总量控制	1	工业化学需氧量（COD）排放量	t	513.5	462.1	约束性
	2	工业氨氮（NH_3—N）排放量	t	78.1	70.3	约束性
	3	城市污水截污纳管率	%	85	90	约束性
	4	二氧化硫排放总量	t	436.8	0（不含电厂）	约束性
	5	氮氧化物排放量	t	246.4	246.4	约束性
环境质量	6	地表水环境功能区达标率（市控断面）	%	73	85	预期性
	7	环境空气质量优良率	%	89.9	90	预期性
	8	区域降尘量	t/（km^2·月）	8.5	9	预期性
污染控制与环境安全	9	危险废物和医疗废物集中处置率	%	100	100	预期性
	10	重点监管企业污染稳定达标排放率	%	98.5	100	约束性
	11	工业固体废弃物综合利用率	%	98	98	预期性
	12	人均公共绿地面积	m^2	4.08	4.32	预期性
	13	人均生活垃圾处理量	万 t	34.7 万 t	20	预期性
优化发展	14	单位生产总值能耗下降率	%	“十一五”累计下降 23.8%	完成市政府下达目标	约束性

3. 主要任务和措施

（1）水环境保护。完善水环境基础设施。全面消除排水系统空白点，提高低标排水系统，完成新江湾城、大定海等排水系统建设，推进丹阳路等 24 条道路的排水管网改造。对分流制系统泵站进行旱流截污，推进雨污混接地区进行改造。完善直排企业污水集中处理设施，进行脱氮除磷或中水回用的升级改造。运用加大引清调水力度、建设生态护岸和生态生物修复等措施治理河道。加强水污染源监管。将氨氮、总氮和总磷列入常规监测计划，对市政泵站的水质和水量实施监控。

（2）大气环境保护。深化扬尘污染防治。完善扬尘污染防治举措，深化文明施工管理，加快堆场和搅拌站的淘汰力度，全面推进环保型混凝土搅拌站的达标建设。推进清洁能源替代。强化煤改气（电）的清洁能源替代，加快燃煤浴室锅炉改造力度，力争全面完成区内燃煤（重油）锅炉的清洁能源替代。创建 2～4 个无燃煤街道。开展 VOCs 控制，推进喷漆、印刷、造船等行业挥发性有机污染物的综合治理。加强大气污染源监管。全面淘汰 2005 年以前注册运营的黄标车。

（3）一般固废处理与噪声污染防治。推进生活垃圾的高效处置。推进全区菜场生活垃圾的减量化。完成分类收集、分类运输、分类处置的作业体系；健全生活垃圾分类收集与中转系统。优化生活垃圾物流组织系统，推进垃圾运输全面转变为中转压缩、集装化运输，由社会零散管理向专业化、规范化管理转变。逐步推行建筑垃圾的减量化与回收利用。推进工业固废的源头减量，提高工业固废的综合利用水平。严格夜间施工审批制度。通过规划拆建、设置缓冲带、安装防噪声设施等措施逐步解决城市交通噪声扰民现象。创建“安静居住小区”8～10 个。

（4）危险废物与辐射污染防治。建立并完善重点风险源的电子台账，加强中学、高等学校、事业单位实验室、各类医院的危废及辐射放射的管理；完成重点风险企业应急预案评估，建立并完善车间、企业、区域三级应急预案体系与应急防控体系。推进风险单位的全过程监管和规范化管理，完善重大项目的环境风险评估机制，加强产生危险废物与辐射工作单位的中后期监管。推进风险企业应急设备的更新改造，指导建立环境应急物资储备。健全风险隐患排查的联动检查机制。

（5）区域环境综合整治与生态建设。新江湾生态保育。严格实施《新江湾城低碳生态城区建设导则》和《新江湾城社区绿色建筑建设导则》，新建三级沉淀和二级净化的活水公园，推进泵站的中水回用改造与建设。完善“生态源”等绿地网络系统。推进滨江带污染整治。推进企业技改项目增产不增污以及化工、医药等行业调整退出，实施滨江区域搬迁污染企业的土壤修复试点。推进第三产业污染防治。推进五角场商圈等区域餐饮业油烟气设施改造和综合整治试点。跨界区域环境污染防治。建立区域联防联控机制，有效应对新江湾城低频噪声应急监测和中原地区石化行业异味监测，推进小吉浦河的生态修复与污染整治。区域生态景观建设。打造五大功能区特色绿化建设，“一环一网三廊”的布局和水系景观初具规模。

（6）低碳发展与循环经济建设。重点抓好建筑增量节能控制和存量节能挖潜。新建居住与公共建筑全面达到节能 50%标准，推进新建居住建筑 70%以上达到建筑节能 65%。办公、商业等公共建筑 20%以上达到建筑节能 65%。以商务办公楼宇节能改造为重点，大力推进合同能源管理。每年推进 3～5 家单位实施 ISO 14001 认证。创建绿色小区 30 个，创建绿色学校 10 个。

4．保障措施

（1）创新环保体制机制。探索与建立重心下沉的街道环保考核机制，强化企业环保社会责任机制。建立健全多部门协调的综合决策机制，强化环保职能设置，深化长效管理机制，从各方面创新环保体制和机制，提高服务发展的水平。

（2）加大政府资金投入。加大配套经济政策力度，完善燃煤（重油）锅炉的清洁能源替代补贴政策、加大污水纳管、超量减排、产业调整、废物回收利用的补贴力度；推进排污许可证制度，积极探索绿色信贷、责任保险等环保手段。

（3）加大环保宣传力度。持续开展环境宣传“五进”活动，加强对政府部门的环境宣传培训力度、发挥“三区联动”的优势，推进大学生、社区居民环保志愿者队伍建设。

九、宝山区环境保护“十二五”规划

1.“十一五”环境保护工作回顾

“十一五”期间，宝山区环境保护工作取得了一系列成效。①基础设施日趋完善。“三横一纵”污水收集干线体系基本形成。6 个保留工业区基本完成污水管网建设与企业截污纳管工作，城镇污水纳管率从“十五”期末的 40%提升到 80%。全区生活垃圾无害化处理率达 100%，危险废物、医疗废物得到集中安全处置。2009 年底，全区化学需氧量和二氧化硫排放总量比 2005 年分别削减了 34.2%和 69.5%。②监管能力全面强化。通过产业结构调整、污染治理与截污纳管等主要手段使企业污染指数从 2005 年的 4 680 点下降到 2009 年的 4 025 点，关停转迁污染企业 86 户。依托网格色标管理，完成全区 150 个网格中 56 个网格 162 项具体整治项目，57 个网格共 100.35 km^2 区域环境等级得到善。建设环境管理系统平台，实现全区 38 套水质重点源和 61 套家烟气重点源的在线监测和 5 个地区的视频监控。③环境质量稳中有升。2009 年全区环境空气优良率达 87.7%，较 2006 年上升了 6.1%；区域降尘量由 2005 年的 13.5 t/（km^2·月）降至 2009 年的 10.5 t/（km^2·月）；水环境质量整体保持稳定呈趋好态势，水质黑臭现象得到遏制。生态建设力度持续加大。建成了环区步道、顾村公园一期等集中绿地，绿化覆盖率达 41.5%。共创建绿色小区 102 个，绿色学校 10 所，环境友好型机关 22 家。顾村镇、庙行镇创建成功国家环境优美乡镇。

但是，当前宝山区存在的主要环境问题仍需引起重视。一是重点区域环境问题尚未根治。全区仍有 18 个网格为重、中污染区域，环境问题突出。南大地区厂群混杂，皮革和危化仓储企业集聚、环境污染严重、安全隐患突出，与周边城区环境形成巨大反差。二是重点流域环境问题依旧突出。骨干河道蕰藻浜水质污染较为严重，功能布局混乱，堆场码头、搅拌站密布，粉尘噪声污染严重，与滨江发展带腹地的功能定位极不相称。界泾、杨泾等区界河道污染顽症频发。三是重点行业的污染总量依然巨大。区域产业结构偏重，工业污染源排放的各种污染物总量巨大，仅钢铁行业的烟粉尘和固废排放总量就分别占全市的 33.4%和 49.2%，严重超出了区域环境承载能力。四是规划型环境矛盾长期困扰。由于历史上的规划布局不合理，功能定位不明，部分区域企居混杂、生产与生活无隔离的现象严重，居住环境质量较差。

2. 规划目标与指标

规划目标：到 2015 年，基本实现污染全过程预防与控制，基本完成重点地区环境综合整治，基本达到上海市中心城区环境质量主要指标要求，有效保障区域环境安全，基本建成基础设施完善、生态环境良好、城乡协同发展的滨江宝山。

表 6-7 宝山区“十二五”环境保护规划指标

类型	指标	现状值	2015 年目标
污染全面防控	“十二五”污染物总量控制	—	完成市下达任务
	城镇污水截污纳管率（%）	70	90
	产业区块污水处理率（%）	70	100
	农村生活污水处理率（%）	30	70
	污染在线监控设备（套）	104	120
	辐射源实时监控覆盖率（%）	0	100
	清洁生产审计（企业数）	20	＞50
环境优化发展	万元工业增加值 COD 排放强度	—	下降 15%
	万元工业增加值 SO_2 排放强度	—	下降 15%
	吨钢 COD 排放强度（kg）	0.016	0.013
	吨钢 SO_2 排放强度（kg）	0.55	0.44

类型	指标	现状值	2015 年目标
生态持续发育	骨干河道水环境功能区达标率（%）	45.5	60
	API 优良率（%）	87.7	90
	区域平均降尘量[t/（km^2・月）]	10.5	8
	区域环境噪声昼/夜达标率（%）	94/75	95/80
	绿化覆盖率（%）	41.5	42.5
	人均公共绿地面积（m^2）	21	24.5
	国家级生态镇（个）	3	4
	市级生态村（个）	0	6
全民共建共享	区域环保投资占区增加值的比例（%）	3	3.5
	低碳示范园社区（个）	0	2
	环境友好型单位（个）	180	300
	公众对环境改善的满意度（%）	91	94

3. 主要任务和措施

（1）水环境保护。保障饮用水安全。加强饮用水水源保护区的监管，建设饮用水水源地的水质监控体系，提高监控能力。完成水源保护区内现有风险源的结构调整与治理，关闭水源保护区内排污口，削减和控制污染物排放总量。对水源保护区内已停用的垃圾填埋场和废弃的污染企业用地开展生态修复。完善污水收集处理系统。推进二、三级管网建设，工业集中地全面实行截污纳管，加大对纳管工业污水预处理设施的监管；提高城镇污水纳管率，对城镇雨污混接管网和泵站进行改造，推行雨污分流，削减泵站污染负荷。开展蕰藻浜流域整治。通过截污纳管、产业结构调整、生态修复等手段，大幅削减排入河道的污染物。促进沿岸企业和堆场的转型或撤离，开展河道两侧护岸的生态再造，培育滨水现代化服务业。建设流域水质在线监测系统，增强流域水污染防控能力。开展区与区界河污染控制。与相关区的水务及环保部门协同开展界泾、杨泾等界河以及流经区界河道的污染防控工作，分批实施污水收集和治理工程。

（2）大气环境保护。对电力、钢铁等行业全面实施二氧化硫、氮氧化物及烟尘监控。巩固电厂脱硫设施的稳定运行水平，对宝钢烧结机实施烟气脱硫，对部分燃煤发电机组的烟气脱硫设施进行升级改造；推行高效除尘技术，提高燃煤电厂及工业窑炉废气除尘效率，削减颗粒物的排放；推进燃煤电厂低氮燃烧技术改造，逐步实施烟气脱硝。开展 VOCs 排放总量控制工作，减少有机废气的无组织排放，实施有机废气的回收及集中处理。推进 POPs 污染控制工作，在宝钢建立二噁英、POPs 等污染控制试点工程。完善扬尘污染控制区的长效管理机制，巩固扬尘污染控制成果，确保区域降尘及 PM_{10} 浓度指标的进一步下降。采取引导和鼓励的方式，提高农作物秸秆的综合利用率，严格控制秸秆露天焚烧。

（3）工业污染防治。产业结构调整方面，整体淘汰皮革行业，全面关停工业集中地块以外的化工、电镀等能耗高、污染重的企业；控制家具制造、塑料橡胶制品行业的发展。重点地区整治方面，基本完成南大地区环境综合整治，调整规划功能，关停危化企业释放土地资源，以开发带动整治，最终实现南大地区环境的彻底改善。深化吴淞工业区环境长效管理，依托整体功能转型，逐步改变城市围绕工业区发展的不合理格局；加大产业结构调整力度，严格企业准入，深入推进污染减排。工业区和重点污染源环境监管方面，加强工业区环境管理，完善工业区环境管理组织体系。强化环境监测、监察和监管联动机制，深化基于企业污染指数的环境分类管理措施。推进重点企业强制性清洁生产，继续建设和完善重点污染源在线监测、监控系统，强化对重点污染企业的全过程防控。充分运用法律、经济、行政、技术手段，实现区域 EPI 持续下降。

（4）环境安全保障。完善辐射管理体制，逐步形成有效的辐射安全监管模式。健全移动辐射源监管机制，加强放射源移动探伤与辐照行业监管力度。强化辐射监管队伍与硬件设施的建设，建立核技术利用单位的电子化信息库，加强监测、执法和应急处置能力。加强医废、危废产生源管理，实施重点监管企业“一厂一档”动态管理。加快危险废物收集和转运体系建设，开展宝钢、医院等重点单位危险废物的现场核查。继续完善环境质量和污染源在线监测监控系统，完成环境事故应急响应系统和“12369”环境信访系统建设，深化数据中心功能，建设环境综合管理平台，强化信息化辅助决策能力。

4．保障措施

（1）巩固环保体制机制，强化环保责任制度。完善左右协调、上下联动的环境保护工作推进机制。依托环保三年行动计划，加强环保工作的规划统筹、服务指导和协调监督，完善镇街环境管理责任体系。健全环境保护绩效评估和领导干部考核机制，深化区域网格色标环境管理体系和企业污染指数管理体系，建立环境问责制，对镇街、企业评优创先活动实行环境保护“一票否决”。强化污染减排责任制，健全污染减排指标分解和跟踪考核机制，推进企业环保诚信体系建设，落实企业环保信息强制公开制度。

（2）加大政府财政投入，完善环境经济体系。“十二五”期间，环保投入占全区生产总值比例达到 3.5%以上。将环保投入纳入各镇街、园区财政支出的重要内容，加大政府在污染减排、环境基础设施、农村环保、水源地保护等方面的投入。开拓资金渠道，引导社会资金投入环境保护和建设。推行有利于环境保护的经济政策，强化市场机制推进污染治理，完善污染减排激励机制。

（3）提高环境监管能力，加强环境执法监督。完善覆盖全区的环境监测与评估体系，动态反映环境质量。完善区域污染源在线监控系统，动态监视排污总量。建成环境综合管理平台，及时把握环境容量。完善区域环境信访和环境应急响应系统建设，及时处理环境冲突。加大环境执法力度，通过区域和行业限批、限期治理和联合执法等手段，打击各类违法行为，加快淘汰污染严重的落后生产工艺和企业。

（4）深化环保科技引领，注重污染源头防治。重点加强区域性灰霾、交通污染和持久性有机污染物等复合性环境问题研究，提高环境科研在综合决策、环境质量改善等方面的贡献。完善环境影响评价制度，加强规划和建设项目环境影响评价。严格实施环境准入制度，加快工业区环境保护规范化建设与管理，推进工业向工业园区集中。大力发展循环经济，推进清洁生产，从源头上预防和减少污染产生。

十、闵行区生态建设环境保护“十二五”规划

1.“十一五”环保工作回顾

“十一五”期间，闵行区环境保护工作取得了一系列成效。①环境基础设施不断完善。污水收集处理系统覆盖了各镇（街道）及工业园区，1 283 家污染源单位完成截污纳管改造，污水收集处理率提高到 82.5%；生活垃圾无害化处理率达到 98%。②环境综合整治取得突破。完成 2 900 条段河道综合整治，村宅河道整治率达到 95%，拆除或清洁能源替代燃煤锅炉 50 余台。实施吴泾工业区环境综合整治，累计关停企业（生产线）50 项，完成污染治理 42 项，动迁居民约 2 500 户。③生态建设持续推进。新建绿地 500 多 hm^2，城区绿化覆盖率达到 39.5%。有 7 个镇创建成“全国环境优美乡镇”、“绿色小区”和“绿色学校”比例分别达到 40%以上和 35%以上。④循环经济稳步推进。形成 1 家国家级、3 家市级、79 家区级的循环经济试点单位建设格局，307 家企业通过 ISO 14001 环境管理体系认证。⑤环境质量稳中趋好。全区地表水质基本保持稳定且总体好转，氨氮、总磷等主要污染物逐年下降；环境空气质量优良率逐年上升，2010 年达到 92.1%。先后获得“国家生态区”、“全国绿化模范城区”等荣誉称号，2009 年被国家环保部列为“生态文

明建设试点区”。

但是，当前闵行区存在的主要环境问题仍要引起重视。一是环境基础设施有待完善，污水收集系统还存在盲区，污水处理厂处理能级和污泥规范化处置有待提升，生活垃圾分类收集处置系统有待建立、健全。二是环境风险日益突出，部分区域居住区与工业区、市政设施交错相邻，布局性、结构性环境矛盾突出；区内化工、辐射、危废等环境风险企业比例较高。三是污染减排压力增大，工业废水排放减量、中小锅炉清洁能源替代和产业结构调整任务艰巨。四是环境管理能力相对不足，现有的环境监管手段、能力及人员配备，无法适应量大面广的环境监管要求。

2．规划目标和指标

规划目标：到2015年，生态建设与环境保护工作继续走在全国前列，“生态文明试点区”建设深入推进，基本形成生态文明建设的形态体系。主要污染物排放得到有效控制，生态安全得到有效保障，环境质量得到有效提升，建成与中心城区拓展区相适应的生态功能布局和环境基础设施体系、环境综合决策和管理体系，推动城区向低碳化转型发展。

表6-8　闵行区生态建设和环境保护“十二五”规划指标

类别	序号	指标	单位	2010年实现值	2015年目标	类型
污染减排	1	COD排放总量削减率	%	—	10	约束性
	2	NH_3-N排放总量削减率	%	—	10	约束性
	3	SO_2排放总量削减率	%	20	48以上	约束性
	4	NO_x排放总量削减率	%	—	排放总量与2010年基本持平	约束性

类别	序号	指标	单位	2010 年实现值	2015 年目标	类型
生态安全	5	全区污水收集处理率	%	82.5	90	约束性
	6	污水处理厂污泥有效处理率	%	—	100	约束性
	7	人均生活垃圾处理量减少率	%	—	20	约束性
	8	工业固废综合利用率	%	94	95 以上	预期性
	9	危险废物无害化处置率	%	100	100	约束性
	10	重点工业企业污染物排放稳定达标率	%	—	100	约束性
	11	规模化畜禽场废弃物资源化利用率	%	85	100	预期性
	12	农田秸秆资源化综合利用率	%	75	95	预期性
	13	新增水域面积	万 m^2	11.4	50	预期性
环境宜居	14	环境空气质量优良率	%	92.1	90	预期性
	15	降尘削减率	%	—	5 以上	预期性
	16	地表水环境质量		基本稳定	主要河道水质不劣于上游来水，且逐年改善	预期性
	17	城区绿化覆盖率	%	39.5	40	约束性
发展优化	18	环保投资指数	%	3.52	≥3	预期性
	19	单位生产总值 SO_2 排放强度	kg/万元	2.8	＜1.5	预期性
	20	单位生产总值 COD 排放强度	kg/万元	1.5	＜1.0	预期性
	21	单位工业增加值工业固废产生量	t/万元	0.24	＜0.20	预期性
意识文明	22	公众对环境的满意率	%	—	≥80	预期性
	23	闵行生态文明建设综合指数		0.55	≥0.6	预期性

3．主要任务和措施

（1）水环境保护。加强饮用水水源地环境保护。加快推进闵行二水厂取水口上移工作，完成黄浦江上游原水连通管奉闵支线工程。对已建老居住小区加快二次供水设施改造。完成一级保护区内现有单位的清拆，关闭二级保护区内排污口，推进准水源保护区内企业污染源的纳管和污染治理工作。完善水环境基础设施。在淀北、淀南、浦东三大水利片外围开展泵闸工程建设。对闵行水质净化厂和闵行区污水处理厂升级改造，出水水质达到一级 B 以上排放标准，强化污泥规范化处置。完善全区污水收集系统和三级管网建设。完成浦江镇、大虹桥、大型居住社区等的污水管网配套工程建设，全面完成市政道路雨污混流点改造。推进河道整治和生态修复。完成小涞港等 9 条骨干河道（段）综合整治。开展村宅河道整治工作，河道岸坡自然植被覆盖率达到 80%以上。建设北横泾、春申湖等景观河湖。强化水环境污染源监管。全面完成城镇地区和工业区直排水污染源的纳管工作，强化纳管企业预处理设施的监管。

（2）大气环境保护。加强二氧化硫及氮氧化物排放控制。优化调整电源结构，加快推进吴泾、闵行燃气电厂建设以及华电莘庄工业区燃气热电三联共改造项目。加快推进 10 t/h 及以下高污染燃料锅炉和炉窑的清洁能源替代改造。继续开展 20 蒸吨及以上高污染燃料锅炉、炉窑脱硫工作，逐步实施低氮燃烧改造。推进颛桥、梅陇、华漕等镇建设基本无燃煤区，新虹街道、七宝镇建设无燃煤区。推进颗粒物排放控制。推进工业锅炉高效除尘，巩固“烟尘控制区”建设成果。完善港区布局，推进淀浦河沿线码头堆场转型。建立多部门联动机制，加强堆场、码头、建筑工地、道路扬尘整治。加强复合型污染物排放控制。推进喷涂行业清洁生产，实施废气集中处理和达标排放。建立化工、涂料、油墨及印刷行业 VOCs 排放大户废气治理示范工程。对机动车尾气污染排放进行检测和控制，严格执行 2009 年新车实施欧Ⅳ标准的规定，党政机关及全额拨款事业单位在用车尾气排放必须达到欧III标准以上。

（3）固体废物综合利用与处置。完善生活固体废弃物收运、处置系统。加快构建城市固体废弃物“大分流、小分类”的全程收运处置系统。完成原吴闵散装垃圾转运码头集装化改建。推进生活垃圾中转站、大型生活垃圾转运码头等废水、恶臭和车辆运输的污染控制。建设闵行区生活固废综合利用处置中心。推进国家餐厨废弃物资源化利用和无害化处理试点区建设。落实关闭浦江等镇简易堆场的安全封场，并开展生态修复。强化危险废物无害化处置。全面实施危险废物管理制度，重点加强危险废物产生单位的“五联单”管理。探索小企业危废集中收集处置模式。规范危险废物收集、贮存和运输，重点加强对危险废物处置企业资质的监管。加强工业固废资源化利用和无害化处置监管。加强新建项目的环境管理，实施固体废物减量化关口前移。通过推行清洁生产，促进循环经济，创建生态工业园，淘汰落后产能，实施源头减量。

（4）噪声与电磁辐射污染治理。深化环境噪声污染防治。通过严格执行环境影响评价制度，提前介入对大型居住社区、交通建设项目等的规划控制措施。加强工业企业、餐饮娱乐场所、建筑施工场地等噪声污染源治理和监管，继续开展噪声达标区、安静小区的巩固和创建。在噪声扰民严重的区域设立自动监测显示屏。完善外环线、沪青平、莘奉金高速等交通干线降噪措施，加强轨道交通 5 号线的降噪设施建设。推进噪声扰民严重道路实施低噪声路面改造，合理设置机非隔离设施，降低路面噪声和机动车鸣号现象。限制城镇化地区大型机动车辆（包括外来车辆）运行的时段、范围和线路。加强辐射污染治理和监管。建立健全放射源的审批、许可、申报和监管机制，规范放射源管理。

（5）工业污染防治。加快推进产业结构和布局调整。严格环境准入，建立以污染总量和强度指标为导向的环境准入标准规范体系。运用规划环评、区域环评等手段，引导区域合理布局和产业科学定位，实现污染源头由单个项目控制向区域控制转型。通过政策引导，推进工业企业向工业园区集中。加快推进工业区块外重点区域内化工石化等高能耗、高污染企业的调整退出。严控“两高一资”产业发展，加快劣势分散小企业“关停并转”。提升工业区环境建设水平。完善工业区块污水收集管网建设，扩大莘庄工业区、吴泾工业区集中供热范围。开展工业地块的区域环评或跟踪评价，推进闵开发、漕开发、紫竹等工业园区开展循环经济和生态建设工作。深化吴泾工业区环境综合整治，推进江川老工业基地升级改造。加强工业企业环境监管。重点推进五大重金属污染行业和七大产能过剩行业的清洁生产审核，推进循环经济示范项目建设。实施企业排污许可证，加强企业污染排放控制和管理。

（6）农业与农村环境保护。加强农业污染防治。推进种植业结构调整和优化，加大高效低毒农药和生物农药及有机肥推广力度，普及农产品标准化生产技术，严格农业投入品的监控。结合“种养结合”试点探索秸秆的资源化利用，推进化肥、农药包装废弃物的回收利用。推进浦江生态精品农业产业园区建设。推进浦江镇 74 家生猪散养户综合治理，完成标准化畜禽养殖场建设，推进种养结合、循环利用生态示范工程建设。推进农村环境综合整治。实施生活垃圾集中收集处理、村内河道疏浚、生活污水处理等十二大工程，落实村庄改造长效管理机制。加快城中村改造，建设外来人口集中居住区，配备垃圾收集点、公共卫生厕所等生活设施和环境基础设施，进行规范化管理。

（7）生态绿化建设和土壤污染防治。完成外环生态专项以及林海公路、吴泾化工区等公共绿地建设，新建古美公园等 1～2 座，建设单位、居住区绿地 100 hm^2，发展立体绿化 25 hm^2。推动浦江镇郊野公园等重点林地项目建设，推进浦江生态公益林基础设施建设和中幼林抚育。营造自然的生态系统，减少后期养护，研究启动生物多样性监测工作。开展全民义务植树活动和野生动物保护活动。开展全区土壤污染本底调查，完成基本情况普查。根据土壤污染调查结果，确定土壤污染重点区域，开展 1 个示范点修复。开展土壤重金属、农药残留等的动态监测，将土壤污染的长期监测面数量扩展到 15 个。

（8）生态文明意识培育。加强宣传教育。充分利用电视、报刊、网络等传播媒体，广泛开展多层次、多形式的生态文明知识宣传教育，及时报道和表扬先进典型，公开揭露和批评违法行为，营造浓厚的生态文明建设氛围。拓宽公众参与的领域和途径，提高生态文明建设工作的公众参与度。壮大志愿者队伍，加大志愿者队伍的建设力度，提升志愿者队伍的整体素质，引导全民参与生态文明建设。深化生态创建。积极开展生态镇（村）、环境友好小区、绿色学校、花园单位等建设工作。巩固创建成果，完善生态创建的长效管理机制。根据《闵行区建设生态文明规划》，建立统一协调的领导组织体系和推进机构，制定建设生态文明工作方案，推进生态文明建设试点区。

4. 保障措施

（1）加强组织领导。健全“两级政府、三级管理”的环保管理组织领导体制，完善“左右协调、上下联动”的综合协作机制，重在落实责任和形成合力。强化各镇、街道、莘庄工业区环境保护机构，充实基层环保队伍。强化闵行区生态文明和“环保三年行动计划”推进机制，深化各级政府领导班子和干部考核体系中的环保指标，加强考核结果在干部选拔任用和奖惩工作中的运用。建立问责制，评优创先活动实行环境保护“一票否决”。

（2）加强监管能力建设，完善环保、水务、绿化监督管理体系。加强环境监测、监察、辐射监督、信息、宣教能力建设，建成集环境监测自动化、信息化、网络化和应急指挥监测中心等为一体的环境监测监控中心。完善部门间协作机制，提高预警监控和应急反应能力。加大环境执法力度，保障环保法律法规和政策措施的贯彻落实。

（3）加大生态建设与环境保护资金投入。全区生态建设与环境保护投资总额要保持在 GDP 的 3%以上。探索社会化投资模式，采用多种融资方式进行生态环境建设，按照“谁投资、谁经营、谁受益”的原则，争取包括市政府投资、银行贷款、社会集资等的多方筹资。

（4）深化环境经济政策调控机制和手段，建立有利于产业结构升级和反映环境成本的环境经济政策体系。完善节能减排与环境保护专项资金使用办法，加大环境质量改善、污染减排、环境监管能力建设等方面的投入力度。制订财政和金融税收优惠政策，优先引进符合发展导向的优势产业和补链产业。健全水源保护区和农村环境保护的生态补偿、财政补贴和转移支付机制，探索污染排放总量有偿使用等新机制。逐步提高排污费征收标准，扩大排污收费范围。

十一、浦东新区生态环保及减排“十二五”规划

1.“十一五”环境保护工作回顾

“十一五”期间，浦东新区环境保护工作取得了一系列成效。①生态建设和绿色创建不断推进。完成滨江森林公园二期工程等绿地 212 hm^2，生态公益林 1.5 万亩。创建绿色学校 120 所、绿色医院 5 所、绿色社区 310 家、绿色家庭 2 120 户、环境教育基地 15 家。创建市级环境噪声达标区 237 km^2、扬尘污染控制区 225 km^2、烟尘控制区 1 094 km^2、全国环境优美乡镇 13 个。②污染减排成效显著。主要污染物排放强度逐年下降，COD 和 SO_2 排放量比 2005 年削减了 24.8%和 76%。完成工业企业整治 509 家、燃煤锅炉脱硫改造 99 家、清洁能源替代 59 家。关闭搬迁规模化畜禽养殖场 39 家，综合治理 50 家。累计完成 6.46 万农户生活污水的收集处理。启动上海金桥再生资源公共服务平台建设，回收电子废弃物 4 万多件。③环境基础设施建设日益完善。完成南汇污水处理厂扩建和临港污水处理厂一期建设，建设污水管线 230 km。城镇污水处理率从“十五”末的 46%提高到 76.9%。④环境综合整治初见成效。完成黑臭河道整治 397 条、新农村河道建设 1 223 条段、万河整治工程疏浚整治 6 658 条段。⑤区域环境质量稳中有升。水环境质量呈现趋好态势，基本消除黑臭河道。环境空气质量一级（优）天数逐年递增，优良率五年均稳定在 90%以上。

但是，当前浦东新区存在的主要环境问题仍需引起重视。大气环境

中酸雨频次逐年增加，灰霾污染趋于严重，挥发性有机污染物日益凸显，垃圾和废水处理市政设施恶臭问题严重，道路交通噪声和航运噪声夜间历年均超标。工业布局性和结构性污染特征明显，部分工业区因规划布局不合理成为群众投诉的焦点，村中厂工业污染矛盾突出。污染范围上将继续从点到面，从城区向郊区农村延伸。生态用地正在急剧减少，生境破碎化突出，区域生态廊道不完善，河流生态、东滩湿地等生态系统受到严重干扰。

2. 规划目标和指标

规划目标：到 2015 年，浦东新区将建设成为“具有生机和活力的、人与自然和谐的、可持续发展的生态文明示范城区”，促进环境质量改善，削减主要污染物排放总量，保障环境安全。

表 6-9　浦东新区“十二五”环保规划指标

类别	序号	名称	现状	2015 年	说明
环境质量	1	空气环境质量	二级	二级	约束性
	2	环境空气质量优良率	92.6%	＞90%	预期性
	3	噪声环境质量	达到功能区标准	达到功能区标准	约束性
	4	水环境质量	劣Ⅴ类	达到功能区标准	约束性
	5	集中式饮用水水源水质达标率	88.90%	100%	约束性
污染减排	6	化学需氧量排放总量削减率	24.15%	10%	约束性
	7	氨氮排放总量削减率	—	10%	约束性
	8	二氧化硫排放总量削减率	78.95%	41.13%	约束性
	9	氮氧化物排放总量削减率	—	2010 年水平	约束性

类别	序号	名称	现状	2015年	说明
环境安全	10	城市污水集中处理率	85/68%	≥85%	约束性
	11	工业用水重复率	79.50%	≥80%	约束性
	12	污水处理厂污泥处理率	—	≥85%	约束性
	13	人均生活垃圾处理量减量率	—	25%	预期性
	14	生活垃圾无害化处理率	95%	100%	约束性
	15	医疗废物集中处置率	100%	100%	约束性
	16	危险废物无害化处置率	100%	100%	约束性
	17	工业固体废物处置利用率	93.88%	≥90%	约束性
	18	环保重点监管工业企业污染物排放稳定达标率	97%	>95%	约束性
	19	农田秸秆资源化综合利用率	83.5%	≥95%	预期性
	20	农业地区农村村庄改造率	30%	≥40%	预期性
	21	建成区绿化覆盖率	35.3%	≥36%	约束性
	22	森林覆盖率	12.71%	≥15%	约束性
	23	机动车环保检测覆盖率	—	≥80%	约束性
优化发展	24	化学需氧量（COD）排放强度	2.42	<4.0 kg/万元（GDP）	约束性
	25	二氧化硫（SO_2）排放强度	2.36	<5.0 kg/万元（GDP）	约束性
	26	单位工业增加值工业固体废物产生量	0.156	<0.35 t/万元	预期性
	27	环境保护投资占 GDP 的比重	2.7%	3.5%	约束性

3.“十二五”主要任务

（1）水环境保护。保障饮用水水源安全。完成饮用水原水切换，以青草沙水源作为原水供水。完成区域供水集约化，关闭中小水厂 15 座。

实施饮用水水源保护区整治方案。加强保护区违章建筑整治和保护设施建设，制定水源地监控预警、风险控制对策，加强流动风险源的污染防治，强化码头和桥梁等设施的风险管理。完善污水处理基础设施，推进污水纳管。确保到 2015 年城镇化地区污水收集管网全覆盖，污水处理厂出水一律达到一级 B 以上排放标准。开展中心城区河道引清调水、外环林带水系沟通、河道综合整治等工程。完善区域水系沟通，加强生态护岸、景观河道湖泊等工程建设，构建水域生物通道、陆域生物通道。建立滴水湖水质在线自动监测网络，建立滴水湖保护机制体制。开展初期雨水治理，减轻城市径流污染。加强排污企业的监管，全面推进新区水环境重点监管企业在线监测设备安装工作。

（2）大气环境保护。加强中小锅炉及工业炉窑污染治理。新建、改扩建工业锅炉、炉窑必须采用低氮燃烧技术，现有工业锅炉、炉窑逐步实施低氮燃烧。20 t/h 以上的工业燃煤锅炉、1 万风量以上的工业炉窑实施高效除尘，10 t/h 以下的分散燃煤锅炉逐步实施清洁能源替代。对区域内大气环境重点监管企业逐步实施在线监控。控制扬尘污染，外环线以内、城镇等地区列为扬尘重点整治区域，做到控制裸土和运输扬尘，规范道路施工，强化工地监控。强制淘汰不达标车辆，逐步淘汰排污超标的燃油助动车。对部分 VOCs 产生量较大的企业如石化、喷涂等通过工艺改革、替代原材料、更换设备等方式防止 VOCs 泄漏。加强对老港生活垃圾填埋场、黎明垃圾填埋场以及美商生化处理厂臭气的监管，规范垃圾填埋场的作业方法，逐步消除臭气对周边环境的影响。继续开展城镇化地区饮食服务业整治，取缔餐饮业无证经营，从严审批餐饮业新建项目。

（3）固体废物综合利用与处置。提升生活垃圾收集系统，全面实行生活垃圾分类收集，其中 300 个封闭小区做到五分类（增加厨余垃圾），其他地区逐步实行五分类。完善焚烧发电、综合处理、卫生填埋等多种方式合理配置的生活垃圾综合处理系统。扩建黎明填埋场，加快在老港生活垃圾填埋场内建成城镇污水污泥、工业污泥等大宗工业固废集中填埋处置设施，完成老港填埋场一至三期封场和生态修复，对御桥垃圾焚烧厂的污染防控设施进行改造升级。实施清洁生产，从源头削减固体废物的产生量。提高工业废弃物资源化效率，促进一般工业固体废物的综合利用。危险废物的处置纳入全市体系，健全危险废物管理制度，全面实施危险废物全过程管理。区内所有医疗卫生机构全部纳入全市集中收集处置系统。以张江高科技工业园区为试点，启动生物医药研发基地污染治理研究与示范工程。开展电子废弃物专项收集及资源化体系建设。

（4）噪声污染防治。在主要道路、交通干线等两侧设置绿化隔离带。全面开展居住区噪声达标活动，创建噪声达标区，提高噪声达标率。通过用地布局的合理调整，加强对建成区生活噪声的污染控制。严格控制和管理社会生活噪声，公共场所未经许可不得使用大功率喇叭，在娱乐场所的音响不得超过有关规定。严禁在居住区附近和学校附近摆摊和开设市场。在工业区与居住区之间设置绿化隔离带。提高居住区内绿化水平，达到降噪吸声的目的。工业企业各种噪声源必须做到达标排放，各企业生产设备和辅助设备在选型、采购时应考虑使用低噪声、低振动的设备，从源头上控制噪声。

（5）辐射污染防治。建立辐射环境监管专业机构，完善辐射环境监测设备的基础配置，配备足够的专业人员，提高辐射环境管理能力，规范监测手段和方法。建立辐射源数据库，规范放射源的管理。制定放射性物质安全管理制度、放射性物质遗失报告制度和放射性物质遗失应急预案，开展突发辐射事故应急处置演练。采用联单制度，规范放射性物质的运输和处置，做到全过程跟踪、监控和管理。

（6）工业污染防治。以清洁生产抓手，推进节能减排。完善节能管理和节能审计，支持以重点园区、重点产业、重点企业为核心的制造过程能源消耗减量化。提高企业环保“准入门槛”，优先发展低碳、清洁、资源使用效率高的新型产业。把好环评审批关，审批的重点从浓度管理向总量、质量管理转移。新建项目必须获得环保主管部门许可的污染物排放额度后方可开工。推进产业结构调整，对工业园区以外的电镀、化工、制药等不符合产业导向、污染严重的企业实施“关、停、并、转”。对“厂中村、园中村”进行全面调查，对部分高污染、高风险、群众反映强烈的企业予以搬迁或关闭，腾出土地综合开发；对部分村民实施搬迁安置，远离污染物的侵害。加强企业的综合整治，减少污染物的产生与排放。

（7）农业与农村环境保护。实施村沟宅河的综合整治，基本消除河道黑臭现象。加快生活污水生物处置设施建设、生活污水化粪池建设、河道疏浚整治和污水纳管建设四大工程。改造农村生活垃圾收运系统，实行定点投放、定时收集、定向处置。对中小型养殖场、散养户进行全面拔点、归并、治理。建立畜禽养殖业产业区划，即控制养殖区、适度养殖区、过渡养殖区。建立和完善有机肥中心，提高畜禽养殖废弃物资源利用率与达标排放率。大力推广绿肥种植和有机肥种植，逐步扩大测土配方施肥技术的运用范围，减少化肥施肥量。推广绿色植保技术、加强植保统防体系建设。推进农业废弃物循环利用示范，结合畜禽粪尿生态还田工程，推进规模化畜禽养殖场沼气综合利用。

4．保障措施

（1）完善管理制度。实施环境质量领导责任制、环保目标责任制、进展情况的跟踪评估，评优创先活动实行环境保护“一票否决”。落实鼓励扶植和调整搬迁政策。制定推进建设生态区和生态文明示范区的相关鼓励政策，建立高能耗、高污染企业搬迁补偿或行业的转换基金，促进产业结构调整。开展 COD、SO_2 等排污权交易试点，落实公益林生态补偿指导意见，探索对老港垃圾填埋场、饮用水水源地、工业企业限制区等区域生态补偿机制。建立新区的绿色核算，积极推广专业规划环评。

（2）加强技术支撑。建立环境保护科技支撑体系，加强对水、大气、土壤、噪声、固体废物、农业面源等污染防治和环境管理机制体制的研究。完善以环境科技为基础的科学决策机制。增强综合决策所需的机构安排和资源配备，建立以环境科技为基础的科学决策机制，建立专家参与管理决策机制。

（3）落实资金支持。环境保护和生态建设方面的投入要逐年增加，全社会环保投入要占当年 GDP 的 3.5%以上。各开发区和镇每年要将环境管理、生态建设资金纳入本级财政计划。发展“环境保护基金”和多元化投资机制，引导社会参与环境保护。

（4）强化监督宣教。提高社会监督能力。实行环境质量公告和情况通报制度、环境保护有奖举报制度、企业环境信息公开制度和环保诚信制度。普及公众宣传教育。打造社会参与平台，建设生态文明教育基地，培育企业社会责任。

（5）推进能力建设。健全环保工作管理网络，完善环保监察管理部门的机构设置和人员配备，形成纵向到底（村、居）、横向到边（远郊地区）的三级管理工作网络。深化环境质量监测能力建设，实现环境质量监测业务领域和监测指标“两个全覆盖”，完善高效的应急响应支持系统。

十二、嘉定区环境保护和生态建设“十二五“规划

1.“十一五”环保工作回顾

“十一五”期间，嘉定区环境保护工作取得了一系列成效。共淘汰劣势企业 834 家，新增脱硫设施 93 家，清洁能源替代 18 家，纳管企业 1 612 家，实现二氧化硫和化学需氧量分别减排 3 714 t 和 15 917 t。环境质量持续得到改善。2010 年空气质量优良率为 92.1%；2010 年区控

断面平均综合水质指数达到 5.5，较 2006 年改善 12.7%；饮用水水源地水质达到Ⅲ类水环境功能区要求。环境基础设施建设日臻完善。新（扩）建成北区、大众二期、安亭二期等污水处理厂，全区污水处理能力达 38 万 t/日。建设嘉定生活垃圾综合处置场，全区生活垃圾基本得到资源化和无害化处置。城市生态环境进一步优化。建成上海汽车城博览公园、远香湖一期、西郊滨江等大型绿地。建成覆盖全区的烟尘控制区和扬尘污染控制区，徐行镇、马陆镇、安亭镇、江桥镇创建成国家级生态乡镇，毛桥村创建全国社会主义新农村建设示范点。

但是，当前嘉定区存在的主要环境问题仍要引起重视。南部地区水环境质量未得到根本改善，北部地区水质有恶化趋势，道路施工、建筑工地和堆场扬尘污染较严重，农村环境基础设施建设和环境管理工作薄弱。环境基础设施建设滞后，污水处理厂污泥未得到妥善处置，污染减排形势依然十分严峻。生活垃圾无害化、减量化处置能力不足。部分地区工业企业和居民住宅区布局不合理，工业集聚性低，厂群矛盾频发。

2. 规划目标及指标

规划目标：以保障统筹城乡发展和“一核两翼”社会经济发展战略的顺利实施为目标，以“低碳、生态、可持续”为方向，以发展循环经济为驱动，以现代科技和社会生态文明为支撑，以环境保护优化经济发展和推进城市化建设，以改善城乡生态系统品质、维护与发展生态系统的整体功能、提高人民生活质量为目标，形成三次产业融合发展、城市化和产业化融合互进的良好格局，实现“嘉定新城出好形象、产业转型全市率先、社会发展市郊领先”的局面，为嘉定科学发展、可持续发展奠定坚实基础。到 2015 年，初步形成资源节约型、环境友好型城市框架体系。打造“低碳、生态、可持续”的逐步演进型生态宜居城区。

表 6-10　嘉定区“十二五”环境规划指标体系

类别	序号	指标	单位	2009 年现状	2015 年目标	类型
环境质量	1	环境空气质量优良率	%	92.3	90	预期性
	2	饮用水水源地水质达标率	%	100	100	约束性
	3	地表水环境功能区达标率（国控断面，扣除上游来水影响）	%	40	80 以上	预期性
	4	环境噪声达标区覆盖率	%	100	100	预期性
污染减排	5	化学需氧量排放总量削减率	%	-	5～10	约束性
	6	氨氮排放总量削减率	%	-	5～10	约束性
	7	总磷排放总量削减率	%	-	5～10	预期性
	8	二氧化硫排放总量削减率	%	-	5～10	约束性
	9	氮氧化物总量削减率	%	-	10	约束性
	10	VOCs 排放总量削减率	%	-	5	预期性
环境安全	11	城镇污水二级生化处理率	%	79	85 以上	约束性
	12	污水处理厂污泥有效处理率	%	-	85 以上	约束性
	13	生活垃圾无害化处理率	%	92	95 以上	约束性
	14	医疗废物集中处置率	%	100	100	预期性
	15	危险废物无害化处置率	%	100	100	预期性
	16	工业固废综合利用率	%	90.72	90 以上	约束性
	17	重点污染源稳定达标排放率	%	95	95	约束性
	18	规模化畜禽场粪尿生态化还田率	%	参考农委	30	预期性
	19	农田秸秆资源化综合利用率	%	80	85 以上	预期性
	20	建成区绿化覆盖率	%	38.1	38.5	约束性
	21	森林覆盖率	%	10.29	12.88	约束性
	22	机动车环保检测覆盖率	%		80	约束性
优化发展	23	单位生产总值 SO_2 排放强度	%	0.51 kg/万元	下降 35	预期性
	24	单位生产总值 COD 排放强度	%	1.92 kg/万元	下降 35	预期性
	25	单位工业增加值工业固废产生量	t/万元	0.094	＜0.35	预期性
	26	单位工业增加值工业用水量	t/万元	16.6 t/万元	下降 20%	预期性
环境管理	27	环保投入相当于全区生产总值比值	%	3.16（“十一五”）	3	预期性
	28	规划环评综合执行率	%	31%	80%	创模

3. 主要任务措施

（1）水环境治理与保护。落实《上海市饮用水水源保护条例》规定和区水源地保护规划，保障原水供应，防范污染事故风险，对相关区域内违法排污设施进行整治和清拆。一级保护区内不得存在与供水设施和保护水源无关的项目，二级保护区内不得设置排污口、畜禽养殖场、危险品码头等项目。提高污水收集处理能力，加快实现污水纳管全覆盖。新建南翔污水处理厂，扩建安亭、大众、北区 3 座污水处理厂，新（改）建污水管网 192 km。完成安亭、北区、上海大众、南翔等污泥处理厂，完成 2 500 户农村生活污水处理任务。推进河道综合整治，改善河道水质。完成骨干河道综合整治 50 km，重要区域中小河道整治 100 km，沟通水系河道 95 处。加强水质监测。以嘉定主要河流设置断面，新建水质自动站 13 个，完善水环境重点企业在线监控系统。强化对重金属排放企业的监管，将氨氮、总氮和总磷列入常规监测计划。

（2）大气环境治理与保护。加快推进能源结构调整，“十二五”期间全区煤炭消费总量力争实现“零增长”。落实电力和燃气基础设施建设，推进技术升级，燃气供气系统完成旧管网改造，突破目前次高压管网状供应，基本实现环状供应。推进中小锅炉及工业炉窑污染治理与清洁能源替代。新建、改扩建工业锅炉、炉窑必须采用低氮燃烧技术，现有工业锅炉、炉窑逐步实施低氮燃烧改造。11 个工业区块内，20 t/h 以下中小锅炉根据天然气管网建设情况实施清洁能源替代。建立健全挥发性有机化合物（VOCs）控制体系。开展汽车、集装箱等喷涂行业 VOCs 清洁生产示范，实施废气集中处理和达标排放。推广清洁燃油汽车和新能源汽车应用，加快淘汰高污染车，发展免费自行车公共服务系统。

（3）固体废物利用与处置。大力推进生活垃圾无害化处置设施建设。

建成以焚烧为主、处理能力为 1 200 t/d 的垃圾综合处理项目。加快垃圾中转设施配套建设，实施安亭生活垃圾综合处理厂技术改造。建成垃圾分类收集处理系统，基本消除原生垃圾直接填埋。全面关闭区、镇级生活垃圾简易填埋场。对垃圾收集、运输、中转等过程中的污水“线状”滴漏和垃圾渗滤液进行妥善处置。促进生活垃圾减量化，完善垃圾分类收集。推进工业固废资源化利用和无害化处置。加强新建项目的环境管理，实施固体废物减量化关口前移。提高危险废物处理处置水平，建立重点监管危险废物产生企业的固体废物产生申报登记、贮存规范、转运合法和处理处置无害化环境评估及监督管理体系。实施重点监管企业“一厂一档”动态监督管理。探索工业区、工业楼宇危险废物收集试点，规范危险废物收集贮存。强化对危险废物社会化处理处置企业的信息化监控。

（4）工业污染防治与循环经济推进。加大重污染行业或企业淘汰力度。整体淘汰皮革鞣制加工业，外环线以内和 11 个核定工业区块外的化学原料、化学品生产等 9 类能耗高、污染重的行业全部调整退出。逐步搬迁关闭水源保护区内污染大、风险高的企业。完成 11 个工业区块的区域环评或跟踪评价。通过对环境及污染总量现状评估，提出低碳建设与改进总体方案，积极打造资源节约型、环境友好型园区，鼓励各工业区开展循环经济和清洁生产工作，创建生态工业园区。以排污许可为抓手，加强工业企业污染排放动态管理，落实总量控制和节能减排要求。深化排污申报制度和监督检查制度，推动排污企业实施污染物减排。将重金属污染防治防控行业、产能过剩行业作为清洁生产审核重点行业。将水源保护地以及其它环境敏感区域的“双有双超”企业和 SO_2、COD 减排企业作为重点企业，开展强制性清洁生产审核。

（5）农业与农村环境保护。加强农业面源污染防治。推进生态档案农业基地建设，从源头、过程和末端三方面控制化肥农药污染。在华亭镇等重点区域化肥农药减量试点示范，建设农业面源污染防治 BMPs

（最佳管理措施）技术示范体系。强化养殖业污染治理。整治农村畜禽散养，关闭取缔非法畜禽养殖场（点）。规范规模化畜禽养殖污染物达标排放，全面推广畜禽粪尿生态还田技术体系建设。推进畜禽粪尿资源化循环利用，全面实施规模化畜禽养殖场排污申报制度。治理水产养殖污染，建设标准化水产养殖场，配置人工湿地等水体净化工程。加强农村分散中小企业治理与监管，每年关停工业园区外分散小企业 5%以上（不含非保留工业区）。加强农村环境综合整治，包括生活垃圾收集、外来人口管理、村沟宅河整治等。

（6）生态环境建设。形成新城中心区良好生态环境体系。全面推进“千米一湖、百米一林”生态工程建设，建成远香湖、紫气东来等重大生态项目。实施全区绿化建设，优化生态格局。实施北郊湿地、外环线生态带、远香湖等重大生态工程，逐步形成城区森林成片、周边森林围城、通道林网连线、乡村绿树掩映的城市森林生态系统。推广城市屋顶和垂直绿化、桥柱绿化，增加城市绿地面积 600 万 m^2，新建和抚育林地 3.2 万亩，完成“四旁”植树 60 万株，野生动植物种类保持稳定数量增加，综合物种指数有所增加。

（7）噪声污染控制。加强区域环境噪声污染防治。通过区域环评和规划环评提早介入噪声污染的规划控制措施，对各类新建项目严格执行环境影响评价制度。扩大“环境噪声达标区”、“安静居住小区”的创建范围。严格规范夜间施工噪声管理。加强交通噪声治理。在轨交、交通主干道等沿线防噪重点区域，加大防噪降噪工程的建设力度，通过规划拆建、设置缓冲带、安装防噪设施、房屋功能转换等措施，逐步解决城市交通噪声扰民问题。加大机动车禁鸣和防噪降噪措施。

（8）辐射污染防治。完善区级监管体制，建立信息化系统。完善市区两级职责分工，进一步探索更有效的辐射安全监管模式。建立核技术利用单位信息库，形成电子化的监管对象信息。整合辐射环境在线监测网。强化辐射安全执法能力建设。落实本区处置核与辐射事故应急预案。

及时有效处置突发核与辐射事故，最大程度地降低其可能造成的人员伤亡和财产损失。开展电磁污染源整治。开展“十二五”电网发展规划环境影响评价研究，引导新建的输变电设施合理布局。对现有大型广播发射设施进行电磁环境质量调查，并按有关规定划定影响范围，向有关部门或地方政府提出合理建议。

4．保障措施

（1）巩固组织保障机制。完善区协调推进机构，将环境保护和建设放在区政府工作的突出位置，继续发挥区环境保护和建设协调推进委员会的作用。对规划的实施效果和项目完成情况进行跟踪评估。加强跟踪评估和领导干部环保绩效考核，由区政府建立干部的环保绩效考核机制，列入领导干部政绩考核体系。

（2）建立健全财政投入机制。将环境保护和环境建设支出列入区财政预算科目。加大对污染防治、生态修复和环境公共设施建设的投资，提高环保机构经费保障制度，加强排污费资金使用管理，加强环保资金使用效益监督与评估。

（3）完善环境经济政策。发挥价格杠杆的作用，建立能够反映污染治理成本的排污价格和收费机制，试行化学需氧量、二氧化硫等排污权交易。实现环境成本内部化，促进企业减少排污。加大排污费征收和稽查力度，完善排污收费制度。鼓励各类企业参与环保基础设施建设和运营，推进污染治理市场化。完善信贷政策，鼓励银行对有偿还能力的环境基础设施建设项目和企业治污项目给予贷款支持。以华亭镇水源保护区为试点，建立生态补偿机制。

（4）促进环境科技和环保产业发展。促进环保科技创新为提高科技引领和支撑环境保护的能力，全面实施科技创新工程；以提高环境管理和污染防治技术为目标，实施环境技术管理体系建设工程。依托区内高校及科研院所，整合环境科技资源，培养环境科技人才，建设环境科技支撑体系，提升环境科技创新能力。促进环保产业发展，以环境影响评价、环境工程服务、环境技术研发与咨询、环境风险投资为重点，以市场化为主体，积极发展环保服务业。制定发展规划，推进技术进步，规范市场行为，推动环保产业健康发展。

（5）加强环境管理、监测、监察能力建设。建立环境管理综合业务信息平台，提高管理效率和可靠性。完善执法监督体系，提高执法效率。深入开展整治违法排污企业、保障群众健康专项行动，严厉查处环境违法行为和案件。加强危险化学品、危险废物和放射性废物监管，防范环境风险。各级政府和重点企业要制订应急方案，配备必要应急设施，提高突发环境事件的处置能力。建立完善的区污染源在线监测信息管理系统，并纳入全市污染源在线监控网络。

（6）提高公众环保意识。大力普及环境科学知识，实施环保科普行动计划，推广环境标志和环境认证。开展环境优美乡镇、生态村、绿色社区等创建活动，充分发挥群众组织、社区组织、各类环保社团及志愿者的作用。完善公众参与的规则和程序，采用听证会、论证会、社会公示等形式，接受群众监督。

十三、金山区环境保护“十二五”规划

1. 规划目标与指标体系

规划目标：到 2015 年，初步形成资源节约型、环境友好型城市框架体系。建立起环境综合决策体系、环境基础设施体系和环境执法监管体系，使城市环境安全得到有效保障，城市环境质量得到有效改善，城市可持续发展能力得到有效提升。

表 6-11 金山区"十二五"环境保护规划指标

类别	序号	指标	单位	2015年目标	类型
环境质量	1	环境空气质量优良率	%	≥90	预期性
	2	地表水环境功能区达标率(国控断面，扣除上游来水影响)	%	≥90	预期性
污染减排	3	化学需氧量排放总量削减*	%	7.5	约束性
	4	氨氮排放总量削减*	%	7.5	约束性
	5	总磷排放总量削减	%	≥5	预期性
	6	二氧化硫排放总量削减	%	30	约束性
	7	氮氧化物总量削减	%	不突破 2010 年	约束性
	8	VOCs 排放总量削减	%	≥5	预期性
环境安全	9	污水处理厂污泥有效处理率	%	≥85	约束性
	10	生活垃圾无害化处理率	%	≥95	约束性
	11	医疗废物集中处置率	%	100	预期性
	12	危险废物无害化处置率	%	100	预期性
	13	工业固废综合利用率	%	≥95	约束性
	14	重点污染源稳定达标排放率	%	≥95	约束性
	15	绿化覆盖率	%	≥38	预期性
优化发展	16	二氧化硫排放强度	(kg/万元GDP)	≤3	预期性
	17	化学需氧量排放强度	(kg/万元GDP)	≤2	预期性
	18	环保投资占 GDP 比值	%	≥3	预期性
	19	公众对环境的满意率	%	≥90	预期性

*说明：化学需氧量和氨氮排放总量削减主要为农业源削减，工业源不突破 2010 年排放量。

2. 主要任务和措施

(1) 水环境治理与保护。扩建朱泾、枫泾、廊下污水处理厂，增加脱氮除磷设施。完成 100 km 左右的污水管网，实现污水收集总管全覆盖。对镇区、工业区雨污水管网进行全面梳理，防止雨污混流，以减少城市地表径流污染负荷。完成 1.2 万户农村生活污水收集处理。到 2015

年，全区 27 家水环境重点监管企业废水不达标企业全部完成整治。实施引清调水工程，水环境质量稳定达到功能区要求。加强水系沟通，推广河岸修复工程，逐步完善所有河道的护岸建设。取消区级水源地，转为向黄浦江水源地取水。关闭村镇水厂，改为由区级水厂集中供水，实现全区供水集约化。改造城镇供水管网，自来水普及率达到 100%。在水源保护区内的工业企业应搬迁至工业区内，或进行产业转型。加强水质监测能力建设。配备满足水环境监测所需的仪器设备，增设对上游来水主要河流、出境主要河流和工业区周围主要河道的监控断面。

（2）大气环境治理与保护。将大于 4 t/h 且小于 20 t/h 的燃煤/重油锅炉以及大气污染物排放设施作为金山区大气环境重点监管企业，逐步实施在线监控。上海石化应开展特殊因子的重点监测和管理，减少对环境的影响。抓紧治理电厂全部烟气脱硫工作，进一步提高电厂脱硫率。分阶段完成上海石化固定罐储罐改造和油气回收治理工作。金山第二工业区应加大对化工企业废气处理力度，降低排放量。推动工业区内企业采用集中供热体系，实现资源能源高效利用。逐步淘汰关闭工业区集中供热范围内 5 t 以下燃煤锅炉。在防治管理办法基础上，制定更加严格的管理措施，到 2015 年，建设工程全面实施扬尘规范化控制措施。推进高污染燃料清洁能源替代工作，创建全区生活居住区“基本无燃煤区”。强化汽车尾气排放管理，禁止尾气超标车辆行驶；实行在用车简易工况法检测，杜绝机动车辆冒黑烟；严格把好汽车年检关。继续开展城镇化地区饮食服务业整治，重点解决餐饮油烟气扰民问题。

（3）噪声污染治理与管理。完善噪声污染防治机制，重点整治交通噪声污染和规范建筑施工噪声管理。工业区内各企业需选用低噪声设备，采用降振减噪措施，确保厂界稳定达到Ⅲ类标准。对于厂界超标的企业，需采用隔声屏障、消声器等措施。加强交通噪声污染治理，以整治交通干线敏感点为重点，加强机动车禁鸣和防噪降噪措施，缓解居民投诉集中、扰民现象严重的噪声污染矛盾。规范施工噪声管理，合理安排高噪声施工作业的时间，提倡文明施工。

（4）固体废弃物处理与处置。完善生活垃圾收集系统，在全面建成城镇生活垃圾收集系统的基础上，逐步完善农村地区生活垃圾收集系统。大力推进生活垃圾综合利用、焚烧和卫生填埋等无害化处置工作，提高生活垃圾无害化处置率。区内所有医疗卫生机构的医疗废弃物全部纳入市区集中收集无害化处置系统，并建立相应的管理制度。健全、完善并全面实施危险废物管理制度，实行危险废物申报登记制度，重点加强对区县危险废物重点监管企业的监管。加强对产生一般工业固体废物企业的日常监管，各工业园区设立固体废物回收站。

（5）辐射安全控制。以强化能力建设和防范风险为重点，着力建设覆盖全区的网络化、专业化、现代化的核与辐射环境监管体系。主要措施包括：完善监管体制，监理信息化系统；建立核技术利用单位信息库，形成电子化的监管对象信息；整合辐射环境在线监测网；强化辐射安全执法能力建设。

（6）工业污染防治。完成金山卫化工集中区域环境污染整治规划，全面落实管理资金和整治资金，重点解决臭气污染和 VOCs 污染问题。加大金山第二工业区产业结构调整，对设施、设备老化，区域位置等已不适应环境要求的企业，坚决予以拆迁；逐步引导企业进入工业园区。促进企业推行清洁生产，鼓励企业自愿申请和创建。加大城镇工业地块的污染治理力度，推进各镇、工业区污水厂网建设、加快污水纳管。不断完善保留工业区的环境基础设施建设，发展热电联产、集中供热，形成能源梯级利用。重点控制化工企业的环境风险，推进危险化学品企业布局调整。2012 年前，除符合规划和产业导向且满足安全距离要求的企业外，其他非工业园区的危险化学品企业全部实施关停或搬迁。调整危险化学品生产储存使用企业 25 家。

（7）农业与农村环境保护。加强农业面源污染治理，控制辖区内种植业农药化肥减量 5%～10%，针对亭林、廊下等外来人口承包率较高的乡镇，严禁违禁农药的施用，开展农药包装袋专业回收工作。逐步推进种植业集约化经营，构建配套农田秸秆处理系统。推进养殖业污染综合治理。对规模化畜禽养殖污染问题较为突出的朱泾、廊下等镇，采用政府补贴扩建与取缔相结合的手段，对污水粪便处理设施简陋的养殖场展开整治。对于家庭分散养殖较为集中的枫泾、朱泾等镇，取缔敏感区域污染较重的散养户，成立畜禽养殖合作社。试点 2 个规模化畜禽场开展畜禽粪尿生态还田，1 个规模化、标准化畜禽场建设沼气工程。结合新农村建设，加强农村环境综合整治。在山阳、金山卫等外来人口主要聚集地建立流动人口居住中心 2 个，完善污水管网等环境基础设施，确保居住区污水、垃圾得到有效处理处置。

（8）生态保护和人居环境建设。加快拆迁金山卫第二工业区与漕泾化学工业区的隔离林带，种植林带，提高抵御防治化工区污染的能力和水平。种植观景花木及草坪、生态林地，强化花园式城市建设推进工作。加强海塘湿地、海芦苇、滩涂等原生态容量保护。推进生态人居和生态型住宅小区示范建设。创建亭林示范生态社区。构建张堰绿色花园式城镇区空间。金山卫城主城区滨海河道进入宜居河旁景观改造，植入文化内涵，建筑、绿化、水系与人文传统风貌相结合，组成金山滨海特色宜居景观。居社区河旁滨水区社区建筑形态进行高度、样式风格、立面材质、屋顶造型控制。大力倡导低碳生活模式，推广使用绿色建筑技术。建筑节能材料使用。推动社区、城镇区步行道和自行车道系统建设。适当加大轨道方面覆盖社区的力度，提高沿 22 号线城际快轨金山区域站点公交换乘接驳力度，提倡人们出行使用公交系统。在工矿、工业、产业园区内，对公民公共服务所需要提供热能集中供应，能源资源循环使用。

3. 保障措施

（1）优化产业空间布局。从优化产业布局入手，从根本上解决工业发展对生态环境和人居环境的影响。通过建设项目环境许可制度，引导新落户工业项目向保留工业区集中，进入工业园企业应与园区产业定位相一致，并符合园区环境准入条件与环境保护规定。明确工业园区范围与发展方向，引导居住和商业区向非产业区一侧扩展。在工业园区与居住商业区之间建立缓冲区。

（2）加强组织管理。强化区政府及各部门的一把手“亲自抓、总负责”下的联席会议和工作小组制度，建立和完善经济、社会、环境协调发展的综合决策机制。组织监察部门加强督察，推进各项工作按时完成。加强政府各部门间会商制度。实施重要规划与决策的环境保护早期介入。建立厂区环境管理协调机制，加强对金山石化环保监管能力。加强区域间环境保护工作的协调与沟通。

（3）加强环境能力建设。加强监测能力，新建环境监测实验楼，加强对水质、大气的自动监测；建立环境监测实验室信息管理系统和环境监测管理信息综合平台。加强监管和执法能力。逐步建成“区、街道（镇）”的二级环境执法监察机构体系，完善和建立部门、区镇联动的环境联合执法机制。建立区一级环境综合管理信息平台（EMIS），加强环境风险应急处置能力。

（4）加强环境科技保障。建立和完善重点产业的环境准入制度。加大资金支持力度，推进工业企业清洁生产审核工作。建立农业生产的生态档案。在国家、市已有产业政策和技术改造管理政策的基础上，对投资生态工业、生态农业、生态建设项目和社会公益项目等的投资者，在基础设施使用、土地、税费征收以及项目审批方面给予适当的优惠和政策倾斜。

（5）出台环境经济政策。制定相关政策，对企业的清洁生产改造、清洁能源使用、节能减排改造以及循环经济示范园区的基础设施及技术应用研究提供补贴或者低息无息贷款。探索排污权交易等环境经济手段，在石化产业强制先行绿色保险。拓宽环境保护资金来源，区镇二级政府要把环境保护公共设施和环境监管能力建设作为投资重点，纳入财政预算。运用投资和税收等政策杠杆，鼓励民间资本积极参与环境保护建设。

（6）吸收公众参与。鼓励公众听证、讨论及参与重大环境建设项目决策。区人大和区政协作为人民群众的代表积极参与重大决策，并监督环境保护措施的效果。在生态决策与重大项目实施过程中，鼓励行业协会以及其他非政府组织参与。加大世界环境日和环境相关活动宣传力度；深化学校环境教育，开展环保进校园活动；积极开展社区环境宣传教育活动，推进社区环境建设。

十四、松江区环境保护“十二五”规划

1.“十一五”环境保护工作回顾

“十一五”期间，松江区环境保护工作取得了一系列成效。①环保基础设施体系初步形成。污水收集和处理系统基本覆盖全区所有城镇和工业区，全区污水处理能力达到 36.1 万 t/d，较“十五”期末增加了 60%；配套污水收集管网总长度 700 km，生活垃圾无害化处置率达到 83%，农村地区初步形成“村收集、镇运输、区处置”的统一处理模式。危险废物无害化处理能力达到 1.4 万 t/a，医疗废物、危险废物得到集中安全处置。②污染减排超额完成削减目标。新增纳管企事业单位 4 142 家，关停劣势企业 703 家。至“十一五”期末，全区 COD 排放总量为 8 238 t，较“十五”期末削减 52%。③大气环境质量稳步改善，环境空气质量优良率稳定控制在 88%以上。④水环境质量呈现趋好态势，主要水体水质基本保持稳定。⑤15 家企业通过清洁生产验收，200 余家企业通过 ISO 14000 环境管理体系认证。

但是，当前松江区存在的主要环境问题需要引起重视。“十二五”期间，经济和人口总量增长快速，资源消耗结构和产业结构依然不合理，

区域污染物排放总量仍偏大，环境问题将更加复杂。一是传统污染与新污染交存并会，老的污染问题如酸雨、水体富营养化等尚未得到根本解决，灰霾、臭氧等因新污染问题又集中涌现，整体改善的难度较大。二是环境风险压力依旧较大，开放型水源地、工业废水违法排放、危险化学品的使用和处置等仍是影响城市安全的重要因素。三是污染矛盾将继续困扰城市发展，市民环境诉求越来越多，因规划布局不合理造成的污染问题加上一些潜在的污染矛盾逐步显现。

2. 规划目标及指标

规划目标：到 2015 年，初步形成资源节约型和环境友好型城市框架体系。建立与城市发展相适应的环境综合决策体系、环境基础设施体系和环境执法监管体系，主要污染物排放得到有效控制，环境安全得到有效保障，环境质量得到有效提升，城市可持续发展能力得到明显提高。

表 6-12　松江区“十二五”环保规划指标

类别	序号	指标	单位	2015 年目标	属性
环境质量	1	环境空气质量优良率	%	90 以上	预期性
	2	饮用水水源地水质达标率	%	90 以上	约束性
	3	地表水环境功能区达标率	%	60 以上	预期性
污染减排	4	化学需氧量排放总量削减	%	完成市下达指标	约束性
	5	氨氮排放总量削减	%	完成市下达指标	约束性
	6	总磷排放总量削减	%	5	预期性
	7	二氧化硫排放总量削减	%	完成市下达指标	约束性
	8	氮氧化物总量削减	%	完成市下达指标	约束性
	9	VOCs 排放总量削减	%	5	预期性

类别	序号	指标	单位	2015年目标	属性
环境安全	10	城镇污水处理率	%	90	约束性
	11	污水处理厂污泥有效处理率	%	85 以上	约束性
	12	城镇生活垃圾无害化处理率	%	95	约束性
	13	工业固体废物综合利用率	%	90 以上	约束性
	14	医疗废物集中处置率	%	100	预期性
	15	危险废物无害化处置率	%	100	预期性
	16	重点污染源稳定达标排放率	%	95	约束性
	17	规模化畜禽粪便生态还田率	%	30	预期性
	18	农田秸秆资源化综合利用率	%	85 以上	预期性
	19	建成区绿化覆盖率	%	44	预期性
	20	森林覆盖率	%	11.5	预期性
优化发展	21	单位生产总值 SO_2 排放强度	%	下降 10～20	预期性
	22	单位生产总值 COD 排放强度	%	下降 10～20	预期性
	23	单位工业增加值工业固废产生量	t/万元	＜0.35	预期性
	24	环保投入相当于全区生产总值比值	%	3 以上	预期性

3. 主要任务和措施

（1）水环境保护。全力保障饮用水安全。加速供水集约化进程，完成 9 个中小水源地的归并工作。完成车墩水厂二期扩建、松江自来水一厂和车墩水厂深度处理改造。完成黄浦江上游饮用水水源保护区警示标志设立和一级保护区围栏建设，完成一级保护区清拆整治和二级保护区内排污口关闭工作。逐步淘汰饮用水水源地环境风险企业，强化水源保护区内运输船舶等流动风险源的管理。完善水环境基础设施。全面提升污水处理厂出水标准，力争达到一级 B 以上排放标准。新建污水收集管网 100 km，完成工商企事业单位、房产小区污水纳管单位共 2 000 户。推进松江污水厂等两座污泥处置工程建设。以泵站改造为主，推进城市径流污染控制。加强河道整治与生态修复。推进骨干河道整治、界河整治和区镇村三级河道疏浚。控制硬质护岸建设，营造丰富的河道生态景观。加强饮用水水源地的水质监控。加强重点污染源监控。探索污水厂在线监测数据的有效利用。

（2）大气环境保护。加快推进能源结构调整。大力推广使用清洁能源，逐步提高天然气管网覆盖率，老城区做到全覆盖，浦南地区引入天然气管网，松江南部新城区域及佘山等四个大型居住社区采用天然气分布式供能系统。强化重点企业大气污染控制。加强工艺废气污染物排放控制，推进燃煤锅炉、炉窑进行技术升级或改造，每小时6蒸吨以上的燃煤锅炉实施脱硫改造，现有工业锅炉、炉窑逐步实施低氮燃烧改造。加强对化工、涂装、印刷等行业的监管，推广使用低溶剂环保材料，减少工艺废气中有毒有害物质及VOCs排放。积极推进大气污染防治。建成区全面建成“扬尘污染控制区”。加强秸秆综合利用，巩固秸秆禁烧工作成果。开展餐饮业专项检查、餐饮业重点区域专项整治、垃圾填埋场集中整治等专项行动。加强流动源的污染控制。严格实施国家机动车排放标准，实施在用车检测/维修（I/M）制度。强制淘汰党政机关及全额拨款事业单位不符合环保标准的在用车辆。推广使用清洁能源车辆，重点发展公共交通，公交出行率逐步提升。

（3）固体废物综合利用与处置。完善生活垃圾收集处理系统，促进生活垃圾减量化。推广垃圾分类收集，完善相关分类垃圾收运系统建设，提高新城居民生活垃圾分类收集水平。逐步完善垃圾运输系统，减少收运环节中渗沥液污染。推进生活垃圾无害化处置设施建设，提高生活垃圾集中处置率和无害化处置技术水平。关闭并修复5座简易垃圾堆场。填埋场和中转站垃圾渗滤液得到有效处理、达标排放。提高工业固废综合利用和无害化处置水平。推进清洁生产，发展循环经济，推进工业固废源头减量，引导工业固废处理处置和利用规模化经营。强化危险废物产生、转移、贮存、利用、处置等环节的监督管理，逐步健全危险废物监管网络。完善危废产生单位的建档工作，确保危废管理的制度化和规范化。

（4）工业污染防治。加快推进产业布局与结构调整。推进重点区域功能转换。“十二五”期间，调整区块不少于 5 块，调整企业总户数不低于 400 户。调整和淘汰产业领域扩大至 15 个大类行业 42 个中类行业，其中，危化、零星化工企业等 9 个行业原则上实现全部淘汰，电镀、热处理、锻造、铸造四大工艺总量压缩一半，黑色金属冶炼及压延加工等劣势产业调整和淘汰。对沪松公路沿线九亭、工业区等单位的产业区块，合力制定土地开发计划，推动“退二进三”提升能级。从完善工业固废收集储存、建设绿化隔离防护带等方面入手进一步推进环保基础设施建设，健全工业环境监测监管体系。推进上海松江工业园区升级为国家级经济技术开发区。推进辖区内 95 家重点企业开展清洁生产审核。成立松江区循环经济协会和循环经济专家委员会。加强重点行业、重点区域、重点企业综合整治与监管。加强持久性有机物、消耗臭氧层物质以及新化学物质企业环境监管。

（5）农业与农村环境保护。结合新农村建设，加快实施村庄改造。完成农村生活污水治理 2 万户，推广无害化卫生厕所。强化畜禽养殖业污染治理，科学划定畜禽饲养区域，鼓励建设生态养殖场，加快畜牧业种养结合生态养殖基地建设。完善规模化畜禽养殖场配套设施，全面推广畜禽粪尿生态还田技术体系建设，促进散养户向种养结合养殖小区、合作社等规模化经营模式转变。推广种植业结构调整与布局优化，推进种植业规模化经营。提倡平衡施肥、生态种植和测土配方施肥技术。鼓励农民使用生物农药或高效低毒农药，推广绿色防控技术。建设秸秆收集及综合利用示范工程。加强农业污染监管。制定化肥和农药使用、废弃农药瓶及农药袋处置的实施规范，通过统一回收处置等方式加强对农药袋等废物的监管。推进农村地区环境综合整治，逐步解决外来人口污染问题。加强村级分散小企业管理整治，加大村级分散小企业关停并转的力度。

（6）生态环境建设。加快城区大型绿地建设，建成新城中央文化公园 16 hm^2，完成醉白池公园改造，完成主要道路绿化 152 hm^2。探索绿化建设新方向，积极推进屋顶绿化和垂直绿化建设。建设水源涵养林，加强水源地涵养林养护。推进黄浦江两岸防护林建设，促进黄浦江两岸生态环境持续改善。积极推进生态农区建设。依靠浦南地区独有的“水净、气净、土净”独特资源优势，建设浦南生态农业综合开发区，建成绿色农产品生产基地；大力建设西北部生态农区，推进绿化覆盖型生态农业。开展国家级生态镇、市级生态村和绿色学校、绿色社区的创建，提升区域生态文明水平。

（7）噪声污染防治。加快环境噪声防治设施建设，重点实施市政道路交通噪声防治措施，通过规划拆建、设置缓冲带、安装防噪声设施等降低噪音污染。完成交通噪声严重扰民的路段声屏障或隔声门窗的安装。加快路面“白改黑”工作力度，开展白色路面改造。巩固城镇化地区市级“环境噪声达标区”创建成果，扩大市级“安静居住小区”的创建范围，新建安静小区 5～10 个。加大防噪降噪工程建设力度，加强建筑场地夜间施工噪声等各类噪声违法行为的查处，缓解噪声污染矛盾。以整治交通干线敏感点为重点，加强机动车禁鸣和防噪降噪措施；加强载重汽车的管理，淘汰避震效果差的垃圾车、土方车和集装箱车；限制城镇化地区大型机动车辆（包括外来车辆）运行的时段、范围和线路。

（8）辐射污染防治。逐步完善区级环境监管体制，建立健全辐射监督管理机构与队伍。加强辐射监管，建设辐射安全许可证网上办理系统，实现组织网络化、管理程序化、技术规范化、方法标准化、装备现代化、质量保证系统化目标。建立辐射安全应急体系，制定辐射事故应急预案，进行应急演练工作。开展电网发展规划环境影响评价研究，引导新建的输变电设施合理布局。对现有广播发射设施进行电磁环境质量调查，向有关部门提出合理建议。逐步开展无线通信基站站址发展规划环境影响评价研究，引导合理布置天线基站。

4. 配套措施

（1）完善环保体制机制，强化环保责任制。健全“两级政府、三级管理”的环保管理组织领导体制，充分发挥环境保护和环境建设协调推进委员会机制作用。充实基层（尤其是居委会、村委会）环保队伍，构筑更加严密的环境污染管理体系。完善环境绩效综合评估考核机制。把环保政策法规执行情况、污染物排放总量削减情况、环境质量改善状况等环境保护指标切实纳入各级政府领导班子和领导干部考核体系。建立环境问责制，评优创先活动实行环境保护“一票否决”。推进企业环保诚信体系建设，重在强化企业环保社会责任。根据企业环境行为划分环保诚信等级，实行分级管理。

（2）强化污染源头防治，加强监管能力建设。严格执行环境影响评价制度，逐步推进规划环评和区域环评，严格执行建设项目环境影响评价，协调好经济发展与环境保护的关系。加快推进工业区环境保护规范化建设和管理，进一步推进工业向工业园区集中。大力发展循环经济，推进清洁生产，从源头预防和减少污染产生。加强环境监管、监察、监测及信息化、宣教等能力建设，整体提升环境管理水平。完善以“主动预防、快速响应、科学应急、长效管理”为核心的环境应急管理体系，开展应急预警系统的试点探索。

（3）强化环境执法监督，加大环保整治力度。坚持“有法必依、执法必严、违法必究”，严格执行环保法律法规。通过区域和行业限批、限期治理、联合执法等手段，严厉打击各类违法行为，加快淘汰污染严重的落后生产工艺和企业；加强监督检查，深入开展环境保护专项整治行动，以执法手段促进重点环境问题的解决，提升执法的威慑力和有效性。

（4）加大政府财政投入，开拓环保投融资机制。以建立和疏通环境保护投资有效渠道为重点，建立环境保护投资稳定增长机制，强化政府环保投入的主体地位。要将环境保护纳入各级政府财政预算并确保一定的比例，加大各级政府在当地农村环保、水源地保护、基础设施建设等方面的投入。开拓资金渠道，引导社会资金投入环境保护和建设，完善政府、企业、社会多元化的环境投融资机制。

（5）加大环保宣传力度，提高公众环保意识。强化重大决策和建设项目公众参与，加强信息公开，完善企业污染信息披露制度。充分发挥环境宣传的主渠道作用，广泛开展公益性环保宣传，增强全社会环境意识，提高公众环境法制观念和环境维权意识。倡导市民从身边事做起，开展节能减排、绿色出行等环保实践活动，逐步形成绿色的生活和消费方式。鼓励企业公布可持续发展报告或年度环境报告，强化企业环保社会责任。

十五、奉贤区环境保护“十二五”规划

1.“十一五”环境保护工作回顾

“十一五”期间，奉贤区环境保护工作取得了一系列成效。污染减排取得重大突破，主要污染物 COD 和 SO_2 的排放总量持续下降。建成三大污水处理厂、63 座污水泵站和 655 km 污水管道，污水收集系统基本覆盖所有镇和开发区。生活垃圾无害化处置率已达 95%，危险废物、医疗废物得到集中安全处置，建成区绿化覆盖率达到 29%。创建了 2 个全国环境优美镇、2 个市级生态村，完成了全区各镇、开发区的烟尘控制区创建，实现了烟尘控制区的全覆盖，创建了南桥城区 10.2 km^2 的扬尘污染控制区和 22.7 km^2 的噪声达标区。环境空气质量优良率连续四年保持在 90%以上，空气中二氧化硫、氮氧化物和可吸入颗粒物等主要污染物浓度呈下降趋势，主要河道水质保持稳定。

但是，当前奉贤区存在的主要环境问题仍需引起重视。主要表现在：发展迅速导致污染物排放总量较大。主要水环境污染物排放仍超过环境

容量，扬尘污染情况仍在逐年恶化。工业布局不合理造成环境矛盾突出，局部地区环境安全风险较大。“村中厂”现象突出，噪声、臭气、污水排放等投诉较多，农村生活污染问题日渐突出，特别是外来人口快速增长带来的污染严重影响农村环境。农业生产带来的面源污染负荷强度较大，局部地区环境污染严重。

2．规划目标及指标

规划目标：到 2015 年，初步形成资源节约型和环境友好型城市框架体系。重点地区环境污染矛盾得到缓解；全区环境逐步改善；环境主要指标达标率进一步提高，复合型污染恶化的趋势得到初步遏制；全区工业加快集中和调整；逐步优化产业结构和布局，单位生产总值污染排放明显下降。建立起与本区经济社会发展相适应的环境综合决策体系、环境基础设施体系和环境执法监管体系，使全区可持续发展能力得到有效提升。

表 6-13　奉贤区“十二五”环境保护主要指标

序号	指标	单位	2015 年目标
1	环境空气质量优良率	%	＞92
2	降尘量		全市平均水平以下
3	地表水环境功能区达标率（市控断面）	%	90（达到功能区要求并彻底消除黑臭）
4	声环境质量		达到各功能区要求
5	大气污染物排放总量		SO_2在 2010 年基础上削减 20%；NO_x不突破 2010 年基数
6	地表水污染物排放总量		COD、NH_3-N 不突破 2010 年基数
7	城镇污水纳管及处理率	%	＞80
8	污水处理厂污泥有效处理率	%	100
9	生活垃圾无害化处理率	%	＞95

序号	指标	单位	2015年目标
10	医疗废物集中处置率	%	100
11	危险废物无害化处置率	%	100
12	工业固废综合利用率	%	＞95
13	污染源稳定达标排放率	%	100
14	规模化畜禽场粪尿生态化还田率	%	＞30
15	农田秸秆资源化综合利用率	%	＞85
16	建成区绿化覆盖率	%	32
17	森林覆盖率	%	15
18	单位生产总值 SO_2 排放强度	%	下降35
19	单位生产总值COD排放强度	%	下降35
20	单位工业增加值工业固废产生量	t/万元	＜0.35
21	环保投入相当于全区生产总值比值	%	＞3
22	重点企业强制性清洁生产审计执行率	%	100
23	公众对环境的满意程度		逐年提高

3. 主要任务和措施

（1）水环境保护。全力保障饮用水安全。完成黄浦江上游取水口与奉贤10.8 km的原水联通管工程，取消所有乡镇水厂，全面巩固供水一体化工程。落实《上海市饮用水水源保护条例》要求，完成水源地警示标识设立和二级保护区围栏建设工作。加强水源保护区内现有污染源的管理，对饮用水水源地风险企业加快产业结构调整。完善水环境基础设施。推进东、西部污水处理厂扩建工程，全面升级至一级B排放标准。完善污水管网建设，加强截污纳管和污泥处理。削减污水泵站污染负荷，对分流制系统泵站进行旱流截污，对混接地区进行雨污混接改造。加强河道整治与生态修复。以金汇港综合整治为重点，打造区域生态河道、控制硬质护岸建设，推广生态护岸示范工程。

（2）大气环境保护。强化重点行业大气污染控制。提高脱硫脱硝设施的稳定运行水平，确保脱硫脱硝效率和达标排放。新建、改扩建工业锅炉、炉窑必须采用低氮燃烧技术，现有工业锅炉、炉窑全面完成清洁能源替代。推进大气污染面源防治。建立涂料、油墨及印刷等行业 VOCs 排放大户的废气治理示范工程，逐步开展 VOCs 排放监测和动态减排核查评估。建成区全面建成“扬尘污染控制区”。加强流动源污染控制。建成全区简易工况法检测网络，严格在用车污染排放检测，实现在用车 I/M 检测覆盖率 80%以上。淘汰国 I 以下的高排放车辆。

（3）固体废物综合利用与处置。全力推进生活垃圾的高效处置。发展绿色包装，促进减少生活垃圾减量。倡导节俭型餐饮文化，限制一次性物品的过度使用，鼓励净菜上市。推进生活垃圾无害化处置设施建设，完成奉贤生活垃圾焚烧厂建设。推进“户分类、村收集、镇运输、区处置”的农村生活垃圾收运处置系统的建设工作。加强处理产生的渗沥液、恶臭废气及焚烧尾气的治理。全面关闭区、镇级生活垃圾简易填埋场。提高危险废物处理处置水平。建立重点监管危险废物产生企业的固体废物产生申报登记、贮存规范、转运合法和处理处置无害化环境评估及监督管理体系，规范危险废物收集、贮存，防止流失。

（4）工业污染防治。加快推进产业布局与结构调整。特别是杭州湾北岸和南桥新城周边工业企业产业结构调整，推进工业企业向工业地块集中，促进工业地块以外的工业用地实施土地转性和复垦。争取至 2015 年基本完成全区劣势企业淘汰工作。推动重点行业技术升级，鼓励发展循环经济、低碳经济和清洁生产。加快淘汰电镀、铸造、钢铁等重污染企业。鼓励有条件的工业区开展集中供热，对工业区内分散燃煤锅炉逐步实施清洁能源替代。对已开展区域环评工作的开发区开展后评估或回顾性环评。力将星火开发区创建为国家级生态工业园区。加强工业污染源监管。以排污许可为抓手，加强工业企业污染排放管理，达到总量控制和节能减排要求。

（5）农业与农村环境保护。调整种植业结构布局，促进种植业面源污染结构减排。从提高耕地质量和农田环境质量、加强农产品安全监管、修复生态链和促进资源循环利用出发，全过程控制化肥农药污染。关闭一批污染重、布局不合理、群众矛盾大的畜禽牧场，推进规模化养殖场的标准化建设。全面推广畜禽粪尿生态还田技术体系建设，推动种养结合循环农业生产模式的发展。加快建设标准化水产养殖场。加强农村环境综合整治。农村村庄改造率达到40%，完成2万户分散农户的生活污水收集处理。加强农村分散中小企业治理与监管，每年关停工业园区外分散小企业5%以上（不含非保留工业区）。

（6）生态环境建设。构建绿地、林地、湿地等基本生态空间相结合的生态系统，稳步推进绿色生态廊道建设。重点建设黄浦江涵养林、申隆生态园等林地系统。结合区域建设、旧城改造等，推进规划绿地建设，促进绿地布局、服务功能的均衡化。推进南桥新城绿地建设，构建新城绿化系统和镇级公园体系。建设杭州湾沿海防护基干林带，开展全区工业区绿化防护带建设。

（7）噪声污染防治。加强区域环境噪声污染防治。通过区域环评、规划环评提早介入噪声污染防治的规划控制措施，对新建项目严格执行环评制度。扩大“环境噪声达标区”、“安静居住小区”的创建范围。噪声达标区扩大至南桥新城，安静居住小区达到 10 个。加强噪声污染源的日常监管和治理，对重点区域、重点项目等实施专项监测、报告制度，严格审批夜间施工作业。加大防噪降噪工程的建设力度，重点实施市政道路交通噪声防治措施，加强机动车禁鸣和防噪降噪措施。

（8）辐射污染防治。以强化能力建设和防范风险为重点，着力建设覆盖全区的网络化、专业化、现代化的核与辐射环境监管体系。配合上级完善监管体制，建立信息化系统。建立核技术利用单位信息库，形成电子化的监管对象信息。强化辐射安全执法能力建设。

4．保障措施

（1）加强环保体制机制保障。建立和完善左右协调、上下联动的环境保护工作推进机制。加强基层环保工作，完善镇、开发区环境管理责任体系，加强镇、开发区专业环保管理队伍建设，设立村级环保联络员。健全环境保护考核机制，将考核情况作为干部选拔任用和奖惩的依据之一。建立环境问责制，评优创先活动实行环境保护“一票否决”。

（2）完善环境保护投入机制。要确保环境保护投入在区、镇（开发区）两级政府财政支出占一定的比例，加大在污染减排、环境基础设施和水源地保护等公益事业方面的投入。引导社会资金投入环境保护和建设，完善政府、企业、社会多元化的环境投融资机制。

（3）强化环境执法监管力度。严格执行环保法律法规，通过区域和行业限批、限期治理和联合执法等手段，严厉打击各类违法行为，加快淘汰污染严重的落后生产工艺和企业。严格实施环境准入制度，加快推进工业区环境保护规范化建设和管理。加强环境监测、监察、辐射监管、信息化等能力建设，提升环境管理水平。

（4）深化科技研究支撑。加大对环境科研的扶持力度，重点开展扬尘污染控制、交通噪声控制、低碳经济和循环经济建设等课题的研究。依托高校资源，发挥“产学研”一体化优势，组织开展技术交流合作、培训宣传和经验推广等工作，加强环境科技创新和成果转化。

（5）推动公众参与。积极推进公众环境宣传教育，继续开展绿色创建活动，不断提高市民的环境意识。注重信息公开，定期公布环境保护工作进展、环境质量状况、污染物排放等情况，强化重大决策和建设项目公众参与，从机制上保证公众参与环境保护。

十六、青浦区环境保护“十二五”规划

1.“十一五”环境保护工作回顾

“十一五”期间，青浦区环境保护工作取得了一系列成效。新建华新、白鹤 2 座城镇污水处理厂，完成青浦污水处理厂、青浦第二污水

处理厂扩建工程。建成了日处理 750 t 的生活垃圾综合处置场，危险废物、医疗废物得到集中安全处置。累计敷设天然气管道 459.2 km。完成 44 余台燃煤锅炉脱硫、清洁能源改造或拆除停用，企业污水纳管 1 082 家，关停并转劣势企业 403 家。绿化覆盖率达到 42.3%，朱家角等 5 镇建成全国环境优美镇。环境空气质量优良率连续 5 年保持在 85% 以上。水环境质量总体稳定并呈持续改善趋势。城市区域环境噪声全面达标。

但是，当前青浦区存在的主要环境问题仍要引起重视。一是区域环境质量整体水平不高。青西地区富营养化、淀山湖蓝藻水华没有得到根治，饮用水安全存在一定威胁。二是环境基础设施尚有缺口。2010 年城镇污水处理率仅为 78%，污水处理厂脱氮除磷的效果不强，部分污水处理厂废水还不能稳定达标。三是农村环境管理较薄弱。大多数农村生活污水直排河道，“村中厂”污染突出，农业面源污染未得到有效控制。四是部分区域环境污染矛盾比较突出。工业企业和居住区的厂群矛盾突出，小化工厂等污染严重企业、太浦河开放性水源地等风险将成为影响城市安全的重要因素。

2. 规划目标和指标

规划目标：围绕建设“绿色青浦”的战略目标，以建设“国家生态区”为平台，推动低碳和循环经济发展，提升区域竞争力。到 2015 年，生态建设与环境保护工作继续走在全国前列，“国家生态区”建设深入推进，基本形成生态文明建设的形态体系。主要污染物排放得到有效控制，环境安全得到有效保障，环境质量得到有效提升，推动城市向低碳化转型发展，城市可持续发展能力得到明显提高，构建适宜发展、居住和旅游的生态城区框架体系。

表 6-14　青浦区“十二五”环境保护指标

类别	序号	指　标	单位	2015 年目标
总量控制	1	化学需氧量排放总量	/	工业源控制在 2010 年的水平；畜禽源削减 10%
	2	氨氮排放总量	/	
	3	二氧化硫排放总量削减率	%	≥20
	4	氮氧化物排放总量		控制在 2010 年的水平
	5	城镇污水处理率	%	≥85
环境质量	6	环境空气质量优良率	%	≥90
	7	降尘量	t/（km^2 •月）	≤6
	8	地表水环境功能区达标率（市考核断面，扣除上游来水影响）	%	100
	9	集中式饮用水水源水质达标率	%	100
	10	区域环境噪声达标率	%	100
环境建设	11	生活垃圾无害化处理率	%	≥95
	12	危险废物无害化处置率	%	100
	13	工业固废处置利用率	%	≥90
	14	重点污染源稳定达标排放率	%	100
	15	建成区绿化覆盖率（城镇化地区）	%	≥30
	16	化肥亩均使用量	%	降低 10
	17	农药亩均使用量	%	降低 10
环境管理	18	规划环评执行率	%	100
	19	环境监管体系完善程度	/	达到标准化建设要求
	20	公众对环境的满意率	%	＞90
经济发展	21	单位 GDP 能耗	t 标煤/万元	≤0.9
	22	单位工业增加值新鲜水耗	m^3/万元	≤20
	23	工业用水重复率	%	≥80
	24	重点企业强制性清洁生产审核执行率	%	100
	25	环保投资指数	%	≥3.5

3. 规划任务和重点工程

（1）水环境保护。保障饮用水安全。开展黄浦江上游水源地一级保护区围栏建设，完成一级水源保护区内与水源保护无关建设项目的清拆。关闭 7 座郊区中小水厂。推进集约化供水改造，完成沪青平公路和青东农场地区输配水管网建设。推进水源保护区内风险企业关闭和搬迁。实施徐泾、华新、白鹤污水处理厂一期升级改造和二期扩建、金泽污水处理厂二期扩建，各镇、街道未纳管污染源截污纳管 640 户。推进蟠龙港等界河和油车浜等中小河道治理和管理维护，开展青东农场水系整治。加强淀山湖富营养化防治工作及淀山湖水质监测预警。完成急水港生态治理试验段的建设。

（2）大气环境保护。实施节能减排工程，实施十大节能改造工程，完成技改项目 40 个，淘汰落后产能 55 项。加强工业污染防治，重点推进燃煤锅炉清洁能源替代和洁净燃烧技术改造，完成 136 台燃煤（重油）锅炉清洁能源替代。推进青浦工业园区配套商务区“三联供”（热、电、冷）项目，加快华新镇等镇区天然气管道敷设。开展城市道路、商品混凝土搅拌站、砂石料堆场及拆房工地扬尘污染控制。加强加油站、油罐车油气回收系统的长效管理，逐步降低全区 VOCs 的排放总量。推进党政机关及全额拨款事业单位在用车尾气排放达标，实现政府部门和公用事业单位 70%车辆达到国Ⅳ标准，强制淘汰财政拨款的黄标车；重点发展公共交通，提升公交出行率。

（3）噪声污染防治。完成交通噪声严重扰民的路段声屏障或隔声门窗的安装，完成浦仓路等白色路面改造。加强商铺、建筑场地夜间施工噪声等各类噪声违法行为的查处，缓解噪声污染矛盾。巩固噪声达标区、“安静小区”创建成果。淘汰避震效果差的垃圾车、土方车和集装箱车，限制城镇化地区大型机动车辆（包括外来车辆）运行的时段、范围和线路，加强机动车和船舶禁鸣执法与宣传。

（4）固体废物综合利用与处置。完善生活垃圾收集、运输系统，新城、中心镇、一般镇、村生活垃圾分类收集。加强青浦区生活垃圾综合处理厂的运营管理，开展处置场防护林建设，确保臭气和垃圾渗滤液稳定达标排放；练塘、金泽等镇简易垃圾堆场进行安全封场和生态修复。建设青浦区再生能源利用中心。加强生活垃圾运输车辆技术改造，控制垃圾收运车污水“线状”滴漏。加强医疗废物的收集、堆放等各过程的管理。建设青浦危险废物集约化处置项目，健全工业危险废物收集、运输、处置的全过程环境监管体系。加强工业固废资源利用和无害化处置。推进工业固体废物源头减量，淘汰落后产能。加强全区废旧物资回收利用网点的管理，构建区内工业固体废物静脉产业链。

（5）工业污染防治。加快劣势企业淘汰，逐步关闭工业区块外重点区域内涉及化工、石化等九大行业的污染企业和重点风险企业，涉及电镀等四大加工工艺的企业总量减半。严控“两高一资”，推动一批与产业导向不符合、与规划布局不匹配、群众反映强烈、污染严重的小企业实施关停并转。综合运用规划环评和区域回顾评价、建设项目环境准入制度等手段，继续推进工业企业向工业园区集中。推进生态工业园区示范建设，力争完成青浦生态工业示范园区创建工作。鼓励发展循环经济和低碳经济，重点企业强制性清洁生产审核执行率达 100%。推进青浦建设上海市循环经济试点区建设。

（6）农业与农村环境保护。加大规模化畜禽养殖场粪尿资源化利用和综合治理力度，完成 12 户规模化畜禽养殖场的污染治理工作。推进畜禽散养户向养殖小区、合作社等规模化经营模式转变。推进规模化水产养殖场标准化建设和规范化整治，实施青西三镇水产养殖标准化建设工程 3 000 亩。推进有机、绿色和无公害食品基地建设，建设设施菜田 1 000 亩和设施配套 2 000 亩。推广高效低毒低残留农药及生物农药 7.2 万亩次。新建 1 个秸秆收集处理中心。深化村庄改造和农村地区环境基础设施建设。加大对农村地区中小企业的监管力度，淘汰或治理污染严重的企业 150 家。开展外来人口集中居住区环境整治工程。

（7）生态环境建设。建立健全国家生态区创建工作体系，2014 年前完成朱家角镇等 5 个环境优美镇更名工作。到 2015 年，青浦区力争创建成“国家生态区”。创建一批绿色小区、绿色学校。推进城区、环湖区域、沿河以及交通干线绿化建设，建成淀山湖大道 16 万 m^2 和中央公园等公共绿地。建设郊区生态公益林、水源涵养林和环湖林带建设，推进大莲湖湿地、淀山湖湿地和生态带建设，提升城市生态服务功能。

4. 保障措施

（1）创新环保体制机制。健全“两级政府、三级管理”的环保管理组织领导体制，完善左右协调、上下联动的综合协作机制。强化镇、街道环境保护机构。建立和完善环境绩效综合评估考核机制，并将考核结果作为干部选拔任用和奖惩的依据。建立环境问责制，评优创先活动实行环保“一票否决”。开展规划环评，加强源头预防，建立完善项目进展完成情况定期跟踪评估制度和项目前期预审制度。

（2）推进监管能力建设。强化基层政府和工业区的环保监管职能，建立覆盖城乡的环保监督网络。按照“建设先进的环境监测预警体系和完备的环境执法监督体系”的要求，开展环境监察、辐射监管和环境监测标准化建设，增加人员编制，配备和更新仪器设备，编制应急预案，提高环境突发事件处置和应急能力。加大环境执法力度，保障环保法律法规和政策措施的贯彻落实。继续深入开展环境保护专项整治行动，以执法促进重点环境问题的解决。

（3）完善环境经济政策体系。建立环境保护投资稳定增长机制，强化政府环保投入的主体地位。开拓资金渠道，完善政府、企业、社会多元化的环境投融资机制。完善农村环保、水源地保护和生态补偿等方面的政策和机制。

（4）强化环保宣传力度。广泛开展公益性环保宣传、绿色创建活动，提高公众环境法制观念和环境维权意识。主动公开环境信息，完善企业污染信息披露制度，强化重大决策和建设项目公众参与。推进企业环保诚信体系建设，鼓励企业公布年度环境报告。

（5）加强科学研究，提升科技服务环保能力。通过工业污染防治、城区环境污染控制等技术的推广和运用，降低污染排放，弱化污染影响。加大对环境科技研究的扶持力度，依靠科技进步，解决青浦区环境保护和生态建设领域的重点、难点问题。

十七、崇明县环境保护与生态建设“十二五”规划

1.“十一五”期间环境保护工作回顾

“十一五”期间，崇明县环境保护工作取得了一系列成效。推进产业结构调整，淘汰落后企业 69 家。建成城桥、堡镇、新河、长兴、陈家镇污水处理厂，完成 1 480 多户农村生活污水处理工程试点，城镇污水处理率由 2007 年的 43.5%提高到 82.8%，完成 1 000 km 河道整治工作。取缔了全部乡镇、村级填埋点，建立崇明县生活垃圾综合处理场，全县生活垃圾无害化处理率达 98%以上。医疗废物、危险废物处置率为 100%。崇明国家生态县创建通过市级验收，15 个乡镇创建成为全国环境优美乡镇，前卫村荣获国家级“环保生态村”。环境质量进一步改善，地表水质达标率从 2005 年的 85%上升到 2009 年的 90.9%。近三年的环境空气质量优良率连续保持在 90%以上，完成“基本无燃煤区”创建。森林覆盖率达到 20.78%。

但是，当前崇明县存在的主要环境问题需要引起重视。污水处理设施建设进度滞后，污泥处置水平不高。农村地区分散污水处理设施未得

到全面推广，全县垃圾资源化利用率仍然较低。村镇级河道治理效果不平衡，成效维持时间较短。工业企业污染源布局分散，部分小企业仍存在偷排漏排现象。农业面源污染排放负荷总量较大。河口滩涂遭受无序围垦，湿地生境逐步退化。

2. 规划目标与指标

规划目标：到 2015 年，生态经济发展格局基本形成，产业结构更趋合理；主要污染物排放得到有效控制，清洁能源比重逐步提高；生态环境质量稳步提升，生态安全得到有效保障；全社会环境意识显著提高，绿色消费模式初步建立；环境监管体系逐步完善，可持续发展能力显著增强。

表 6-15　崇明县“十二五”环保规划指标

领域	序号	指标	单位	2012	2015	类型
环境质量	1	环境空气质量优良率△	%	90 以上	90 以上	约束性
		其中：崇明岛 API 指数一级天数★		＞140 天	＞140 天	
	2	风景旅游区空气负氧离子浓度★	个/cm^3	700	700	预期性
	3	地表水质达标率（国控断面，扣除上游来水影响）△	%	＞90	＞90	约束性
		（其中：崇明岛骨干河道水质达到 III 类水域比例★）		＞80	＞80	
	4	饮用水水源地水质达标率△	%	＞90	90 以上	约束性
	5	区域环境噪声达标率△	%	100	100	约束性
	6	崇明岛农田土壤内梅罗指数★	—	0.76	0.7	约束性
污染减排	7	崇明岛化学需氧量污染物排放总量★	万 t	5	4.8	约束性
	8	崇明岛氨氮污染物排放总量★	万 t	0.25	0.23	约束性

领域	序号	指标	单位	2012	2015	类型
环境安全	9	城镇污水集中处理率△	%	＞80	＞83	约束性
	10	生活垃圾无害化处理率△	%	100	100	约束性
	11	生活垃圾资源化利用率★	%	20	35	约束性
	12	医疗废物集中处置率△	%	100	100	预期性
	13	危险废物无害化处置率△	%	100	100	预期性
	14	工业固废综合利用率△	%	90	95	约束性
	15	畜禽粪便资源化利用率★	%	80	＞85	预期性
	16	农作物秸秆资源化利用率★	%	80	＞82	预期性
	17	森林覆盖率★	%	20	23	约束性
环境管理	18	环保投资占 GDP 比重△	%	＞5	＞3	预期性
	19	园区外污染行业工业企业所占比例★	%	3	2	约束性
	20	崇明岛生态保护地面积比例★	%	＞60	＞65	约束性
	21	实绩考核环保绩效比重★	%	20	22	约束性
	22	公众对环境满意率★	%	95	95	预期性

注：★为生态岛纲要指标，△为上海市“十二五”环保规划指标。

3. 主要任务和措施

（1）水环境保护。全力保障饮用水安全。加快水源地建设，完善水源地规划布局。完成东风西沙水源地水库及原水管网工程。推进集约化供水建设。建设堡镇、崇西新水厂，归并中小水源地，关闭全县所有乡镇中小水厂。强化水源保护区管理。完成城桥、堡镇、陈家镇水源保护区警示标识设立和一级保护区围栏建设，完成一级水源保护区清拆整治和二级水源保护区内排污口关闭工作。加强对饮用水水源地周边风险企业和流动风险源的管理。完善水环境基础设施。完成陈家镇污水处理厂建设，新建定澜路三期等 11 条道路污水管网。加快老城区雨污分流建设，城镇化地区新建道路实行雨污分流制。加强河道环境整治与生态修复。改造和移位水闸 5 座。开展 15 条县级骨干河道的综合整治工程，推进“十个试点小城镇”水系整治配套。

（2）大气环境保护。加快推进能源结构调整。减少煤炭使用量，“十二五”期间全县煤炭消耗总量力争实现“零增长”。推进燃气电厂建设和过江燃气管道的建设。建设风电场和太阳能光伏电站，推广太阳能屋顶热水器，建设农业经济园区沼气发电、热电联供示范项目。完成长兴岛第二电厂 2 台燃煤机组的烟气脱硫升级改造。提高燃煤电厂废气的除尘效率，建成运行崇明燃气电厂。推进炉窑污染物治理。建立健全 VOCs 控制体系。开展本县加油站油气回收改造工程试点，加强造船、修船企业涂装工艺中 VOCs 控制。推进扬尘污染控制区建设。加强工地、堆场、道路等各类扬尘污染的全过程监管。加强流动源污染控制。实施国Ⅴ新车排放标准。淘汰机动车尾气排放Ⅰ以下的高污染车辆，公交行业黄标车全部更新为低排放车辆，公务车、客运出租车新车采用清洁能量车辆，在用车更换为清洁能源车辆。

（3）噪声污染防治。加强噪声污染防治力度，通过区域环评、规划环评提早介入噪声污染防治的规划控制措施，对各类新建项目严格执行环评制度。扩大“环境噪声达标区”的创建范围，推进城桥镇 10.8 km^2 重点噪声控制区建设。开展“安静居住小区”建设。加强噪声污染源的日常监管和治理，对重点区域、重点项目等实施专项监测、报告制度，严格审批夜间施工作业。加大防噪降噪工程建设力度，建设长江隧桥工程沿线防护林带，重点实施市政道路交通噪声防治措施。

（4）固体废物利用与处置。促进生活垃圾减量化，发展绿色包装。鼓励新建住宅适度装修。倡导节俭型餐饮文化，引导绿色消费、适度消费。完善生活垃圾收集储运设施。建设生活垃圾集装化运输系统，控制运输车辆污水滴漏现象。推进生活垃圾无害化处置设施建设。建成日处理 20 t 餐厨垃圾处理厂一座、生活垃圾处理厂 2～3 座。加强填埋场、综合处理厂、焚烧厂等处理产生的渗滤液、臭气的治理，控制“二次污染”。提高危险废物安全处理处置水平。明确全县重点监管的危险废物产生企业，完善危险废物产生企业内自行处理处置设施的登记管理和监督性检测、检查。探索工业区危险废物收集试点，规范区域内危险废物产生和收集活动。建立三岛独立的危险废物专业运输体系，出台危险废物运输车辆地方性规范，危险废物收集转运实现全程信息化监控。发展崇明岛“三废合一”综合处理环保静脉产业。推行清洁生产审核，促进循环经济，创建生态工业园。

（5）辐射污染防治。完善辐射监管体制。按照《上海市放射性污染防治若干规定》要求，推进落实行政监管人员编制和设立监管机构的问题，探索更加有效的市区两级辐射安全分级监管模式；建立辐射安全监管督察制度。履行环保部门对放射性污染防治工作实施统一监督管理的职责，推进建立由卫生、公安、城市交通等其他承担辐射安全监管职责行政管理部门参加的工作联系平台，确立工作协商沟通机制。完善辐射监管和应急能力建设。全面推进“国家核技术利用辐射安全申报系统”与“全国核技术利用辐射安全监管系统”的应用，逐步提高监管人员的业务知识水平和现场执法技能。

（6）工业污染防治。加快推进产业布局与结构调整。发挥环评的“控制阀”作用，推进新建项目向崇明确定的六大工业区块有序集中。关停园区的污染企业 50 家，园区外污染企业占比小于 2%。加大重污染行业或企业淘汰力度。逐步淘汰工业区块外的有色金属冶炼企业，加强对钢铁、修造船等行业的环境监管和限制力度，整体淘汰皮革鞣制加工业，郊区工业区块外的化学原料及化学品生产、医药制造等九类高能耗、污染重的行业全部调整退出。完善工业区环境管理。继续推进工业区块污水管网建设，开展工业、企业污水预处理，设置工业区环境质量监测体系。完善工业区风险防范措施和区域联动应预案。在部分高风险工业区块建设围场河和雨水排放口设置截止阀。完善水环境重点企业在线监控系统，对 20 家水环境污染重点企业安装在线监控系统。强化对重金属排放企业的监管，将氨氮、总磷和总氮列入常规监测计划。对 50 家重点企业开展排污口规范化整治。

（7）农业与农村环境保护。加强种植业面源污染防治。发展有机水稻，完成 5 万亩高标准农田基础设施建设，建设露地设施菜田 1.5 万亩。扩大绿肥种植面积，推广高效低毒、环保型农药，推广绿色防控技术。推广实施燃煤锅炉秸秆代煤技术。加快养殖业污染治理。建设万吨级的畜禽粪便处理中心 1 个，改造规模化畜禽养殖场 17 个。开展大中型畜禽牧场沼气工程建设，实现三沼利用。建设和改造标准化规模畜禽场 29 个，所有畜禽场（户）得到综合治理。开展水产养殖排放废水污染治理。完成标准化改造鱼塘 5 000 亩、虾塘 500 亩，建设标准化商品蟹塘 2 000 亩，稻蟹种养 2.5 万亩。开展农村主要环境问题调查，编制本县农村环境保护规划，设立农村环境污染治理项目库。结合村庄改造，加快农村、旅游区、农业园区等分散地区的污水治理，加强农村分散中小企业治理与监管。完成 2.5 万户农户生活污水处理设施建设。

（8）生态环境建设。推进林地建设，围绕沪崇苏大通道、北部垦区、北湖、市县河道和道路，建设四类林 8 000 亩、公益林 3 万亩。重点打造陈家镇“体育公园”及东、中、西部郊野公园等。建设横沙乡大型生态片林 1 万亩，改造已建公益林的林相结构 5 万亩、片林 8 万亩。加强湿地生态保护。建立健全湿地环境监测管理制度。编制生态岛湿地资源调查与监测规划，开展湿地资源调查、评价和监测工作，构建信息数据库。推进崇明东滩国家级鸟类自然保护区的基础设施建设，恢复东滩国际重要湿地部分区域的鱼蟹养殖塘。继续推进东滩互花米草生态控制。

4．保障措施

（1）加大制度保障。依托环保三年行动计划，加强环境保护工作的规划统筹、政策标准制定、服务指导和协调监督，建立和完善左右协调、上下联动的环境保护工作推进机制。建立目标责任制、绩效考核制与环境问责制，评优创先活动实行环境保护“一票否决”。强化污染减排责任制，健全污染减排指标分解和跟踪考核机制。推进企业环保诚信体系建设，重在强化企业环保社会责任。完善环境影响评价制度，加强规划和建设项目环境影响评价，强化从规划和政策的源头把环保的要求落实到经济社会发展全局中。

（2）完善资金保障。建立专项基金，并将环境保护与建设所需资金纳入政府财政预算。强化对环境保护专项资金使用的监督管理、绩效评估和项目后续管理，提高财政性环保资金的投资效益。拓宽资金渠道。用市场化的手段，引导社会资金和国外资金投入环境保护和建设，完善政府、企业、社会多元化的环境投融资机制。

（3）强化监管保障。强化街镇环保管理机构，构建各镇、街道环保机构与区环保部门之间的管理联动机制。提升环境监测能力建设，新建崇明环境监测站实验大楼。完善声环境质量、土壤质量、生物多样性、水生生态等监测网络。推进监察体系自身建设，完善适应标准化要求的环境监察装备配置，加强对污染企业的自动化监控。建立生态环境监察的基本工作机制，联合其他部门对资源开发和非污染性建设项目、规模化畜禽养殖场、特殊生态保护区等重点领域开展现场监督检查，依法查处生态环境违法案件。

（4）落实技术保障。依托高等院校、科研院所等研究力量，推进环境保护与建设实用技术的研究与应用。依据生态岛建设纲要，开展区域主体功能区划、三岛区域开发格局和岛域环境战略等相关基础研究。加强环境影响评价制度执行的机制建设，严格按照环境准入制度，实施建设项目环境准入。开展生态环境预警监控平台建设，建立生态环境跟踪评估机制。

（5）推进宣传保障。充分利用各种媒体平台，开展环境保护知识宣传教育，营造浓厚的环境保护与建设氛围。扩大公民对环境保护的知情权、参与权和监督权，定期向社会公布环境质量和信息。鼓励公众参与，推进绿色社区、绿色学校、生态村创建的创建。加大信息公开力度，定期公布空气和重要水体环境质量。鼓励企业实施年度环境公告制度。开展生态警示教育、环境法制教育和环境伦理道德教育，引导公民树立正确的环境道德观。